"十二五"国家重点图书出版规划项目

中国石油大学（北京）学术专著系列

中国叠合盆地油气成藏研究丛书

A Series of
Study on Hydrocarbon Accumulation
in Chinese Superimposed Basins

丛书主编 / 庞雄奇

中国叠合盆地油气来源与形成演化
——以塔里木盆地为例

Origin and Evolution of Hydrocarbons in Typical Superimposed Basins of China
——A Case Study of Tarim Basin

李素梅　庞雄奇　杨海军　张宝收　著

科学出版社

北 京

内 容 简 介

本书以中国西部典型叠合盆地——塔里木盆地为主要研究区，分析该盆地油气的地质地球化学特征，解剖油气的来源及其相对贡献，探讨油气的运移与富集模式，研究油气的改造及成藏效应，涵盖塔里木盆地海相油气的生成、运移、聚集、后期改造与演化，深部油气成藏效应等多方面内容，集最新的国内外分析测试技术、最新的油气成因与成藏研究理念，以及最近的油气勘探实践成果于一体。这是一部奉献给从事塔里木等叠合盆地油气形成与演化研究的地质地球化学工作者的专著，也可作为油气勘探、开发专业及大专院校相关专业师生的参考书。

图书在版编目(CIP)数据

中国叠合盆地油气来源与形成演化：以塔里木盆地为例 = Origin and Evolution of Hydrocarbons in Typical Superimposed Basins of China：A Case Study of Tarim Basin/李素梅等著 . —北京：科学出版社，2014

（中国叠合盆地油气成藏研究丛书）

"十二五"国家重点图书出版规划项目

ISBN 978-7-03-039361-6

Ⅰ.①中… Ⅱ.①李… Ⅲ.①塔里木盆地-含油气盆地-油气藏-形成 Ⅳ.①P618.130.2

中国版本图书馆 CIP 数据核字（2013）第 307222 号

责任编辑：吴凡洁 杨若昕/责任校对：刘小梅
责任印制：阎 磊/封面设计：王 浩

科 学 出 版 社 出版
北京东黄城根北街16号
邮政编码：100717
http://www.sciencep.com

北京通州皇家印刷厂印刷
科学出版社发行 各地新华书店经销

*

2014 年 6 月第 一 版 开本：787×1092 1/16
2014 年 6 月第一次印刷 印张：18 1/2
字数：409 000

定价：**130.00 元**
（如有印装质量问题，我社负责调换）

丛书序一

　　油气藏是油气地质研究的对象，也是油气勘探寻找的最终目标。开展油气成藏研究对于认识油气分布规律和提高油气探明率，揭示油气富集机制和提高油气采收率，都具有十分重要的理论意义和现实价值。《中国叠合盆地油气成藏研究丛书》是"九五"以来在国家 973 项目、中国三大石油公司研究项目及其相关油田研究项目等的联合资助下，经过近 20 年的努力取得的重大科技成果。

　　《中国叠合盆地油气成藏研究丛书》阐述了我国叠合盆地油气成藏研究相关领域的重要进展，其中包括：叠合盆地构造特征及其形成演化、地层分布发育与储层形成演化、古隆起变迁与隐蔽圈闭分布研究、油气生成及其演化、油气藏形成演化与分布预测、油气藏调整改造与剩余资源潜力、油气藏地球物理检测与含油气性评价、油气藏分布规律与勘探实践等。这些成果既涉及叠合盆地中浅部油气成藏，也涉及深部油气成藏，既涉及常规油气藏形成演化，也涉及非常规油气藏分布预测，它是由教育系统、科研院所、油田公司等相关单位近百位中青年学者和研究生联合完成的。研究过程得到了相关领导的大力支持和老一代专家学者的悉心指导，体现了产、学、研结合和老、中、青三代人的联合奋斗。

　　《中国叠合盆地油气成藏研究丛书》中一个具有代表性的成果是建立了油气门限控藏理论模型，突出了勘探关键问题，抓住了成藏主要矛盾，实现了油气分布定量预测。油气门限控藏研究，提出用运聚门限判别有效资源领域和测算资源量，避免了人为主观因素对资源量评价结果的影响，使半个多世纪以来国内外学者（如苏联学者维索茨基等）追求的用物质平衡原理评价资源量的科学思想得以实现；提出用分布门限定量评价有利成藏区带，用多要素控藏组合模拟油气成藏替代单要素分析油气成藏，用定量方法确定成藏"边界＋范围＋概率"替代用传统定性方法"分析成藏条件、研究成藏可能性、讨论成藏范围"；提出依富集门限定量评价有利目标含油气性，实现有利目标钻前地质评价，定量回答圈闭中有无油气以及油气多少等方面的问题，降低了决策风险，提高了成果质量，填补了国内外空白。

　　"十五"以来，中国三大石油公司应用油气门限控藏理论模型在国内外 20 多个盆地和地区应用，为这一期间我国油气储量快速增长提供了理论和技术支撑。仅在渤海海域盆地、辽河西部凹陷、济阳坳陷、柴达木盆地、南堡凹陷五个重点测试区系统应用，即预测出 26 个潜在资源领域、300 多个成藏区带、500 多个有利目标，指导油田公司共计部署探井 776 口，发现三级储量 46.8 亿 t 油当量，取得了巨大的经济效益。教育部相关机构在 2010 年 8 月 28 日，组织了相关领域的院士和知名专家对相关理论成果进行了评审鉴定。大家一致认为，油气门限控藏研究创造性地从油气成藏临界地质条件控油气作用出发，揭示和阐明了油气藏形成和富集规律，为复杂地质条件下的油气勘探提供了新的理论、方法和技术。

　　作为"中国叠合盆地油气成藏研究"的倡导者、见证者和某种意义上的参与者，我十分高兴地看到以庞雄奇教授为首席科学家的团队在近 20 多年来的快速成长和取得的一项又一项的创新成果。我们有充分的理由相信，随着 973 项目的研究深入和该套丛书的相继出版，"中国叠合盆地油气成藏研究"系列成果将为我国，乃至世界油气勘探事业的发展做出更大贡献。

中国科学院院士

2013 年 8 月 18 日

丛书序二

《中国叠合盆地油气成藏研究丛书》集中展示了中国学者近 20 年来在国家三轮 973 项目连续资助下取得的创新成果，这些成果完善和发展了中国叠合盆地油气地质与勘探理论，为复杂地质条件下的油气勘探提供了新的理论指导和方法技术支撑。相信出版这些成果将有力地推动我国叠合盆地的油气勘探。

"油气门限控藏"是"中国叠合盆地油气成藏研究"系列创新成果中的核心内容，它从油气运聚、分布和富集的临界地质条件出发，揭示和阐明了油气藏分布规律。在这一学术思想引导下，获得了一系列相关的创新成果，突出表现在以下四个方面。

一是提出了油气运聚门限联合控藏模式，建立了油气生排聚散平衡模型，研发了资源评价与预测新方法和新技术。基于大量的样品测试和物理模拟、数值模拟实验研究，发现油气在成藏过程中存在排运、聚集和工业规模三个临界地质条件，研究揭示了每一个油气门限及其联合控油气作用机制与损耗烃量变化特征；提出了三个油气门限的判别标准和四类损耗烃量计算模型，创建了新的油气生排聚散平衡模型和油气运聚地质门限控藏模式，已在全国新一轮油气资源评价中发挥了重要作用。

二是提出了油气分布门限组合控藏模式，研发了有利成藏区预测与评价新方法和新技术。基于两千多个油气藏剖析和上万个油气藏资料统计，研究发现油气分布的边界、范围和概率受六个既能客观描述又能定量表征的功能要素控制；揭示了每一功能要素的控藏临界条件与变化特征；阐明了源、储、盖、势四大类控藏临界条件的时空组合决定着油气藏分布的边界、范围和概率；建立了不同类型油气藏要素组合控藏模式并研发了应用技术，实现了成藏过程研究与评价的模式化和定量化，提高了成藏目标预测的科学性和可靠性。

三是提出了油气富集临界条件复合控藏模式，研发了有利目标含油气性评价技术。基于上万个油气藏含油气性资料的统计分析和近千次物理模拟和数值模拟实验研究，发现近源-优相-低势复合区控制着圈闭内储层的含油气性。圈闭内外界面能势差越大，圈闭内储层的含油气性越好。研究成果揭示了储层内外界面势差控油气富集的临界条件与变化特征；阐明了圈闭内部储层含油气性随内外界面势差增大而增加的基本规律；建立了相-势-源复合指数（FPSI）与储层含油气性定量关系模式并研发了应用技术，实现了钻前目标含油气性地质预测与定量评价，降低了勘探风险。

四是提出了构造过程叠加与油气藏调整改造模式，研发了多期构造变动下油气藏破坏烃量评价方法和技术。研究成果阐明了构造变动对油气藏形成和分布的破坏作用；揭示了构造变动破坏和改造油气藏的机制，其中包括位置迁移、规模改造、组分分异、相态转换、生物降解和高温裂解；建立了构造变动破坏烃量与构造变动强度、次数、顺序及盖层封油气性等四大主控因素之间的定量关系模型，应用相关技术能够评价叠合盆地每一次构造变动的相对破坏烃量和绝对破坏烃量，为有利成藏区域内当今最有利勘探区带的预测与资源潜力评价提供了科学的地质依据。

油气门限控藏理论成果已通过产、学、研相结合等多种形式与油田公司合作在辽河西部凹陷、渤海海域盆地、济阳拗陷、南堡凹陷、柴达木盆地五个测试区进行了全面系统的应用。"十五"以来，中国三大石油公司将新成果推广应用于20个盆地和地区，为大量工业性油气发现提供了理论和技术支撑。

作为中国油气工业战线的一位老兵和油气地质与勘探领域的科技工作者，我有幸担任了"中国叠合盆地油气成藏研究"的973项目专家组组长的工作，见证了年轻一代科技工作者好学求进、不畏艰难、勇攀高峰的科学精神，看到一代又一代的年轻学者在我们共同的事业中快速成长起来，心中感受到的不仅是欣慰，更有自豪和光荣。鉴于"中国叠合盆地油气成藏研究"取得的重要进展和在油气勘探过程中取得的重大效益，我十分高兴向同行学者推荐这方面成果并期盼该套丛书中的成果能在我国乃至世界叠合盆地的油气勘探中发挥出越来越大的作用。

中国工程院院士

2013 年 2 月 28 日

丛书序三

中国含油气盆地的最大特征是在不同地区叠加和复合了不同时期形成的不同类型的含油气盆地，它们被称为叠合盆地。叠合盆地内部出现多个不整合面、存在多套生储盖组合、发生多旋回成藏作用、经历多期调整改造。四多的地质特征决定了中国叠合盆地油气成藏与分布的复杂性。目前，在中国叠合盆地，尤其是西部复杂叠合盆地发现的油气藏普遍表现出位置迁移、组分变异、规模改造、相态转换、生物降解和高温裂解等现象，油气勘探十分困难。应用国内外已有的成藏理论指导油气勘探遇到了前所未有的挑战，其中包括：烃源灶内有时找不到大量的油气聚集，构造高部位有时出现更多的失利井，预测的最有利目标有时发现有大量干沥青，斜坡带输导层内有时能够富集大量油气……所有这些说明，开展"中国叠合盆地油气成藏研究"对于解决油气勘探问题并提高勘探成效具有十分重要的理论意义和现实价值。

经过近二十年的努力探索，尤其是在国家几轮973项目的连续资助下，中国学者在叠合盆地油气成藏研究领域取得了重要进展。为了解决中国叠合盆地油气勘探困难，科技部自一开始就在资源和能源两个领域设立了973项目，《中国叠合盆地油气成藏研究丛书》就是这方面多个973项目创新成果的集中展示。在这一系列成果中，不仅有对叠合盆地形成机制和演化历史的剖析，也有对叠合盆地油气成藏条件的分析和评价，还有对叠合盆地油气成藏特征、成藏机制和成藏规律的揭示和总结，更有对叠合盆地油气分布预测方法和技术的研发以及应用成效的介绍。《油气运聚门限与资源潜力评价》《油气分布门限与成藏区带预测》《油气富集门限与勘探目标优选》和《油气藏调整改造与构造破坏烃量模拟》都是丛书中的代表性专著。出版这些创新成果对于推动我国，乃至世界叠合盆地的油气勘探都具有十分重要的理论意义和现实意义。

"中国叠合盆地油气成藏研究"系列成果的出版标志着我国因"文化大革命"造成的人才断层的完全弥合。这项成果主要是我国招生制度改革后培养出来的年轻一代学者负责承担项目并努力奋斗取得的，它们的出版标志着"文化大革命"后新一代科学家已全面成长起来并在我国科技战线中发挥着关键作用，也从另一侧面反映了我国招生制度改革的成功和油气地质与勘探事业后继有人，是较之科研成果自身更让我们感到欣慰和振奋的成果。

"中国叠合盆地油气成藏研究"系列成果的出版标志着叠合盆地油气成藏理论研究取得重要进展。这项成果是针对国内外已有理论在指导我国叠合盆地油气勘探过程中遇到挑战后展开探索研究取得的，它们既有对经典理论的完善和发展，也有对复杂地质条件下油气成藏理论的新探索和油气勘探技术的新研发。"油气门限控藏"理论模式的提出以及"油气藏调整改造与构造变动破坏烃量评价技术"的研发都是这方面的代表性成果，它们有力地推动了叠合盆地油气勘探事业的向前发展。

"中国叠合盆地油气成藏研究"系列成果的出版标志着我国叠合盆地油气勘探事业取得重大成效。它是针对我国叠合盆地油气勘探遇到的生产实际问题展开研究所取得的创新成果，对于指导我国叠合盆地，尤其是西部复杂叠合盆地的油气深化勘探具有重大的现实意义。近十年来中国西部叠合盆地油气勘探的不断突破和储产量快速增长，真实地反映了相关理论和技术在油气勘探实践中的指导作用。

"中国叠合盆地油气成藏研究"系列成果的出版标志着能源领域国家重点基础研究（973）项目的成功实践。这项成果是在获得国家连续三届 973 项目资助下取得的，其中包括"中国典型叠合盆地油气形成富集与分布预测（G1999043300）""中国西部典型叠合盆地油气成藏机制与分布规律（2006CB202300）""中国西部叠合盆地深部油气复合成藏机制与富集规律（2011CB201100）"。这些项目与成果集中体现了科学研究的国家目标和技术目标的统一，反映了 973 项目的成功实践和取得的丰硕成果。

"中国叠合盆地油气成藏研究"系列成果的出版将进一步凝聚力量并持续推动中国叠合盆地油气勘探事业向前发展。这一系列成果是在我国油气地质与勘探领域老一代科学家的关怀和指导下，中国年轻一代的科学家带领硕士生、博士生、博士后和年轻科技工作者努力奋斗取得的，它凝聚了老、中、青三代人的心血和智慧。《中国叠合盆地油气成藏研究丛书》的出版既集中展示了中国叠合盆地油气成藏研究的最新成果，也反映了老、中、青三代科研人的团结奋斗和共同期待，必将引导和鼓励越来越多年轻学者加入到叠合盆地油气成藏深化研究和油气勘探持续发展的事业中来。

中国叠合盆地剩余资源潜力十分巨大，近十年来中国西部叠合盆地油气储量和产量的快速增长证明了这一点。随着油气勘探的深入和大规模非常规油气资源的发现，叠合盆地深部油气成藏研究和非常规油气藏研究正在吸引着越来越多学者的关注。我们期盼，《中国叠合盆地油气成藏研究丛书》的出版不仅能够引导中国叠合盆地常规油气资源的勘探和开发，也能为推动中国，乃至世界叠合盆地深部油气资源和非常规油气资源的勘探和开发做出积极贡献。

中国科学院院士

2013 年 2 月 28 日

丛书前言

中国油气地质的显著特点是广泛发育叠合盆地。叠合盆地发生过多期构造变动，发育了多套生储盖组合，出现过多旋回的油气成藏和多期次的调整改造，目前显现出"位置迁移、组分变异、多源混合、规模改造、相态转换"等复杂地质特征，已有勘探理论和技术在实用中遇到了前所未有的挑战。中国含油气盆地具有从东到西，由单型盆地向简单叠合盆地再向复杂叠合盆地过渡的特点，相比之下西部复杂叠合盆地的油气勘探难度更大。揭示中国叠合盆地油气成藏机制和分布规律，是20世纪末中国油气勘探实施稳定东部、发展西部战略过程中面临的最为迫切的科研任务。

《中国叠合盆地油气成藏研究丛书》汇集了我国油气地质与勘探工作者在油气成藏研究的相关领域取得的创新成果，它们主要涉及"中国西部典型叠合盆地油气成藏机制与分布规律（2006CB202300）"和"中国西部叠合盆地深部油气复合成藏机制与富集规律（2011CB201100）"两个国家重点基础研究发展计划（973）项目。在这之前，金之钧教授和王清晨研究员已带领我们及相关的研究团队完成了中国叠合盆地第一个973项目"中国典型叠合盆地油气形成富集与分布预测（G1999043300）"。这一期间积累的资料、获得的成果和发现的问题，为后期两个973项目的展开奠定了基础、确立了方向、开辟了道路，后两个973项目可以说是前期973项目研究工作的持续和深化。

"中国叠合盆地油气成藏研究"能够持续展开，得益于科学技术部重点基础研究计划项目的资助，更得力于老一代科学家的悉心指导和大力帮助。许多前辈导师作为科学技术部跟踪专家和项目组聘请专家长期参与和指导了项目工作，为中国叠合盆地油气成藏研究奉献了智慧、热情和心血。中国石油大学张一伟教授，就是众多导师中持续关心我们、指导我们、帮助我们和鼓励我们的一位突出代表。他既将973项目看作年轻专家学者攀登科学高峰的战场，也将它当作培养高层次研究人才的平台，还将它视为发展新型交叉学科的沃土。他不仅指导我们凝炼科学问题，还亲自带领我们研发物理模拟实验装置，甚至亲自开展科学实验。在他最后即将离开人世的时候还在念念不忘我们承担的项目和正在培养的研究生。老一代科学家的关心指导、各领域专家的大力帮助以及社会的殷切期盼是我们团队努力做好项目的强大动力。

"中国叠合盆地油气成藏研究"能够顺利进行，得力于相关部门，尤其是依托单位的强力组织和研究基地的大力帮助。中国石油天然气集团公司，既组织我们申报立项、答辩验收，还协助我们组织课题和给予配套经费支持；中石油塔里木油田公司和中石油新疆油田公司组织专门的队伍参与项目研究，协助各课题研究人员到现场收集资料，每年派专家向全体研究人员报告生产进展和问题，轮流主持学术成果交流会，积极组织力量将创新成果用于油气勘探实践。依托单位的帮助和研究基地人员的参与，一方面保障了项目研究的顺利进行、加快了项目研究进程，另一方面缩短了创新成果用于勘探生产实践的测试时间，促进了科技成果向生产力转化。在相关部门的支持和帮助下，本项目成果已通过多种方法和途径被推广应用到国内外二十多个盆地和地区，并取得重大勘探成效。

"中国叠合盆地油气成藏研究"能够获得创新成果，得益于产、学、研结合和老、中、青三代人的联合奋斗。近二十年来，我们以 973 项目为纽带，汇聚了中国石油大学、中国地质大学、中国科学院地质与地球物理研究所、中国科学院广州地球化学研究所、中石油勘探开发研究院、中石油塔里木油田公司、中石油新疆油田公司等单位的相关力量，做到了产学研强强联合和优势互补，加速了科学问题的解决；每一期 973 项目研究，除了有科技部指派的跟踪专家、项目组聘请的指导专家和承担各课题的科学家外，还有一批研究助手、研究生以及油田公司配套的研究人员和年轻科技人员参加。这种产、学、研结合和老、中、青联合的科研形式，既保障了科研工作的质量、科学问题的快速解决以及创新成果的及时应用，又为油气勘探事业的不断发展创造了条件，增加了新的动力。

《中国叠合盆地油气成藏研究丛书》的创新成果，已通过油田公司的配套项目、项目组或课题组与油田公司联合承担项目等形式，广泛应用于油气勘探生产，该丛书的出版必将更有力地推动相关创新成果的广泛应用并为更加复杂问题的解决提供技术思路和工作参考。《中国叠合盆地油气成藏研究丛书》凝聚了以各种形式参与这一研究工作的全体同仁的心血、汗水和智慧，它的出版获得了 973 项目承担单位和主管部门的大力支持，也得到了依托部门的资助和科学出版社的帮助，在此我们深表谢意。

2014 年 3 月 18 日

前　言

　　《中国叠合盆地油气来源与形成演化——以塔里木盆地为例》一书是国家重点基础研究发展计划（973）项目"中国西部典型叠合盆地深部多元油气生成机制与相态转化（2011CB201102）"，国家自然科学基金项目"海相油气藏TSR-有机硫分布特征、成因机制与定量评价（No.41173061）"、"海相原油超高芳香硫-二苯并噻吩成因机制与石油地质意义（No.40973031）"、"断陷盆地混源油气定量预测理论与方法探索（No.40772077/D0206）"，教育部高等学校博士学科点专项科研基金项目（No.20120007110002），中国石油大学（北京）资源与探测国家重点实验室基金项目（PRP/indep-1-1101）以及中国石油塔里木油田公司研究项目"塔里木台盆区碳酸盐岩油气成藏理论与勘探实践"的研究成果。此外，它还得到了中国石油大学（北京）学术专著出版基金资助。

　　塔里木盆地是中国西部最重要的含油气叠合盆地，台盆区海相油气是塔里木盆地重要的油气资源。塔里木盆地油气成因类型多样、油气形成与演化过程复杂，复杂油气源厘定、混源相对贡献预测、油气演化与成藏效应鉴别长期困扰地球化学家。基于成烃成藏的前沿理论和国际上先进的分析测试技术，笔者近年针对塔里木盆地台盆区海相油气的上述问题开展了深入细致的探索工作。该项研究建立了一套海相油气成因地球化学综合判识标准、混源油气识别与定量方法体系、油气运移方向和充注途径示踪的地球化学参数和方法体系、深部碳酸盐岩油气成藏效应的方法技术等，相关成果为我国叠合盆地油气成因与成藏理论研究、海相高过成熟油气地球化学分析与测试提供了先进的方法途径，有助于指导叠合盆地碳酸盐岩油气藏勘探实践。

　　本书包含五方面的内容，分别介绍了中国叠合盆地油气来源与形成演化特征的独特性、研究意义与方法（绪论）、叠合盆地油气地质地球化学特征（第一章）、叠合盆地烃源岩地质地球化学特征（第二章）、叠合盆地油气的成因机制与运聚过程（第三章）和叠合盆地油气的后期改造与成藏效应（第四章）。

　　在国家自然科学基金委员会、科学技术部和石油企业的资助下，通过多年的努力，在叠合盆地油气特征、成因与成藏以及改造与演化过程领域取得了多项研究成果，培养了硕士、博士研究生20余名，成果发表于 *Organic Geochemistry*、*AAPG*、*Marine and Petroleum Geology*、*Energy Exploration and Exploitation*、*Acta Geologica Sinica*、*Petroleum Science* 以及国内核心期刊。然而，由于地质条件的复杂性、方法技术的局限性，一些问题的研究还有待深入，获得的认识还需要检验。

　　在叠合盆地油气形成与演化研究过程中，得到国家自然基金委员会、科学技术部、教育部高等学校博士学科点专项科研基金委员会和中国石油天然气股份有限公司的大力支持与帮助。中国石油塔里木油田分公司、科技处、勘探开发研究院有关领导和专家给予了热情指导和大力支持。参与研究工作的还有中国石油塔里木油田分公司的肖中尧、卢玉红、李梅、张海祖及中国石油大学（北京）的吴公益、苏展、李楠、赵明、庞秋菊、石磊、孙浩。中国石油大学（北京）油气资源与探测国家重点实验室王铁冠院士、钟宁宁教授、朱雷实验员及重质油国家重点实验室史权博士、潘娜博士等给予了热情的指导与实验支持，中国石油大学（北京）盆地与油藏研究中心汤良杰、吕修祥、姜振学教授等领导和同事给予了大力支持与协助；陈君、庞秋菊、张传运、万中华、孙浩、陈湘飞、张鹏、霍志鹏等帮助清绘了部分插图，中心办公室刘红英、石海霞、张文贤等给予了诸多帮助，笔者在此一并致以诚挚的谢意。

由于时间仓促，书中观点和资料不妥之处，敬请读者批评指正。

目 录

绪　论

第一节　中国叠合盆地油气来源与形成演化特征的独特性

与国外含油气盆地相比，中国叠合盆地有其独特的石油地质特征，包括"多期成盆、多套烃源岩、多次生排烃、多套储盖组合、多期构造演化、多次运聚散、多期改造"等（贾承造，1997，1999；贾承造和魏国齐，2002；金之钧和王清晨，2004；庞雄奇等，2008），致使中国叠合盆地油气成因与成藏过程复杂、油气的形成与演化过程独特。

一、叠合盆地油气分布广泛且组分特征变异

中国叠合盆地含油层系多、分布范围广、油气性质变化大。其中，深层油气藏往往埋藏深度大，处于特殊的高温高压成烃成藏环境，油气热演化程度较高、物理性质与化学成分与中浅层油气有很大差异；中浅层油气藏也常常因多期油气充注、调整改造过程中的诸多物理与化学作用而失去了最初的面貌。概括而言，叠合盆地油气类型多样——高蜡油、挥发性油、凝析油、稠油等时常共生发育（Li et al.，2011a，2011b；张水昌等，2011a）；颜色多变——无色—墨绿色—黄色等，差异显著（塔里木盆地与渤海湾盆地均发育多种颜色的油气）；化学组成异常——可能富集某些特定种类的化合物，如塔里木盆地深层（O_1）及局部中浅层（C）钻遇"高芳香硫油气"（朱扬明等，1998a，1988b；Li et al.，2012），某些层位天然气成分异常——富含高丰度硫化氢伴生气；同位素出现"反转"迹象——甲烷同位素有时逆演化，如塔中深部甲烷同位素较其他气体大幅度变轻（Li et al.，2012）。造成叠合盆地上述油气组分异常的因素很多，包括有机-无机相互作用、热化学作用、热蒸发分馏作用、运移分馏作用与微生物作用等。

二、叠合盆地油气来源众多且相对贡献不清

叠合盆地一般发育多套烃源岩，由于热演化过程中油气性质趋同以及多期构造演化过程中不同来源、不同成熟度油气的混合作用，使得油气源识别与相对贡献、油气资源评价困难。塔里木盆地海相油气源已争议二十多年，可见油气成因研究的复杂性。叠合盆地油气源研究的复杂性首先在于发育多套热演化程度不等的烃源岩，某些烃源岩原始形成环境可以相近，如塔里木盆地下古生界的寒武系与奥陶系烃源岩同为海相、渤海湾盆地古近系东营组（Ed_3）及沙河街组（Es_1—Es_3、Es_4）、孔店组（Ek_2）则发育多套湖相烃源岩，母源性质的相同或相近、较高热演化阶段油气性质的趋同，致使油气源不

易识别。特别地，叠合盆地油气藏形成时间跨度大，早期古油藏可能成为晚期油气藏的烃类来源（以热裂解方式改变烃类的相态）；存在于储层（沥青砂等）、运移通道以及广泛存在的低丰度烃源岩中的沥青或有机质，也可能是油气的重要来源。例如，叠合盆地天然气可来自干酪根热降解、原油裂解、分散可溶有机质生烃、古油藏再生烃。由于烃源岩热演化与油气演化的渐变性、多源多期混合的复杂性、油气运移及深部多种油气成藏效应等的干扰，混源油气的相对贡献评价一直是国际性的地学难题。当前塔里木叠合盆地油气源研究的关键问题是：寒武系、奥陶系烃源岩的成烃相对贡献及其分布规律；原油裂解气、干酪根裂解气的识别与相对贡献；广泛存在的低丰度烃源岩的成烃贡献量大小、碳酸盐岩（泥灰岩等）、泥页岩的成烃相对贡献等。

三、叠合盆地油气演化复杂且过程机制不明

叠合盆地深部高温高压、超临界相态环境决定油气演化过程中热蚀变、有机-无机等作用显著。热蚀变表现为烃类向裂解和稠合两个终级方向转化，原油裂解成气是主要表现形式，但不同地区原油裂解时的深度有很大差异，如四川盆地普光、元坝气田深度大于5000m后烃类为气态，但塔里木盆地在6500m仍高产工业凝析油，反映烃类热演化规律复杂。深部碳酸盐岩有机-无机作用，如硫酸盐热化学还原作用（TSR）较常见，它可改变油气的化学成分（Li et al.，2012）并消耗烃类产生无机产物（Ho et al.，1974；Heydari，1997）。例如，美国墨西哥湾沿岸侏罗统Smackover地层富硫酸盐层段的深部油藏已裂解演变为含78%H_2S、20%CO_2、2%CH_4（Black Creek油田）的气藏（Heydari，1997）。塔里木盆地台盆区海相原油的TSR作用显示出随埋深增强的趋势（Li et al.，2011a，2012），深部油气藏演化与成藏效应及其机制有待揭示与评价。

第二节 叠合盆地油气来源与形成演化特征的研究意义

一、有利于揭示油气的来源并预测有利资源领域

油气源是叠合盆地油气生成的物质基础，决定油气的分布、特性与资源潜能；油气演化决定油气的相态与不同相态油气的分布规律。塔里木盆地中深1井是最近在塔中寒武系膏盐岩下发现了工业油气流的探井，该井凝析油气来源的确认，对于揭示塔中地区深层油气勘探意义重大。倘若中深1井油气确定为寒武系烃源岩所生，则预示着塔里木盆地寒武系膏盐岩下仍有巨大的油气勘探潜能，这是由于寒武系是迄今公认的塔里木盆地地史演化过程中最重要的海相烃源岩，优质烃源岩极其发育，并且中寒武统厚层膏盐岩具有很好的油气保存作用。相反，若中深1井油气被确认为奥陶系成因，也不排除寒武系膏盐岩下具有良好的油气勘探前景。深层寒武系液态油的存在，是塔里木盆地烃源岩液态烃生成下限、古油藏液态烃保存下限研究的一大挑战。以往的研究一直认为，塔里木盆地寒武系烃源岩已处于高-过熟热演化阶段，不太具备液态烃生成能力。相关研究是塔里木盆地寒武系深层油气勘探与资源评价的重要依据。

二、有利于揭示油气的成藏过程并建立油气运聚模式

油气来源及其成藏时间的确认有助于揭示油气的成藏过程与重建油气运聚模式。塔里木台盆区海相油气的勘探已近三十年，但海相油气成藏机制仍在不断探索与完善之中。台盆区油气的来源尚存在近源与远源的争议；很多油气成藏模式的讨论仍局限在油区范围，有待建立从烃源岩至圈闭的含油气系统尺度范围内、针对不同类型油气藏的典型成藏模式。特别地，对塔里木盆地满加尔凹陷东西两侧生油凹陷对其周边台盆区油气藏贡献的认知尚有不确定性。油气的成藏过程一直是叠合盆地研究的薄弱环节，缺少有效的正演与反演研究方法，某些深部油气藏难以确认是早期古油气藏或晚期成因油气藏。油气成藏过程与运聚模式是油气勘探的重要理论依据，油气来源与形成演化研究是恢复油气成藏过程、重建油气运聚模式的关键环节。

三、有利于揭示油气藏的调整改造与破坏并预测最有利勘探区带

石油是一种流体，所有的油气本身都是混合物，油气藏的调整改造会加剧油气的混合；残留古油气藏中油气的性质与烃类组成也不是一成不变的，可经历热蚀变、有机-无机相互作用等。油气形成与演化过程中的各种物理与化学作用往往使其与最初的面貌相距甚远，难以准确确认其来源，这是塔里木等叠合盆地多年来油气成因与油气源研究争议不断的重要原因之一。例如，对于塔中 4 油田高芳香硫原油成因就有不同的观点，包括特殊烃源岩的作用、油气组分差异性热蚀变作用、有机-无机作用等。相关认识直接关系到此类异常油的勘探方向。塔中下奥陶统深层高 H_2S、高芳香硫原油是深部寒武系来源油气的混合或本地油气局部 TSR 作用成因的确认，不仅有助于揭示下奥陶统油气次生改造机制的识别，也直接影响寒武系目的层的油气勘探风险评价。

第三节　叠合盆地油气来源与形成演化特征的研究方法

1. 正演分析（盆地演化——构造-沉积-烃源岩与温压场分析）

通过对烃源岩性质、生排烃潜能、生排烃量、生排烃史进行研究，识别有效烃源岩，确认相关油气的热演化特征与成藏时间；通过对储层温压场的分析，研究油气的热演化特征；通过对储层成藏环境、岩矿成分、深部流体活动等进行研究，分析油气成藏后有机-无机相互作用等。

2. 反演分析（油气藏解剖）

在精细分析油气组成与分布特征基础上，利用各种先进的分析测试技术，如色谱-质谱（GC-MS）、傅里叶变换离子回旋共振质谱（FT-ICR MS）、色谱-质谱-质谱（GC-MS-MS）、同位素、包裹体等，进行油-油、油-岩对比，识别油气源；通过油气运移分馏效应分析，确认油气运移方向与路径，追踪油气源及烃源灶；通过对油气异常性质的

分析，揭示油气发生的改造与演化作用等。

3. 模拟实验研究（物理模拟、数值模拟）

在正演和反演研究基础上，在接近地下实际情形的温压等条件下，进行原油与烃源岩热演化模拟实验、TSR模拟实验、混源物理与数值模拟实验等，验证油气的混合特性、在地史过程中遭受的纯热化学作用、有机-无机相互作用等特征。

第四节　叠合盆地油气来源与形成演化特征的主要研究成果

借助于973项目、国家自然基金项目及与塔里木油田的多项合作研究平台，针对塔里木叠合盆地油气来源与形成演化特征的攻关研究，取得了以下四个方面的认识。

（一）揭示了油气的地质地球化学特征

（1）叠合盆地油气性质多样，受控于母源岩类型及其热演化程度、油气混合、次生改造、热蚀变、有机-无机相互作用、气侵等多种地质地球化学作用。一般具有成熟度分布范围广、混源特征较普遍、浅层油气生物降解而深部油气显著热蚀变、局部发生有机-无机作用并导致油气组分变异、深层原油普遍裂解生气等多种特性。

（2）叠合盆地油气的分布规律性显著，一般具有层位多、深度范围广、储层类型复杂、油气藏类型多样的特征。塔里木叠合盆地储盖组合多、含油层系多，古生界、中生界、新生界都有重要含油层系。塔里木盆地海相油气藏埋深跨度可达3000m以上如塔中、库车陆相油气藏跨度也达千余米。塔里木盆地发育礁滩型、风化壳型、白云岩型、层间古岩溶型等多种碳酸盐岩储层；碎屑岩也发育低孔低渗与高孔高渗等多种储层类型。塔里木叠合盆地海相与陆相含油气区均发育构造、地层、岩性及复合型圈闭与油气藏类型。

（二）阐明了油气的来源与相对贡献

（1）揭示了海相油气的来源及其混源特征。依据年代指示生物标志物、生物标志物绝对定量、单体烃碳/硫同位素技术、储层包裹体成分分析和混源模拟实验，确认了塔里木台盆区塔中、轮南地区油气混源较普遍，特别是塔中地区；确认了海相油气的主力烃源岩为寒武系—下奥陶统、中上奥陶统。基于生物标志物与链烷烃单体烃碳同位素反映的油源不同，提出海相油气不同馏分/组分反映的油气源及其贡献不同。通过对高—过熟油气特征及油气演化过程的整体认识及与地质研究的充分结合，提出塔里木台盆区不同成熟度油气的多期混合现象更为普遍，涵盖塔中、塔北地区的绝大部分油田。

（2）从正演、反演角度评价了海相油气不同油源的相对贡献。基于对油气组成的研究，发现塔中等海相原油中的链烷烃同位素具有介于寒武系—下奥陶统、中上奥陶统成因原油之间的分布特征，指示为两者混源成因。鉴于链烷烃是高—过熟原油中的主要成分、丰度可为原油中微量级别的甾、萜生物标志物的两个数量级，利用链烷烃单体碳同位素、结合烃类丰度进行了混源定量预测。计算结果表明，塔中寒武系—下奥陶统成因原油的混入量约为 45%、轮南约为 36%，塔北塔河—英买力等西部地区油气主要来自中上奥陶统。对各烃源岩层生排油气量计算的正演研究表明，塔里木盆地中下寒武统的排油量约为 1233 亿 t、中上奥陶统的排油量约为 437 亿 t，两者的排油量比为 2.822，结合两套烃源岩的排烃时期烃类分布，判断塔里木台盆区油气完全存在混源的可能性。混源物理与数值模拟实验进一步验证了研究区油气的混源特性。

（3）提出三种海相油气的混源模式。利用金刚烷等指标识别出台盆区断层是油气运移的重要通道，提出断层交汇点是油气的主要注入点；确定以多期活动的深切断层及与其伴生的裂缝体系为通道的垂向快速充注是导致台盆区海相原油混合的重要原因；提出存在"次生调整"、"异源多期充注"、运移途中的"原生型"混合等模式，认为三种模式贯穿油气成藏过程。鉴于碳酸盐岩储层较强的非均质性、油气的广泛混源特性，提出构造活动中的幕式充注、断层相关的快速垂向运移、混源成藏是塔中碳酸盐岩油气藏混源油气形成的主要机制。

（4）厘定了台盆区海相油气的成藏期次与关键时间。对烃源岩层大量生排烃时间的正演研究表明，塔里木盆地海相烃源岩主要存在三四个排烃周期，分别是奥陶纪—志留纪（也可划为寒武纪—奥陶纪、志留纪—泥盆纪）、石炭纪—三叠纪、白垩纪至现今。含油气包裹体均一化温度的反演研究表明，台盆区主要有三到五个成藏期，分别为加里东晚期、海西期、喜马拉雅期，其中，海西期与喜马拉雅期可进一步亚分。

（三）建立了台盆区海相油气的运移与富集模式

（1）基于油气运移分子示踪与成熟度等的地球化学研究，确认了塔北地区主要存在两大成藏体系，轮古东油气主要来自满东凹陷；轮古西-英买力地区油气主要来自满西凹陷。风化壳/不整合面、断层及其相关的孔缝洞体系是油气运移的重要通道。确认塔中地区存在受Ⅰ号断裂带及与其近斜交的走滑断层交汇点控制的多个油气充注点，断层是油区范围内油气垂向运移的重要通道和侧向上沟通油源的重要通道；不整合面等运载层是油气侧向分配与调整的重要通道。塔中油气主要来自满东、满西及Ⅰ号断层下降盘一侧近源烃源岩。

（2）提出台盆地区存在六种油气富集模式，分别是：①近源古隆起油气富集模式，如塔中与塔北古隆起是塔里木台盆区主要油气富集区；②复合断裂带油气富集模式，早期深切断层与后期走滑断层组成的复合断裂带，如塔中Ⅰ号断裂带及走滑断层斜交带、塔北轮南断垒及桑塔木断垒与轮古东断层交汇带油气较富集；③准层状不整合面/风化壳油气富集模式，塔北与塔中相当部分油气聚集在不整面以下一定埋深范围的储集层内；④礁滩体发育带油气富集模式，如塔中Ⅰ号断裂带良里塔格组礁滩体具有油气含量高的特征；⑤斜坡带-凹中平台区油气富集模式，哈拉哈塘及顺托果勒地区油气的富集与显示，反映这一区域是潜在的油气富集区；⑥白云岩裂缝带油气富集模式，中深 1 井中寒武统盐下白云岩层油气的发现，指示该目的层有重要油气勘探潜能。

（四）揭示了台盆区海相油气改造与成藏效应

（1）油气的微生物降解等次生作用识别与评价。多期成藏、改造是叠合盆地油气藏的显著特征，微生物降解、水洗与氧化是叠合盆地最常见的油气改造形式。通过对塔中、塔北不同层系油气的生物降解等次生改造作用进行剖析发现，塔中地区油气的生物降解等次生改造现象较为普遍，沿当前构造上倾方向，油气的生物降解有增强趋势，现存原油中塔中 4 井区石炭系原油次生改造作用最强，但由于晚期油气充注与混合作用，原油最初降解面貌基本已被覆盖。塔北地区有类似的现象。塔北轮古西、塔河、哈得逊、哈拉哈塘的断裂带与北东地区生物降解等次生改造作用比较强，英买力、哈拉哈塘地区的热瓦普与新垦地区次生改造作用不太明显，可能与构造演化过程中地势的高低有关。

（2）油气的热蚀变作用。统计分析表明，塔里木台盆区油气组分显著变化的临界点约在 5000m，小于该埋深原油受生物降解等次生改造作用较明显，大于该埋深油气性质主要受热成熟作用控制。原油热蚀变的临界点为 6000～6500m。观察到塔北油气存在两种热演化趋势曲线，轮古东原油形成一条热演化曲线，轮古西-英买力原油形成另一条热演化曲线。随埋藏深度增加，轮古东原油成熟度变化显著、热演化速率较快，指示油气生成和（或）成藏环境温度较高。轮古西-英买力地区原油成熟度随埋深变化不太显著，演化速率不及轮古东地区，以上差异指示塔北油气成因和（或）成藏环境有差异。塔中油气演化总体趋势较为一致（浅层次生改造油气除外），反映油气成因与成藏条件相近。油气热蚀变向两个终级方向发展，分别是焦沥青和天然气甲烷，这两类产物在塔里木盆地台盆区均检测到，反映原油热蚀变相对较为严重。台盆区油气演化与热蚀变研究对于深部油气相态预测与勘探具有重要意义。

（3）原油蒸发分馏作用及其气侵/气洗效应。叠合盆地蒸发分馏作用较普遍，天然气的侵入可导致原油烃类组成的蒸发分馏效应，油藏的地球化学特征会发生明显的变化。蒸发分馏作用可改变油藏流体的烃类组成，形成"次生"凝析油系统，概括而言：①油气藏相态发生变化，导致饱和气的油相或饱和油的气相的形成；②油气物性异常，气洗可导致原油含蜡量增加，而气侵导致气油比与干燥系数增大；③轻烃组分异常，低分子量的芳烃和环烷烃丰度与分布发生异常变化；④烃类分布与丰度发生规律性变化；⑤油、气成熟度不相吻合等。蒸发分馏作用及相关的气侵、气洗是轮南地区凝析油和蜡质油形成的一种重要机制。轮古东断层南侧是典型的蒸发分馏效应发生区。塔中Ⅰ号带也存在气侵/气洗现象，如塔中 83 井区。

（4）硫酸盐热化学还原作用（TSR）。TSR 是油气成藏后最重要的反应，一般出现在深层蒸发盐岩、碳酸盐岩储层。利用傅里叶变换离子回旋共振质谱（FT-ICR MS）等多种手段，结合储层黄铁矿、石膏、原油中硫同位素、原油伴生气中甲烷碳同位素等的检测，本书认为塔中 4 油田高芳香硫异常原油与深部异常油的混合有关，原地没有 TSR 迹象。首次利用 FT-ICR MS 从塔中部分深部原油（下奥陶统）中检测出了丰富的低热稳定性硫化物，认为其系 TSR 作用改造烃类产物，相关原油伴生气中高丰度的 H_2S 进一步证实了其 TSR 成因。预测塔中 TSR 作用主要发生在深层，局部下奥陶统油气组分的异常可能与深层油气相关，预示塔中地区深层寒武系仍有勘探前景。

第一章 叠合盆地油气地质地球化学特征

第一节 叠合盆地原油地球化学特征

叠合盆地含油层系多、埋深跨度大，地史过程中深浅层油气藏所经历的物理-化学作用会有很大差异，油气性质因而也会有很大差异。例如，塔里木盆地台盆区海相油气由深至浅，烃类表现出从天然气—轻质油/凝析油—正常黑油—稠油的有序物性变化规律。叠合盆地深部油气藏因高温、高压等特殊的成烃与成藏环境，油气性质不仅表现出"油质轻、缺失生物标志物、组分简单"等特性，其化学成分、元素、同位素有时也发生本质的变化。早期古油藏可能与晚期油气藏共生、烃类热蚀变与有机-无机相互作用及蒸发分馏效应（气侵/气洗）等物理-化学作用叠加，可导致叠合盆地深部油气特征异常、成因机理复杂。

一、原油宏观地球化学特征

（一）原油物性与族组分特征

为揭示塔里木盆地台盆区海相原油地球化学特征与成因，共采集塔中地区不同区带、不同层系98口井的共129个、塔北不同构造单元的117个、巴楚等外围约10个原油样品进行了精细分析。

1. 塔中地区

1）原油物性

塔中原油物性因井区/构造位置、层系、埋深而异，表现为稠油、正常油、轻质油、凝析油等多种烃类形式。就层系而言，塔中原油总体具有随地层变老，原油物性变好的趋势。志留系原油物性最差，以稠油为主，具高密度（0.80～0.97g/cm³）[表1.1.1、图1.1.1(a)]、高黏度（1.799～197.7mPa·s）、高含硫（0.23%～1.38%）[图1.1.1(c)]、低蜡（1.2%～11.8%）[图1.1.1(b)]等特点。志留系原油物性普遍较差，与晚加里东期大规模的构造破坏活动相吻合（周新源等，2006）。奥陶系原油物性最好，一般具有低密度[图1.1.1(a)]、低黏度、低含硫[图1.1.1(c)]等特征。其中，下奥陶统除个别原油外，总体为轻质凝析油，原油密度和黏度一般分别为0.77～0.82g/cm³（均值为0.79g/cm³）和1.09～4.92mm²/s（均值为1.84mm²/s）（表1.1.1），反映深部原油较高的成熟度。下奥陶统原油的含蜡量为5.1%～23.4%（均值为9.1%）[图1.1.1(b)]，

表1.1.1 塔中部分原油物性及族组分特征

实验编号	井号	深度/m	层位	密度(20℃)/(g/cm³)	黏度(50℃)/(mm²/s)	凝固点/℃	含蜡量/%	S/%	(S/C)/100	H_2S/%	硫醇/(μg/mL)	饱和烃/%	芳烃/%	非烃/%	沥青质/%	饱和烃/芳烃
1	TZ406	3646.92~3693.26	C_{III}	0.91	3.85	—	—	—	—	—	—	23.1	32.7	11.5	32.7	0.71
2	TZ404	3619.47~3681.81	C_{II-III}	—	—	—	—	—	—	—	—	55.5	28.2	11.8	4.5	1.97
3	TZ4	3532~3548	C_{II}	0.85	3.12	-25.0	—	0.18	—	—	—	74.8	19.5	5.7	0	3.84
4	TZ4	3712~3720	C_{III}	0.92	51.19	10.5	—	0.20	1.51	—	—	58.0	25.7	12.7	3.6	2.26
5	TZ408	3631.5~3632.5	C_{III}	0.85	3.76	<-30.0	2.70	0.45	—	—	—	58.9	26.3	12.1	2.7	2.24
6	TZ402	3510~3535	C_{II}	0.83	2.56	-34.0	2.42	0.43	—	—	—	55.9	30.5	13.6	0	1.83
7	TZ402	3613~3628	C_{III}	0.84	2.81	-19.0	2.95	0.25	0.97	—	1.63	55.7	28.6	11.4	4.3	1.95
8	TZ402	3705.5~3708	C_{III}	0.92	72.05	-21.5	4.19	0.94	—	—	—	36.0	24.6	10.3	29.1	1.46
9	TZ421	3221.0~3223.5	C_{I}	0.82	4.75	-36.0	1.62	0.57	1.07	—	—	52.6	25.3	10.5	11.6	2.08
10	TZ421	3478~3494.5	C_{II}	0.75	0.91	-45.0	0.82	0.77	0.56	—	1.60	86.4	10.2	3.4	0	8.47
11	TZ421	3570.5~3575.0	C_{III}	0.84	2.85	-16.0	2.67	0.51	—	—	—	57.8	30.4	11.8	0	1.9
12	TZ421	3700.5~3702.5	C_{III}	—	—	—	—	—	1.05	—	1.63	59.3	22.9	8.5	9.3	2.59
13	TZ422	3604.0~3624.0	C_{III}	—	—	—	—	—	—	—	—	54.3	32.6	10.1	2.9	1.67
14	TZ75	3701.00~3715	C_{III}	0.86	6.25	-14.0	4.20	0.51	—	1.01	—	46.5	32.6	11.6	9.3	1.43
15	TZ401	3685~3703	C_{II}	0.90	11.93	-5.0	—	—	—	—	—	40.4	31.7	15.4	12.5	1.27
16	TZ411	3263~3450	C_{I}	—	—	—	—	—	—	—	—	52.1	27.6	9.8	10.4	1.89
17	TZ411	3227.5~3328	C_{I}	0.86	7.81	-18.0	1.75	0.29	—	—	—	36.4	38.6	14.8	10.2	0.94
18	TZ411	3439~3450	C_{I}	0.83	4.37	-10.0	4.92	—	—	—	—	48.7	31.1	11.8	8.4	1.57
19	TZ411	3720~3723	C_{III}	0.87	9.9	-12.5.0	—	—	1.06	—	—	60.9	25.4	6.5	7.1	2.40
20	TZ12	4374.5~4413.5	S	0.96	2156	6.0	3.20	1.15	—	—	—	31.7	28.6	14.3	25.4	1.11
21	TZ12	4695.5~4777.5	O_3	0.90	51.9	-30.0	—	—	—	—	—	47.9	19.9	14.4	17.8	2.41
22	TZ15	4300~4306.5	S	0.97	880.0	-14.0	2.19	1.03	—	—	—	36.1	30.9	8.4	24.6	1.2
23	TZ15	4656~4673	O_3	0.95	280.5	-12	1.32	0.310	—	—	—	33.5	34.4	10.5	21.6	1

续表

实验编号	井号	深度/m	层位	密度(20℃)/(g/cm³)	黏度(50℃)/(mm²/s)	凝固点/℃	含蜡量/%	S/%	(S/C)/100	H₂S/%	硫醇/(μg/mL)	饱和烃/%	芳烃/%	非烃/%	沥青质/%	饱和烃/芳烃
24	TZ821	5212.64~5250.2	O$_3$	0.81	2.48	20.0	10.39	0.14	—	1.10	—	87.1	10.8	2.2	0	8.06
25	TZ83	5411~5433	O$_3$	0.81	4.54	18.0	11.00	0.04	0.78	2.13	—	87.3	11.0	1.7	0	7.94
26	ZG15	6125~6138	O$_3$	0.80	1.90	−18.0	9.91	0.24	—	0.33	14.4	92.7	5.28	2.01	0	17.57
27	TZ169	4224.09~4283	O$_3$	0.86	6.22	2.0	9.90	—	—	—	—	83.6	7.62	6.25	2.54	10.97
28	ZG162	6370~6374	O$_3$	0.79	1.69	−12.0	7.22	0.06	—	0.10	1.63	—	—	—	0	—
29	ZG19	6381~6438.5	O$_{2+3}$	0.81	2.03	−4.0	6.72	0.19	—	—	1.63	93.3	5.11	1.57	0	18.26
30	TZ83	5666.1~5686.7	O$_1$	0.82	4.92	41.5	23.44	0.37	0.73	2.5	u.d	88.3	10.4	1.3	0	8.49
31	ZG10	6198~6309.8	O$_1$	0.77	1.09	−6.0	9.26	0.34	—	2.97	44.88	95.8	2.98	1.19	0	32.2
32	ZG11	6165~6631.1	O$_1$	0.79	1.47	−14.0	5.75	0.40	0.67	0.31	16.03	95.4	3.13	1.42	0	30.45
33	ZG111	6008~6250	O$_1$	0.78	1.28	−14.0	10.20	0.02	—	0.25	35.27	95.8	2.09	2.09	0	45.86
34	ZG13	6458~6550.36	O$_1$	0.80	1.89	−28.0	5.10	0.15	—	0.03	3.21	89.9	5.17	4.91	0	17.40
35	ZG22	5605~5736.66	O$_1$	0.82	2.52	−6.0	7.90	0.14	—	1.58	57.71	89.6	8.14	2.29	0	11.00
36	ZG23	5898~5946	O$_1$	0.79	1.53	2.0	9.80	0.18	—	0.003	43.29	93.2	4.2	2.62	0	22.19
37	ZG501	6515.5~6294.1	O$_1$	0.79	1.59	−14.0	6.10	0.05	0.66	6.98	54.50	95.0	3.56	1.48	0	26.67
38	ZG5	6351.64~6460	O$_1$	—	—	—	—	—	0.61	1.95	19.23	96.4	2.18	1.45	0	44.17
39	ZG21	5753~5874.16	O$_1$	0.78	1.36	−10.0	8.55	0.07	0.75	0.14	63.70	78.8	4.59	16.59	0	17.17
40	ZG6	5934.5~6172.7	O$_1$	0.78	1.36	−8.0	9.38	0.12	0.64	40.0	138.82	93.8	4.37	1.8	0	21.47
41	ZG7	5865~5885	O$_1$	0.80	1.83	2.0	6.93	0.13	0.68	4.38	140.50	96.0	3.81	0.21	0	25.19
42	ZG8	5893~6145.58	O$_1$	0.77	1.21	−8.0	7.30	0.17	0.64	3.67	60.10	82.4	3.51	14.05	0	23.49

远高于石炭系与志留系原油，而其含硫量为 0.02%～0.4%（均值为 0.18%），远低于石炭系与志留系 [表 1.1.1、图 1.1.1(c)]。石炭系原油物性介于奥陶系与志留系之间，与志留系更为接近，石炭系原油具有相对较低密度（0.75～0.92g/cm³，均值为 0.86g/cm³）、低黏度（2.56～72.05mm²/s，均值为 12.5mm²/s）、低凝析点（一般小于 0℃）、低蜡含量（0.82%～4.92%，均值为 2.82%）和含硫量较高（0.18%～0.94%，均值为 0.46%）的特征 [图 1.1.1(a) ～图 1.1.1(c)、表 1.1.1]。

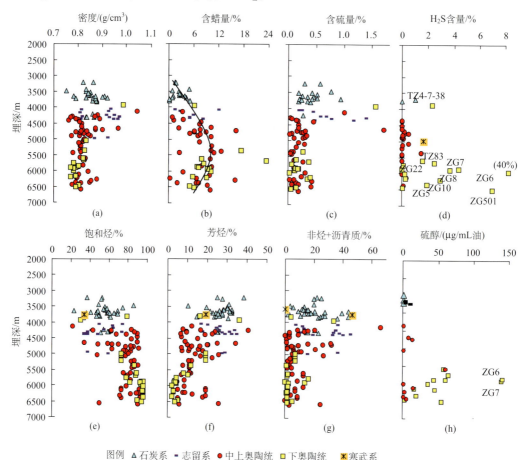

图 1.1.1　本次采集并分析的塔中不同层系原油物性与族组成特征

按构造带而言，塔中原油物性表现出分块性，显示受构造带控制。塔中 I 号构造带主要为奥陶系凝析油气，内侧 TZ47-15 井区（中上奥陶统—石炭系）主要为重油和正常油，TZ4 井区以黑油、凝析油为主，TZ1-6 井区主要为凝析油。塔中 I 号构造带奥陶系原油密度一般为 0.7606～0.8767g/cm³，反映原油的高成熟特征。塔中 I 号构造带原油含蜡量、含硫量变化较大，含蜡量一般为 0.342%～16.08%，最高值为塔中 83 井下奥陶统原油（22.49%），被认为与气洗有关。塔中 I 号构造带原油含硫量一般为 0.02%～0.42%，个别志留系原油含硫量偏高。塔中 823—塔中 70 井区天然气具有高干燥系数、高 H₂S 和中低 N₂、CO₂ 的特征，两侧井区不具备该特征。塔中 823 井天然气 H₂S 含量高达

1.5%，被认为与邻区发育的横切塔中Ⅰ号构造带主断层的北东—南西向转换断层沟通深层气源有关（李素梅等，2008b）。塔中47-15井区原油（中上奥陶统—石炭系）物性变化较大，志留系以稠油为主；塔中16、塔中4井区以正常油为主；塔中1-6井区原油物性相对较好，具有相对低密度、低含硫量的特征。塔中隆起原油物性的变化规律反映了油气的成因与成藏特征、油气藏的演化过程。Ⅰ号构造带中上奥陶统原油物性好于内带相同层系原油，反映晚期成藏的相对高成熟原油在该区带较为富集。

与其他层系原油不同的是，下奥陶统原油伴生气中 H_2S 含量也相对较高，至少有6个原油伴生气中 H_2S 含量分布于 2%～40%［表1.1.1、图1.1.1(d)］。相比较而言，塔中4油田TZ75井石炭系原油伴生气中 H_2S 含量不高，约为1.0%。尽管没有收集到塔中4油田其他井的 H_2S 含量数据，但预测该油田 H_2S 含量较低，因近二十年来没有发生与 H_2S 相关的生产安全问题。高 H_2S 含量的油气主要出现在TSR发生过的碳酸盐岩储层中（Ho et al.，1974；Sassen and Moore，1988；Chakhmakhchev and Suzuki，1995a；Cai et al.，2004；Hu et al.，2010）。较之于塔中4油田原油（1.60～1.63μg/mL），下奥陶统原油有较高的硫醇含量（3.2～140.5μg/mL）（表1.1.1）。硫醇具有较低的热稳定性。因此，原油中较高的硫醇含量指示下奥陶统储层复杂的化学反应系统（Li et al.，2012）。

2）原油族组分

塔中原油族组分有显著的差异，总体分布规律与原油物性相吻合。与绝大多数奥陶系原油物性对应相对较好，奥陶系原油族组分以饱和烃为主，芳烃、"非烃＋沥青质"含量极低［图1.1.1(e)～图1.1.1(g)、图1.1.2］。其中，中上奥陶统原油饱和烃含量为 33.5%～91.3%（均值为74.5%）、芳烃含量为 7.0%～36.3%（均值为15.5%）、"非烃＋沥青质"含量为 0.8%～46.9%（均值为10.1%）；除个别原油外，下奥陶统原油饱和烃含量一般为 78.8%～96.4%（均值为91.6%），芳烃占 2.09%～10.4%（均值为4.47%）［表1.1.1、图1.1.1(e)～图1.1.1(g)、图1.1.2］，"非烃＋沥青质"含量极低（0.2%～16.6%），与其较轻的物性特征、较高的成熟度相吻合。与塔中志留系原油物性相对较差相一致，多数志留系原油饱和烃含量相对较低（一般小于40%）、芳烃（高达34.6%）和"非烃＋沥青质"含量相对较高（高达44.9%，均值为25.3%）［图1.1.1(e)～图1.1.1(g)、图1.1.2］。石炭系原油族组分变化较大，介于志留系和奥陶系原油之间，但更接近志留系［图1.1.1(e)～图1.1.1(g)、图1.1.2］。

有多种影响原油族组分的因素，包括原油成熟度、水洗/生物降解等次生改造、母源与油气运移分馏效应等。综合分析认为，塔中原油族组分显著受前两个因素的影响（图1.1.2）。观察到随埋深增加，塔中原油饱和烃含量显著增加［图1.1.1(e)］，而芳烃、"非烃＋沥青质"含量有显著变小的趋势［图1.1.1(f)、图1.1.1(g)］，这种变化趋势与原油成熟度参数的变化相对应（图4.2.14），反映成熟度对族组分显著的控制作用。石炭系、志留系原油族组分变化较大，两层系油气藏埋藏较浅，构造演化过程中油气藏易被破坏，可导致油气遭受生物降解、水洗与氧化并进一步导致原油物性变化。从多数塔中石炭系、志留系原油中可检测到显著/强烈生物降解的标志物（参见第四章第一节），反映次生作用是导致原油族组分显著变化的重要因素。

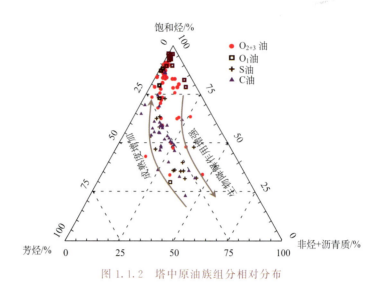

图 1.1.2　塔中原油族组分相对分布

2. 塔北地区

1) 原油物性

塔北原油物性也有显著的差异，总体具有西油东气、不同层系原油物性非均质性较强的特征。然而，不同构造单元内部仍有分异。例如，哈拉哈塘凹陷既有正常油也有轻质油；塔河油田主体为稠油，局部为凝析油气；轮南油田原油物性差异最为显著（图1.1.3），具有沥青、稠油、高蜡油、凝析油、天然气等多相态烃共存的特征（张水昌等，2011a）。

轮南地区原油密度一般介于 $0.8 \sim 0.9 g/cm^3$，局部稠油密度高于 $0.9 g/cm^3$，总体高于英买 2 潜山，具有与新垦地区原油相近的特征 [图 1.1.3(a)]。与塔北其他构造单元原油相比，轮南原油含蜡量明显偏高，最高达 37.76% [图 1.1.3(c)]，而含硫量与沥青质含量偏低 [图 1.1.3(d)、图 1.1.3(f)]。哈拉哈塘的新垦地区原油与相邻的英买 2 潜山原油有明显的差异，前者物性相对较好，反映油气成因和（或）成藏条件的差异。

轮南地区奥陶系油气性质自东向西有一定的变化规律，轮南西部原油密度最大，如轮古 9 井密度大于 $1.0 g/cm^3$，为重质原油。轮古东为凝析气藏，但不同于原生凝析气藏，具有较高的原油密度，西伯利亚叶尼塞-勒拿拗陷侏罗纪原生凝析油密度为$0.74 \sim 0.78 g/cm^3$（Ботнева et al.，1996），轮古东凝析气藏原油密度为 $0.82 \sim 0.88 g/cm^3$。桑塔木断垒带和轮南断垒带多发育凝析气藏，轻质油气藏也主要分布在这两个断垒带及其附近区域，平台区及桑南斜坡带为正常密度原油，密度为 $0.78 \sim 0.82 g/cm^3$（表1.1.2）。轮南奥陶系高含蜡量原油主要分布在桑南斜坡带、桑塔木断垒带和轮古东地区，如 LN631 井、LN634 井、LG35 井原油具有较高的含蜡量 [图 1.1.4(d)]，但其密度与黏度并不高 [图 1.1.4(a)、图 1.1.4(b)]。轮古西、轮南断垒带和中部平台区为中等—低含蜡原油（$1.9\% \sim 26.2\%$）。轮古东地区某些井的高蜡特征（>20%），被认为

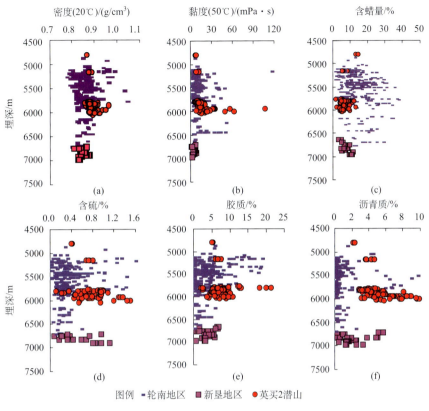

图例 ■轮南地区 ■新垦地区 ●英买2潜山

图 1.1.3 塔北部分原油物性分布特征

与气洗有关（参见第四章第三节）。除轮南西部潜山斜坡带含硫量较高（2.08%～2.64%）外，轮南奥陶系潜山其他地区原油含硫量都较低，基本小于 0.5% ［图 1.1.4（e），表 1.1.2］。除轮古西外，其他地区气油比均大于 1000m³/m³。奥陶系干燥系数高值区位于轮古 39 井区、桑塔木断垒带，向西、向北逐渐变小。

表 1.1.2 轮南地区奥陶系原油物性特征表

构造单元	井号	深度 /m	密度 (20℃) /(g/cm³)	黏度 (50℃) /(mPa·s)	含硫量 /%	含蜡量 /%	胶质+沥青质 /%	凝固点 /℃
轮古西	LG9	5549～5600	1.03	—	—	4.41	39.23	56
	LG15	5726～5750	1.04	—	2.08	—	31.98	45
轮南断垒带	LN4	5120～5135	0.79	1.05	0.03	1.9	0	−18
	LN8	5167～5230	0.86	—	0.2	26.64	3.98	29
	LN10	5349～5381	0.83	3.15	—	3.2	3.5	1
中部斜坡带	LN30	5301～5325	0.82	2.08	0.36	2.85	1.18	4
	LN18	5244～5350	0.87	—	0.6	5.63	11.96	4.5
	LG2	5345～5430	0.88	—	—	10.22	6.96	−18

构造单元	井号	深度/m	密度（20℃）/(g/cm³)	黏度（50℃）/(mPa·s)	含硫量/%	含蜡量/%	胶质＋沥青质/%	凝固点/℃
桑塔木断垒带	LN48	5436～5470	0.81	—	—	—	—	15.5
	LN44	5283～5357	0.82	—	0.25	7.49	10.52	−9.5
	JF126	5246～5275	0.81	—	0.09	—	—	21
	LN14	5551～5560	0.85	9.59	0.12	13.64	1.3	39.5
	LN39	5524～5600	0.89	30	0.24	8.14	14.64	15.5
	JF123	5256～5360	0.86	10.1	0.15	12.28	3.36	34
桑南斜坡带	LG13	5544～5626	0.81	2.419	0.12	13.79	0	18
	LG17	5404～5468	0.87	0.606	0.5	15.7	0	26
	LG18	5472～5546	0.79	1.996	0.14	10.67	0	10
	LG100	5431～5525	0.86	9.049	0.34	17.78	0	28
轮古东	LN54	5540～5552	0.79	1.23	0.017	4.16	0.58	8
	LG38	5619～5740	0.82	1.914	0.18	5.6	0	−2
	LG39	5790～5846	0.83	3.228	0.75	11	0	24
	LN63	5806～5870	0.87	9.49	0.34	8.51	5.25	18
	LN631	5902～5990	0.88	12.9	0.31	33.58	1.29	34
	LN632	6452～6472	0.87	17.9	0.19	15.86	2.67	22
	LG35	6155～6165	0.87	5.51	0.15	21.81	0.3	38
	LG351	6310～6321	0.86	9.06	0.32	16.23	2.18	8

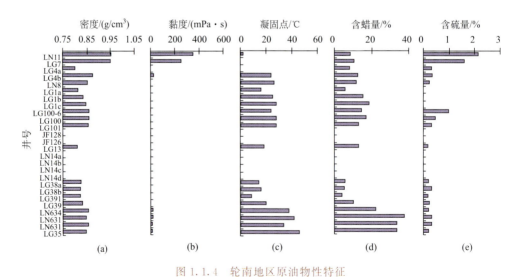

图 1.1.4 轮南地区原油物性特征

纵坐标为样品代号，多为井号，后辍 a、b、c 用于区分同一井的不同层位样品

轮南地区石炭系以轻质油为主，由东向西，油质略有变重、"胶质＋沥青质"含量具有逐渐增加的趋势，主要分布在桑塔木断垒带及中部斜坡带。原油密度分布范围为 0.83～

0.94g/cm³（均值为0.89g/cm³）。"胶质＋沥青质"含量较高，分布范围为2.1%～20.6%，平均为12.8%。从平面分布来看，中西部原油密度较高，具有高密度、高黏度、高"胶质＋沥青质"特征；而吉拉克地区和桑塔木断垒带的石炭系凝析油具有中等密度、低黏度、低凝固点的特点。轮南地区三叠系原油主要分布在轮南、桑塔木断垒带、吉拉克构造带，油质轻，以凝析油、轻质油为主，个别井为稠油，如轮南39井、解放124井原油密度分别达0.94g/cm³、0.92g/cm³。三叠系原油中"胶质＋沥青质"的含量变化较大，变化范围为0～31.47%，高值区位于桑塔木断垒带；氮气含量为1.71%～10.48%，含蜡量为1.68%～10.61%。

英买力南部英买2潜山奥陶系原油包括正常油和稠油，原油密度分布范围为0.86～0.96g/cm³、黏度为11.3～295.4mPa·s，具有低凝固点（－22～2℃）、低蜡（1.28%～6.4%）、相对高硫（0.6%～0.99%）特征（图1.1.3），与海相油特征相似（朱扬明，1996；李素梅等，2008b）。北部英买7井区原油类型包括稠油、正常黑油和凝析油，密度可为0.765～0.936g/cm³，凝固点相对较高（10～43℃），通常具有高蜡（10%～23.9%）、低硫（0.04%～0.40%）特征，与典型陆相油特征相似（朱扬明，1996）。与英买力相邻的羊塔克油田主要为陆相凝析油。

2）原油族组分

塔北原油族组分差异显著（图1.1.5～图1.1.8），反映油气成因与成藏过程复杂。81个原油样品的统计分析表明，塔北轮古东及哈拉哈塘的深部样品（热瓦普）原油族组分具有饱和烃含量较大［图1.1.5(a)］、饱/芳比（饱和烃/芳烃）较高（图1.1.7）、芳烃［图1.1.5(b)］和"非烃＋沥青质"含量较低［图1.1.5(c)、图1.1.8］的特征。轮古西和塔河地区原油具有饱和烃含量相对较低［图1.1.5(a)］而"非烃＋沥青质"含量［图1.1.5(c)、图1.1.6、图1.1.8］相对较高的特征。哈得逊、哈拉哈塘北侧的东河塘、英买1井区部分原油"非烃＋沥青质"含量相对较高，反映原油生物降解等次生作用程度、成熟度的差异。特别地，观察到塔北埋深大于6050m原油样品族组分分布分散（图1.1.5），暗示这一分界线可能是油气藏遭受次生改造的下限。

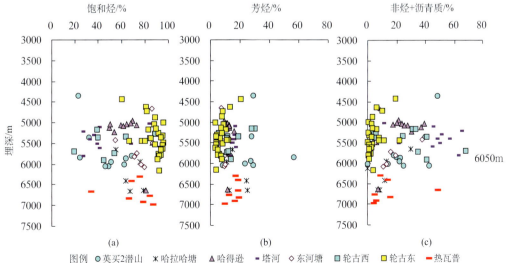

图1.1.5 塔北部分原油族组分特征

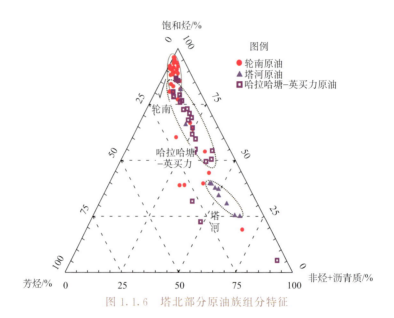

图 1.1.6 塔北部分原油族组分特征

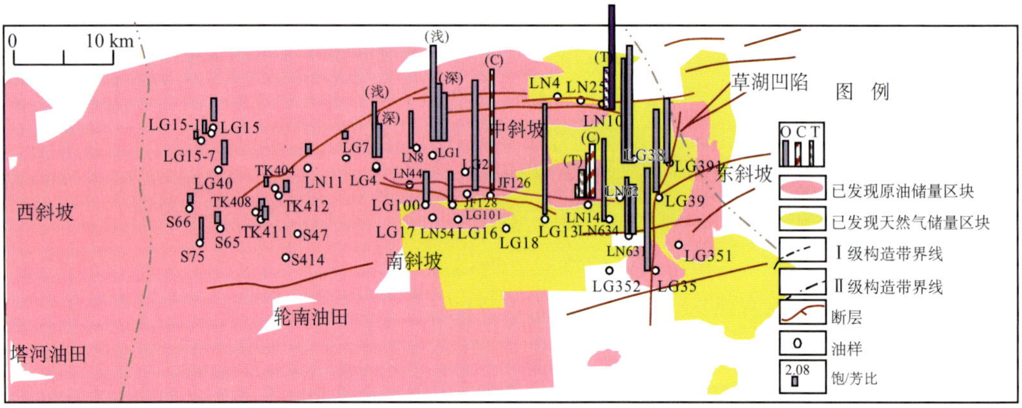

图 1.1.7 轮南地区原油饱/芳比平面分布与变化特征

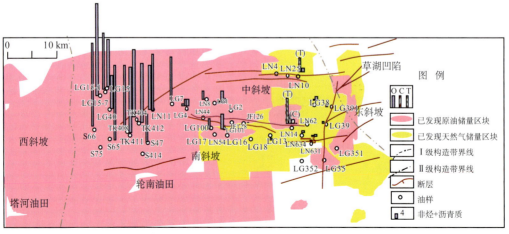

图 1.1.8 轮南原油"非烃＋沥青质"含量平面分布与变化特征

对轮南原油族组分的详细分析表明，轮古西奥陶系原油饱和烃含量分布范围为18.55%～38.96%，相对较低；原油饱/芳比也很低（0.61～1.69），沥青质含量较高（23.1%～35.53%）（表1.1.3）。相比较而言，轮南其他构造带原油族组分以饱和烃为主（63.04%～85.77%），饱/芳比基本大于5，"非烃＋沥青质"含量较低（4.6%），桑南及中部平台区部分井区沥青质组分很低，反映原油较高的成熟度。从纵向上看，大多数奥陶系和石炭系原油中饱和烃含量高于三叠系，奥陶系、石炭系原油饱/芳比一般高于5，三叠系原油饱/芳比低于4。三叠系原油"非烃＋沥青质"含量一般偏高，与其比重相对偏高相吻合。奥陶系、石炭系原油与三叠系原油物性及族组分的差异可能与多种因素有关，如成藏期次、油气运移、气侵等。

表 1.1.3　轮南地区奥陶系原油族组分

区带	井号	井段/m	族组分/%				饱/芳比
			饱和烃	芳烃	非烃	沥青质	
轮古西	LG9	5548～5568	18.55	30.50	20.13	35.53	0.61
	LG15	5726～5750	38.96	23.05	8.44	22.72	1.69
	LG15-1	5904～5953	35.87	24.73	10.87	23.1	1.45
桑南斜坡带	LG12	5407～5527	85.77	9.62	4.6	0	8.92
	LG16	5468～5600	71.28	11.32	3.98	3.35	6.3
	LG18	5462～5465	80.96	10.36	3.37	3.13	7.81
轮古东	LN62	5565～5578	75.94	14.2	5.8	0.58	5.35
	LN63	5957～6070	80.12	8.65	4.32	1.44	9.27
桑塔木	LG11	5171～5187	82.7	10.6	5.4	0.2	7.8
中部平台区	LG2	5345～5430	63.04	18.28	13.14	0	3.45
	LG4	5270～5295	78.99	14.29	4.76	0	5.53
	LG8	5145～5220	82.67	9.6	4.71	0	8.61

原油族组分分布特征反映了原油遭受过的次生变化与成熟度高低。轮南西侧原油饱/芳比较低、非烃含量较高，而东侧原油具有相反的特征（图1.1.7、图1.1.8）。观察到生物降解较严重的LN11井与LG7井原油饱/芳比分别为2.1和1.3～1.4，东侧LN63井为9.3；LN14井三叠系原油饱/芳比也较低，LN631井石炭系原油具有中等饱/芳比（12.6～11.4）。族组分分布显示LN14井三叠系原油较石炭系原油遭受过更强的次生改造。LN11井非烃含量高达22%，而LN631井仅为1.0%。轮南原油的上述族组分分布特征体现早期的生物降解次生改造原油与后期充注（偏东侧）的较高成熟度油气的叠加。

英买力地区原油族组分差异很大。北部英买7井区主体为陆相油，除凝析油外，相当部分原油具有较高的芳烃含量，高达50%以上，而饱和烃（多数小于30%）和"非烃＋沥青质"含量并不高（多数小于20%）（李素梅等，2010a）。该区古生界风化壳部分原油为明显遭受过次生改造作用的早期充注原油，油质相对较重；而古近系—新近系等盖层油藏原油为晚期充注的成熟度较高的原油，油质较轻。南部英买2潜山区原油为海相油，族组分变化较大，饱和烃含量为 22.7%～50.9%、芳烃含量为 8.25%～49.44%、"非烃＋沥青质"含量（40.14%～48.4%）（图 1.1.8）一般高于北部陆相油（李素梅等，2010a）。英买力南部、北部原油族组分的差异表明原油成因复杂。相邻的羊塔克地区原油则以超高含量的饱和烃（80.6%～94.2%）为特征（李素梅等，2010a），显示原油较高的成熟度。

（二）原油元素组成特征

原油的元素组成特征反映母源岩性质、烃源岩/原油热演化程度。观察到塔中原油元素组成以 C 元素占绝对统治地位（70.52%～86.75%）[图 1.1.9(a)]，其次为 H 元素（9.46%～14.61%）[图 1.1.9(b)]，O 元素（0.2%～3.7%）[图 1.1.9(c)]与 N 元素（0.08%～0.39%）[图 1.1.9(d)]含量较低（表 1.1.4）。较低的杂原子含量与原油较高的成熟度特征相一致。下奥陶统原油 S 元素的含量内部差异较小，与中上奥陶统原油也接近，但明显低于塔中 4 井区的石炭系原油，表明原油成因的差异。除个别原油（浅埋 TZ4-7-38 井）外，下奥陶统原油元素组成差异小于其他层系，由西向东，下奥陶统原油 C 元素百分含量有增加趋势，体现富碳特征，表明由西向东原油成熟度有增加趋势 [图 1.1.9(a)]。下奥陶统 C/O 元素比明显高于塔中 4 油田绝大部分原油，可能表明原油成因的差异 [图 1.1.9(f)]。塔中不同和（或）相同层系原油元素组成的显著差异，反映成熟度是控制原油元素组成的重要因素。

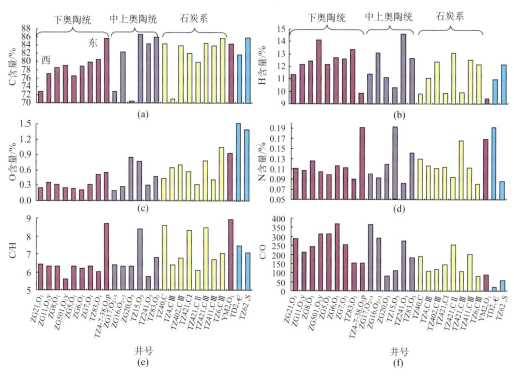

图 1.1.9　塔中原油元素组成（均一化）特征

表 1.1.4　塔里木盆地台盆区部分原油元素组成

井号	层位	井深/m	C 的含量/%	H 的含量/%	O 的含量/%	S 的含量/%	N 的含量/%	C/H	C/O
YM2	O_1	5940~5953	87.82	9.86	0.97	1.18	0.18	8.91	90.50
TD2	$O_1 + \epsilon$	4561.93~5040	83.56	11.24	3.89	1.04	0.27	7.44	21.50
TZ421	C_I	3221.0~3223.5	87.79	10.54	0.61	0.94	0.12	8.33	144.00
TZ421	C_{II}	3478~3494.5	85.14	13.94	0.33	0.48	0.1	6.11	255.30
TZ402	C_{III}	3613~3628	85.7	12.64	0.71	0.83	0.11	6.78	120.20
TZ4	C_{III}	3712~3720	84.62	13.2	0.77	1.27	0.14	6.41	110.10
TZ421	C_{III}	3700.5~3702.5	87.76	10.34	0.81	0.92	0.17	8.49	108.20
TZ411	C_{III}	3720~3723	85.74	12.81	0.43	0.91	0.12	6.7	201.20
TZ6	C_{III}	3710.94~3728.67	85.74	12.17	1.05	0.96	0.08	7.04	81.80
TZ40	$C_{II}-C_{III}$	4307.35~4343.04	88.36	10.27	0.46	0.77	0.14	8.6	191.50
TZ241	O_3	4618.47~4725.74	84.55	14.66	0.31	0.4	0.08	5.77	276.70
TZ15	O_3	4656~4673	86.86	10.35	0.78	1.63	0.39	8.39	111.90
TZ83	O_3	5411~5433	86.06	12.66	0.47	0.67	0.14	6.8	182.30
ZG16	O_{2+3}	6230~6269	85.58	13.56	0.29	0.47	0.1	6.31	293.20
ZG17	O_{2+3}	6438~6448	85.64	13.4	0.23	0.61	0.12	6.39	365.90
ZG20	O	6584~6620	84.81	13.39	1.02	0.63	0.14	6.33	82.90
TZ4-7-38	$O_1 p$	3936.43~3985.5	86.92	10	0.56	2.22	0.3	8.69	154.90
TZ83	O_1	5666.1~5686.7	84.69	14.06	0.55	0.61	0.09	6.02	154.90
ZG21	O_1	5753~5874.16	85.6	13.33	0.3	0.64	0.13	6.42	288.00
ZG7	O_1	5865~5885	85.46	13.49	0.34	0.58	0.12	6.33	252.30
ZG8	O_1	5893~6145.58	85.44	13.52	0.35	0.55	0.14	6.32	242.00
ZG6	O_1	5934.5~6172.7	85.35	13.75	0.23	0.53	0.13	6.21	368.30
ZG11	$O_1 y$	6165~6631.1	85.41	13.49	0.4	0.57	0.12	6.33	212.80
ZG5	O	6351.64~6460	85.53	13.57	0.27	0.52	0.11	6.3	313.90
ZG501	$O_1 y$	6515.5~6294.1	84.03	15.04	0.27	0.55	0.11	5.59	314.00

二、原油气相色谱特征

(一) 塔中地区

塔中不同层系、相同层系不同区带原油链烷烃分布差异显著，原油直链烷烃碳数分布范围可为 $C_8 \sim C_{34}$（图 1.1.10、图 1.1.11）。基本可分为四类分布型式，第Ⅰ类为随碳数增加相对丰度逐渐递减的"近纺锤型"[图 1.1.10(b)、图 1.1.10(d)、图 1.1.11(d)]，

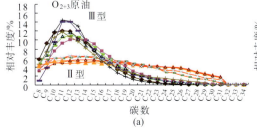

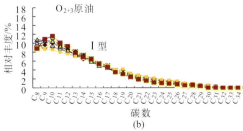

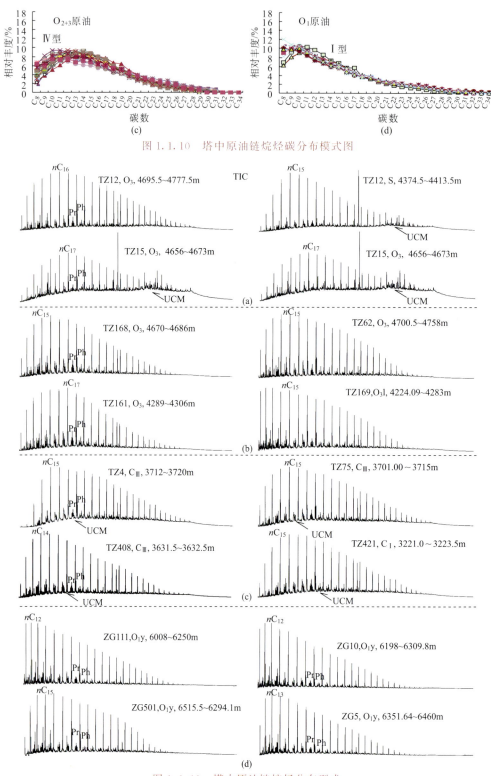

图 1.1.10 塔中原油链烷烃碳分布模式图

图 1.1.11 塔中原油链烷烃分布型式

UCM. 未分辨鼓包

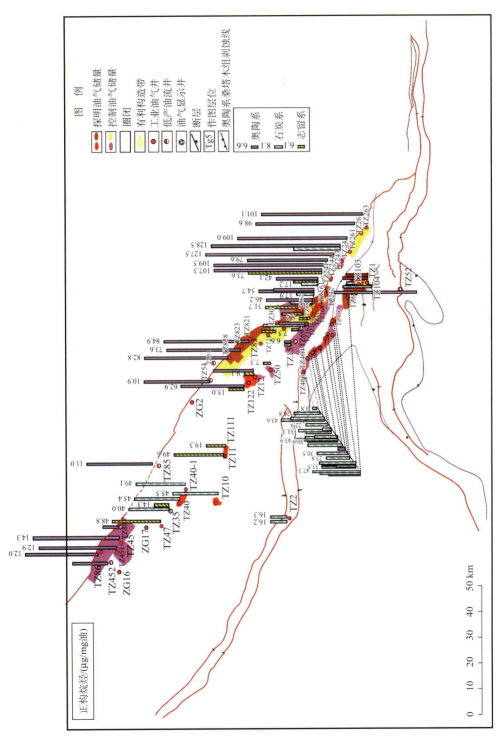

图 1.1.1.12　塔中上构造层原油(O_{3+}—C)锋烷烃丰度平面分布特征

021

022

表 1.1.5 塔中部分原油族组分与气相色谱参数表

构造单元	实验编号	井号	埋深/m	层位	类型	饱和烃/%	芳烃/%	非烃/%	沥青质/%	饱/芳比	Pr/Ph	Pr/nC$_{17}$	Ph/nC$_{18}$	(nC$_{21}$+nC$_{22}$)/(nC$_{28}$+nC$_{29}$)	ΣnC$_{21}^{-}$/ΣnC$_{22}^{+}$	主峰碳	IH	Hep
	1	TZ86	6273~6320	O$_3$	凝析油	83.4	12.6	2.6	1.4	6.6	0.97	0.34	0.42	3.56	8.23	nC$_{10}$	2.98	40.8
	2	TZ452	6376.76~6550	O$_{1+2}$	凝析油	73.4	17.9	5.2	3.5	4.1	1.34	0.25	0.21	4.82	5.99	nC$_{10}$	3.04	31.55
	3	ZG16	6230~6269	O$_{2+3}$	凝析油	91.6	7.6	0.8	—	12.1	1.03	0.37	0.43	3.65	8.17	nC$_{10}$	N.A	N.A
	4	TZ451	6229.1~6297.6	O$_3$	凝析油	89.2	8.8	1	1	10.1	1.02	0.35	0.43	5.88	10.37	nC$_8$	3.19	40.55
	5	TZ45	6020~6150	O$_3$	凝析油	78.6	8.6	4.3	8.5	9.1	1.04	0.35	0.43	3.33	11.74	nC$_{10}$	2.98	40.41
	6	TZ88	6560~7260	O$_3$—O$_1$	凝析油	49.7	25.8	18.4	6.1	1.9	1.05	0.48	0.56	5.03	8.87	nC$_{12}$	2.28	29.01
	7	ZG17	6438~6448	O$_{2+3}$	凝析油	94.3	5.5	0.2	—	17.0	1.19	0.17	0.17	3.69	9.29	nC$_9$	N.A	N.A
	8	TZ285	6322~6415	O$_3$	凝析油	72	19.1	5.1	3.8	3.8	1.07	0.37	0.44	3.54	7.97	nC$_8$	2.45	38.83
	9	ZG2	5866~5893	O$_{2+3}$	凝析油	94.8	4.8	0.2	0.2	19.2	1.12	0.27	0.29	3.71	9.91	nC$_{19}$	N.A	N.A
	10	TZ254	5832~5858	O$_3$	凝析油	82.9	8.6	4.6	3.9	9.6	0.97	0.3	0.37	3.13	6.93	nC$_{10}$	4.25	38.56
I号断裂构造带	11	TZ826	5668~5672	O$_3$	凝析油	80.2	7	10.5	2.3	11.5	1.2	0.29	0.29	3.83	6.2	nC$_{12}$	5.55	33.33
	12	TZ824	5613~5621	O$_3$	凝析油	83	11.8	5.2	0	7.0	0.95	0.34	0.41	2.95	4.26	nC$_{12}$	2.47	34.73
	13	TZ828	5595~5603	O$_3$	凝析油	75.8	11.1	13.1	0	6.8	0.99	0.27	0.33	3.25	6.73	nC$_{10}$	3.28	37.83
	14	TZ82	5349.52~5385	O$_3$	凝析油	85.4	11.2	1.1	2.3	7.6	0.99	0.27	0.35	4.66	11.81	nC$_{10}$	3.30	38.81
	15	TZ82	5430~5487	O$_3$	凝析油	84.6	11	2.2	2.2	7.7	1	0.29	0.37	5.34	13.62	nC$_{10}$	3.44	40.57
	16	TZ825	5225.42~5300	O$_3$	凝析油	83.8	12.1	1	3.1	6.9	1.19	0.3	0.3	4.58	6.42	nC$_{11}$	3.42	40.55
	17	TZ823	5369~5490	O$_3$	凝析油	90.7	7.9	1.4	0	11.5	1.23	0.26	0.23	2.32	3.01	nC$_{12}$	2.96	35.70
	18	TZ821	5212.6~5250.2	O$_3$	凝析油	87.1	10.8	2.1	0	8.1	1.35	0.27	0.22	2.87	4.21	nC$_{10}$	3.45	40.81
	19	TZ83	5411~5433	O$_3$	凝析油	87.3	11	1.7	0	7.9	0.99	0.32	0.40	2.92	5.62	nC$_{12}$	4.75	37.12
	20	TZ83	5666.1~5686.7	O$_1$	石蜡油	88.3	10.4	1.3	0	8.5	1.04	0.25	0.28	2.27	5.05	nC$_{10}$	4.25	39.91
	21	TZ721	4911.4~4980.4	O$_3$	凝析油	82.9	7.5	9.6	0	11.1	1.3	0.26	0.24	4.43	7.59	nC$_{12}$	3.22	29.33
	22	TZ721	5030~5070	O$_3$	正常油	47.3	26.1	9.2	17.4	1.8	0.83	0.4	0.58	2.96	6.48	nC$_8$	2.35	35.04
	23	TZ721	5355.5~5505	O$_1$	石蜡油	87.2	11.7	1.1	0	7.5	0.96	0.25	0.27	1.58	2.08	nC$_{12}$	3.67	40.32
	24	TZ62-3	5072.5~5165	O$_3$	凝析油	77.8	16.7	3.2	2.3	4.7	1.3	0.26	0.23	3.73	6.3	nC$_{12}$	3.16	33.90
	25	TZ622	4913.52~4925	O$_3$	重油	78.3	10.6	8.2	2.9	7.4	0.98	0.27	0.3	1.8	2.21	nC$_{17}$	2.78	35.26

续表

构造单元	实验编号	井号	埋深/m	层位	类型	饱和烃/%	芳烃/%	非烃/%	沥青质/%	饱/芳比	Pr/Ph	Pr/nC_{17}	Ph/nC_{18}	($nC_{21}+nC_{22}$)/($nC_{28}+nC_{29}$)	$\sum nC_{21}^-$/$\sum nC_{22}^+$	主峰碳	IH	Hep
	26	TZ30	4244.5~4260	S	重油	40	25.5	11.8	22.7	1.6	0.91	0.25	0.34	4.27	8.34	nC_{13}	4.31	29.36
	27	TZ30	4997~5026	O_3	正常油	80.9	14	3.9	1.2	5.8	0.93	0.25	0.31	3.35	4.42	nC_{13}	4.78	27.17
	28	TZ72	5125~5130	O_3	凝析油	73.5	22.7	3.8	0	3.2	0.99	0.23	0.28	3.39	5.94	nC_{11}	4.79	39.77
	29	TZ62-1	4892.1~4973.8	O_3	正常油	75.6	17.9	4.5	2	4.2	0.88	—	0.28	3.26	2.56	nC_{19}	3.59	32.39
	30	TZ722	5356.7~5750	O_{2+3}	正常油	94.2	5.6	0.2	—	16.9	1.24	0.24	0.22	6.16	6.14	nC_{12}	—	—
	31	TZ621	4851.1~4885	O_3	正常油	63.1	15.6	7.5	13.8	4.0	1.49	0.18	0.13	3.52	3.84	nC_{13}	3.03	29.26
I号断裂构造带	32	TZ62-2	4773.53~4825	O_3	凝析油	86.4	11.4	2.2	0	7.6	1.16	0.24	0.25	6.07	9.07	nC_{11}	3.26	39.21
	33	TZ44	4822~4832	O_3	正常油	83.6	11	1.4	4	7.6	1.16	0.26	0.32	—	51.96	nC_{11}	3.89	41.43
	34	TZ73	4761~4775	O_3	正常油	77.6	16.4	3.3	2.7	4.7	1.32	0.3	0.31	3.41	13.35	nC_{10}	4.79	37.51
	35	TZ62	4053.0~4073.6	S	正常油	47.8	16.4	29	6.8	2.9	1.14	0.3	0.31	5.49	7.71	nC_{12}	3.45	38.76
	36	TZ62	4700.5~4758	O_3	凝析油	63.5	10	25.1	1.4	6.4	—	—	—	—	—	—	—	—
	37	TZ58C	4237~4251	S	正常油	53.7	33.2	6.1	7	1.6	—	—	—	—	—	—	—	—
	38	TZ623	4809~4815	O_3	凝析油	91.3	7.2	1.5	0	12.7	1.23	0.25	0.24	6.84	6.85	nC_{15}	3.29	29.52
	39	TZ70C	4754~4830	O_3	凝析油	83.5	12.1	4.4	0	6.9	1.31	0.26	0.24	6.16	11.35	nC_{11}	3.43	42.39
	40	TZ242	4065.15	S	正常油	73.3	19.8	6	0.9	3.7	1.64	0.29	0.26	—	47.5	nC_{12}	4.02	39.83
	41	TZ242	4515.6~4546.6	O_3	凝析油	83.8	15.2	1	0	5.5	1.3	0.24	0.23	16.83	12.99	nC_{14}	3.8-	31.84
I号断裂带	42	TZ241	4618.5~4725.7	O_3	凝析油	90.4	8.8	0.8	0	10.3	0.98	0.23	0.28	4.93	7.01	nC_{13}	5.17	34.42
	43	TZ244	4407~4433.64	O_3	凝析油	—	—	—	—	—	1.19	0.25	0.31	—	65.26	nC_{11}	2.68	35.61
	44	TZ243	4387.03~4547.9	O_3	凝析油	78.8	18.8	2.4	0	4.2	1.37	0.23	0.22	17.92	19.95	nC_{12}	2.65	36.00
	45	TZ24	3790.87~3807.2	$C_Ⅲ$	正常油	61.3	27.7	8.4	2.6	2.2	1.2	0.24	0.25	3.65	7.55	nC_{12}	—	18.87
	46	TZ24	4461.1~4483.5	O_3	凝析油	89.7	7.2	3.1	0	12.5	1.25	0.23	0.24	6.44	16.93	nC_{11}	5.22	20.98
	47	TZ261	4357~4380	O_3	凝析油	90.4	6.7	2.9	0	13.5	1.25	0.23	0.21	12.52	10.7	nC_{12}	2.44	41.51
	48	TZ26	4300~4360	O_3	凝析油	87.1	9.7	3.2	0	9.0	1.4	0.29	0.27	8	13.32	nC_{12}	2.58	34.2
	49	TZ263	4310~4342	O_3	凝析油	87.2	9.6	3.2	0	9.1	1.02	0.29	0.36	15.17	15.69	nC_{12}	2.13	34.00
	50	TZ47	4978.5~4986	S	正常油	58.3	26.9	10.2	4.6	2.2	0.92	0.32	0.43	3.28	5.01	nC_{10}	5.25	27.16

023

续表

构造单元	实验编号	井号	埋深/m	层位	类型	饱和径/%	芳径/%	非径/%	沥青质/%	饱/芳比	Pr/Ph	Pr/nC_{17}	Ph/nC_{18}	$(nC_{21}+nC_{22})/(nC_{28}+nC_{29})$	$\sum nC_{21}^{-}/\sum nC_{22}^{+}$	主峰碳	IH	Hep
	51	TZ35	4946~4951	S	重油	35.5	28.6	12.3	23.6	1.2	1.22	0.3	0.35	1.78	5.36	nC_{10}	3.63	32.86
	52	TZ35	4320.00~4323.0	C_{III}	正常油	51.1	25.5	12.1	11.3	2.0	0.96	0.28	0.33	2.04	3.92	nC_{11}	3.42	30.17
	53	TZ40	4307.4~4343.0	C_{II}—C_{III}	正常油	59.8	25.4	8.2	6.6	2.4	—	—	—	10.25	12.82	nC_{10}	4.20	41.30
	54	TZ40-1	4314.6~4335.8	C_{III}	正常油	59	25.2	10.8	5	2.3	0.97	0.3	0.39	6.14	10.29	nC_{10}	5.92	42.68
	55	TZ10	4227.0~4234.0	C_{III}	正常油	53.9	25.5	8.5	12.1	2.1	1.22	0.3	0.30	—	36.49	nC_{11}	4.58	38.94
	56	TZ11	4301~4307	S	正常油	72.9	17.1	5.9	4.1	4.3	0.86	0.35	0.57	3.75	15.62	nC_{9}	2.93	41.87
TZ47-15区块	57	TZ111	4357.5~4364	S	重油	32	23.2	8.8	36	1.4	1	0.33	0.45	1.61	2.12	nC_{13}	4.10	30.36
	58	TZ122	4707.1~4733.9	O_3	正常油	70.4	20.4	6.8	2.4	3.5	0.88	0.29	0.37	5.19	9.81	nC_{10}	3.35	32.57
	59	TZ122	4325.9~4345.4	O_3	重油	35.6	27.2	14.1	23.1	1.3	1.36	0.29	0.29	3.21	5.58	nC_{10}	3.66	30.32
	60	TZ12	4695.5~4777.5	O_3	重油	47.9	19.9	14.4	17.8	2.4	0.85	0.29	0.41	3.66	9.26	nC_{13}	3.17	35.97
	61	TZ12	4374.5~4413.5	S	重油	31.7	28.6	14.3	25.4	1.1	0.98	0.27	0.35	5.29	6.17	nC_{15}	3.69	25.16
	62	TZ50	4378~4385	S	重油	35.9	31.8	17.4	14.9	1.1	1.12	0.44	0.50	—	7.35	nC_{15}	3.86	18.31
	63	TZ15	4656~4673	O_3	重油	33.5	34.4	10.5	21.6	1.0	1.05	0.45	0.62	—	8.34	nC_{15}	2.54	22.6
	64	TZ15	4300~4306.5	S	重油	36.1	30.9	8.4	24.6	1.2	1.02	0.35	0.51	—	—	—	—	—
TZ2井区	65	TZ2	3823~3833	C_{III}	重油	32.2	23.6	17.4	26.8	1.4	—	—	—	3.38	4.06	nC_{13}	—	—
	66	TZ2	3870~3883	C_{III}	重油	32.9	30.6	15.1	21.4	1.1	0.93	0.42	0.55	11.22	11.86	nC_{8}	19.43	20.73
	67	TZ69	4368.5~4377	S	重油	46.8	34.6	8.4	10.2	1.4	1.19	0.34	0.41	3.64	5.31	nC_{13}	3.35	28.39
	68	TZ162	3840.0~3842.5	C_{III}	正常油	62.2	14.7	10.8	12.3	4.2	1.25	0.25	0.24	3.28	10.16	nC_{11}	5.35	34.50
	69	TZ162	5048~5070	O_1y	凝析油	73.1	19.4	7.5	0	3.8	1.15	0.22	0.25	—	11.99	nC_{9}	4.22	32.21
	70	TZ169	4113.5~4130.5	S	正常油	62.7	26	4	7.3	2.4	—	—	—	3.79	7.65	nC_{12}	—	—
	71	TZ16	3812.5~3819.5	C_{III}	正常油	50.3	25.1	12.6	12	2.0	1.43	0.27	0.25	3.97	15.64	nC_{8}	3.71	41.59
	72	TZ16	4244.6~4259.5	O_3	正常油	62.5	16.7	12	8.8	3.7	1.24	0.3	0.29	7.63	8.17	nC_{14}	4.06	34.17
TZ16井区	73	TZ168	3799.2~3850.0	C_{III}	正常油	49.2	24.9	9.2	16.7	2.0	1.37	0.27	0.25	4.96	11.19	nC_{13}	4.17	42.69
	74	TZ168	4374~4399	O_3	正常油	68	22.7	5.3	4	3.0	1.25	0.26	0.26	6.02	12.71	nC_{10}	3.48	35.68
	75	TZ168	4670~4686	O_3	正常油	59	25.2	7.9	7.9	2.3	1.4	0.27	0.25	3.44	11.82	nC_{15}	3.85	38.24
	76	TZ161	3805.2~3821.6	C_{III}	正常油	46.2	26.2	9.2	18.4	1.8	0.99	0.25	0.33	9.23	11.82	nC_{10}	3.88	41.38
	77	TZ161	4178~4181	S	正常油	63.6	24.1	7.4	4.9	2.6	1.21	0.26	0.27	6.47	—	—	3.75	32.01
	78	TZ161	4289~4306	O_3	正常油	62.7	23.9	8.2	5.2	2.6	0.94	0.25	0.34	—	—	—	3.60	35.91

续表

构造单元	实验编号	井号	埋深/m	层位	类型	饱和烃/%	芳烃/%	非烃/%	沥青质/%	饱/芳比	$\dfrac{Pr}{Ph}$	$\dfrac{Pr}{nC_{17}}$	$\dfrac{Ph}{nC_{18}}$	$\dfrac{(nC_{21}+nC_{22})}{(nC_{28}+nC_{29})}$	$\dfrac{\Sigma nC_{21}^-}{\Sigma nC_{22}^+}$	主峰碳	IH	Hep
TZ4井区	79	TZ406	3616.9~3693.3	C_{III}	重油	23.1	32.7	11.5	32.7	0.7	—	—	—	—	—	—	—	—
	80	TZ404	3619.47~3681.8	C_{II}—C_{III}	正常油	55.5	28.2	11.8	4.5	2.0	—	—	—	—	—	—	—	—
	81	TZ4	3712~3720	C_{II}	凝析油	58	25.7	12.7	3.6	2.3	—	—	—	—	—	—	—	—
	82	TZ4	3532~3548	C_{III}	正常油	74.8	19.5	5.7	0	3.8	—	—	—	—	—	—	—	—
	83	TZ408	3631.5~3632.5	C_{III}	正常油	58.9	26.3	12.1	2.7	2.2	—	—	—	—	—	—	—	—
	84	TZ402	3705.5~3708	C_{III}	重油	36	24.6	10.3	29.1	1.5	1.02	0.3	0.4	—	17.00	nC_8	2.62	40.09
	85	TZ402	3613~3628	C_{III}	正常油	55.7	28.6	11.4	4.3	2.0	1.14	0.29	0.33	4.06	12.94	nC_8	2.67	41.18
	86	TZ402	3510~3535	C_{II}	正常油	55.9	30.5	13.6	0	1.8	1.11	0.29	0.35	9.23	16.94	nC_8	2.02	10.00
	87	TZ421	3700.5~3702.5	C_{III}	正常油	59.3	22.9	8.5	9.3	2.6	—	—	—	—	—	—	—	—
	88	TZ421	3570.5~3575.0	C_{III}	正常油	57.8	30.4	11.8	0	1.9	—	—	—	—	—	—	—	—
	89	TZ421	3478~3494.5	C_{II}	凝析油	86.4	10.2	3.4	0	8.5	—	—	—	—	—	—	—	—
TZ4井区	90	TZ421	3221.0~3223.5	C_I	正常油	52.6	25.3	10.5	11.6	2.1	—	—	—	—	—	—	—	—
	91	TZ422	3604.0~3624.0	C_{III}	正常油	54.3	32.6	10.1	3	1.7	—	—	—	—	—	—	—	—
	92	TZ4-7-38	3936.4~3985.5	O_1p	重油	29.9	36.3	12.5	21.3	0.8	0.77	0.34	0.62	3.01	5.92	nC_{13}	3.44	21.67
	93	TZ75	3701.00~3715	C_{III}	正常油	46.5	32.6	11.6	9.3	1.4	—	—	—	—	—	—	—	—
	94	TZ401	3685~3703	C_{III}	正常油	40.4	31.7	15.4	12.5	1.3	—	—	—	—	—	—	—	—
	95	TZ411	3227.5~3328	C_I	正常油	36.4	38.6	14.8	10.2	0.9	—	—	—	—	—	—	—	—
	96	TZ411	3263~3450	C_I	正常油	52.1	27.6	9.8	10.5	1.9	—	—	—	—	—	—	—	—
	97	TZ411	3439~3450	C_I	正常油	48.7	31.1	11.8	8.4	1.6	—	—	—	—	—	—	—	—
	98	TZ411	3720~3723	C_{III}	正常油	60.9	25.4	6.5	7.2	2.4	—	—	—	—	—	—	—	—
TZ1-6井区	99	TZ6	3647~3652.5	C_{II}	凝析油	69.2	21.5	9.3	0	3.2	1.17	0.46	0.71	3.34	38.01	nC_9	2.17	42.27
	100	TZ6	4248.5~4265	O_3	正常油	43.7	40.9	7.4	8	1.1	0.97	0.31	0.39	5.80	9.25	nC_{12}	6.31	19.50
	101	TZ6	3710.9~3728.7	C_{II}	凝析油	65.3	31.9	2.8	0	2.1	1.75	0.18	0.14	22.52	23.62	nC_{11}	2.89	41.92
	102	TZ103	3743.0~3746.0	C_{III}	凝析油	69.8	27.9	2.3	0	2.5	1.37	0.21	0.21	N.A.	35.24	nC_8	2.86	37.38
	103	TZ104	3647~3669	C_{II}	凝析油	47.9	31.4	10	10.7	1.5	0.99	0.36	0.5	6.59	15.43	nC_{11}	2.82	32.60
	104	TZ1	3586~3597.5	€	凝析油	28	18	9	45	1.6	1.7	0.26	0.23	N.A.	49.77	nC_{11}	4.45	40.59
	105	TZ1	3755~3768.5	€	稠油	33.7	19.3	9.6	37.4	1.8	1.06	0.34	0.45	3.86	7.22	nC_{14}	N.A.	N.A.
	106	TZ52	3811~3819	O_1y	凝析油	79.6	16.3	4.1	0	4.9	1.83	0.26	0.19	4.63	12.17	nC_9	2.89	45.04

续表

构造单元	实验编号	井号	埋深/m	层位	类型	饱和烃/%	芳烃/%	非烃/%	沥青质/%	饱/芳比	Pr/Ph	Pr/nC_{17}	Ph/nC_{18}	$(nC_{21}+nC_{22})/(nC_{28}+nC_{29})$	$\Sigma nC_{21}^{-}/\Sigma nC_{22}^{+}$	主峰碳	IH	Hep
塔北	107	YM2	5940~5953	O_1	正常油	50.9	27.2	11.6	10.3	1.9	—	—	—	—	—	—	—	—
塔东	108	TD2	4561.93~5040	O_1—€	稠油	45	26	13	16	1.7	—	—	—	—	—	—	—	—
	109	ZG13	6458~6550.36	O_1y	凝析油	89.9	5.2	4.9	0	17.4	1.56	0.36	0.26	3.00	5.49	nC_8	2.45	36.21
	110	ZG21	5753~5874.16	O_1	凝析油	78.82	4.59	16.59	0	17.2	1.10	0.17	0.18	2.96	7.13	nC_{10}	0.64	37.44
	111	ZG11	6165~6631.1	O_1y	凝析油	95.4	3.1	1.4	0	30.5	1.33	0.21	0.18	3.63	7.22	nC_{10}	2.49	34.70
	112	ZG111	6008~6250	O_1y	凝析油	95.8	2.1	2.1	0	45.9	1.35	0.25	0.21	3.50	8.12	nC_8	2.80	35.78
	113	ZG22	5605~5736.66	O_1y	凝析油	89.6	8.1	2.3	0	11.0	1.56	0.36	0.26	3.00	5.49	nC_8	2.45	36.21
塔中地区	114	ZG23	5898~5946	O_1y	凝析油	93.2	4.2	2.6	0	22.2	0.99	0.20	0.22	2.54	5.65	nC_8	2.39	33.14
下奥陶统	115	ZG8	5893~6145.58	O_1	凝析油	82.44	3.51	14.05	0	23.5	1.24	0.11	0.11	3.12	6.02	nC_{11}	0.51	34.70
	116	ZG10	6198~6309.8	O_1y	凝析油	95.8	3.0	1.2	0	32.2	1.42	0.20	0.17	4.37	9.32	nC_8	2.15	38.53
	117	ZG501	6515.5~6294.1	O_1y	凝析油	95.0	3.6	1.5	0	26.7	1.19	0.31	0.30	11.75	9.88	nC_9	1.98	39.52
	118	ZG5	6351.64~6460	O_1y	凝析油	92.7	5.3	2.0	0	17.6	1.15	0.17	0.18	4.69	9.97	nC_{10}	2.29	38.69
	119	ZG6	5934.5~6172.7	O_1	凝析油	93.83	4.37	1.8	0	21.5	2.43	0.25	0.16	5.66	11.61	nC_{10}	0.21	50.09
	120	ZG7*	5865~5885	O_1	凝析油	94.35	4.47	1.18	0	21.1	1.12	0.16	0.17	3.29	6.37	nC_{10}	0.29	46.96
	121	ZG7*	5865~5885	O_1	凝析油	95.97	3.81	0.21	0	25.2	1.15	0.17	0.17	3.71	6.94	nC_{10}	0.29	45.74

注：IH 为异庚烷值；Hep 为庚烷值；"N. A."表示未测出；"—"表示未测定；"*"表示不同试油时间采集的油。

下奥陶统原油及部分塔中Ⅰ号构造带的中上奥陶统原油为此类；第Ⅱ类为主峰不明显、相对丰度差异较小的"平顶型"［图 1.1.10(a)］，如 TZ621 等井奥陶系原油，此类原油蜡质烃含量较高；第Ⅲ类为主峰为 $C_{11}\sim C_{14}$、高丰度化合物集中在 C_{16} 以前的"窄单峰型"［图 1.1.10(a)、表 1.1.5］，如 TZ24、TZ243、TZ244 等井；第Ⅳ类为介于第Ⅰ类和第Ⅱ类之间的"过渡型"［图 1.1.10(c)］，以上四种分布型式反映塔中原油成因的多样性，体现原油成熟度、次生变化（生物降解、气洗等）程度等的差异。不同成因类型原油中的主要成分——正构烷烃（图 1.1.12）和类异戊二烯烷烃丰度差异显著，有时相差近 40 倍。Ⅰ号坡折带原油正构烷烃丰度多为 $60\sim120\mu g/mg$ 油，最高值达 $128.5\mu g/mg$ 油，其他原油正构烷烃丰度多数分布于 $3.8\sim47.3\mu g/mg$ 油（图 1.1.12）。类似地，类异戊二烯烃含量也相对偏高。

分析原油奇偶优势指数（CPI、OEP）值均接近平衡值 1，表明原油具有较高的成熟度。依据正构烷烃的分布和主峰碳的迁移，如图 1.1.11(a) ～图 1.1.11(d) 所示，油组成成熟度有逐渐增加的趋势。原油 Pr/Ph 值分布范围为 $0.77\sim1.83$。Pr/nC_{17}、Ph/nC_{18} 值显示埋深小于 5000m 的原油特别是 TZ47-15、TZ16、TZ1-6 井区既有碳酸盐岩也有碎屑岩油藏，与其他原油差异显著（图 1.1.13），可能与浅层易发生油气次生改造有关，如水洗、生物降解以及气侵。观察到奥陶系原油 Pr/nC_{17}、Ph/nC_{18} 值明显有随埋深增加而增大的趋势（图 1.1.13、图 1.1.14），特别是埋深大于 5500m 的原油，然而，不少学者观察到该参数值有时随成熟度增加而降低（Tissot and Welte，1984；Li et al.，2003；Pang et al.，2003b；Li et al.，2005）。该参数值通常受控于热成熟作用、蒸发分馏作用和油气运移分馏作用（Pang et al.，2003a）。研究区内中上奥陶统原油 Pr/nC_{17}、Ph/nC_{18} 值随成熟度增加而增大的趋势可能与 nC_{17}、nC_{18} 分别比 Pr、Ph 的裂解速度快有关。然而，大部分下奥陶统原油的变化趋势不同于中上奥陶统，有相对较低的 Pr/nC_{17}、Ph/nC_{18} 值（图 1.1.13），暗示下奥陶统原油所属的含油气系统不同于其

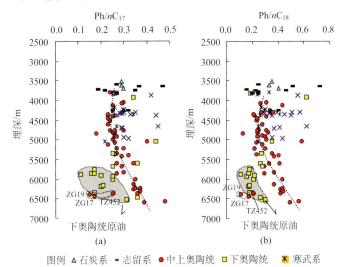

图 1.1.13 原油 Pr/nC_{17}、Ph/nC_{18} 值与埋深关系图

他原油。塔中地区原油的这种变化可能与成熟度有关。下奥陶统原油的 Pr/nC_{17}、Ph/nC_{18} 值低于相同埋深的中上奥陶统原油，预测与油气成因有关。下奥陶统原油低分子量正构烷烃占绝对优势［图 1.1.11（d）、1.1.10（d）］，nC_{21}^{-}/nC_{22}^{+}、（$nC_{21}+nC_{22}$）/（$nC_{28}+nC_{29}$）值分布范围分别为 2.08～12.17（均值为 7.5）、1.58～11.79（均值为 3.9）（表 1.1.5），高于其他原油，反映原油具有较高的成熟度，轻烃石蜡指数异庚烷值（IH）、庚烷值（Hep）揭示其处于高—过熟阶段。

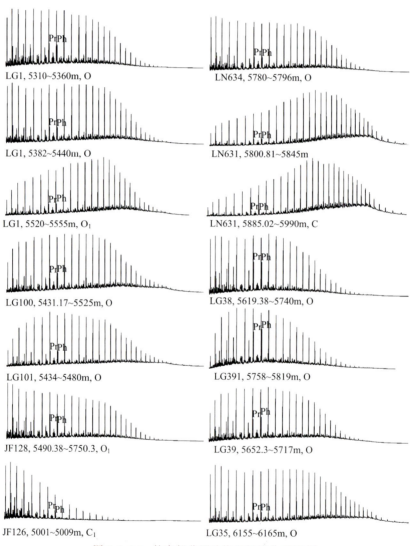

图 1.1.14　轮南部分原油饱和烃馏分 TIC 图

（二）塔北地区

1. 轮南油田

轮南地区原油中链烷烃分布较完整，分布型式有较大差异。主峰碳数分布范围为

$nC_{10}\sim nC_{25}$（图 1.1.14、图 1.1.15），链烷烃分布型式主要有三种类型，第Ⅰ类是明显的"前峰型"，如 LG4、LG7 井奥陶系原油［图 1.1.15（a）］；第Ⅱ类为"后峰型"，主峰碳为 nC_{25}、nC_{26}，典型的是 LN631 井（O）高蜡油和 LG1 井（5520~5555m）原油［图 1.1.14、1.1.15（a）］，表现出基线抬升、轻组分含量少而重组分含量高、主碳峰后移特征，预测与原油遭受的气侵作用有关（参见第四章第三节）；第Ⅲ类原油峰型介于Ⅰ、Ⅱ类之间，如 LG39 等井［图 1.1.15（b）］。原油链烷烃的分布型式受烃源岩类型、热成熟演化程度、次生改造等多种因素控制。塔北轮南原油链烷烃分布与塔中有较大的差异，前者总体相对富集轻质链烷烃馏分，反映两者成因的差异。轮南不同构造带原油也有一定的差异，反映油气性质的非均一性。轮南地区除 JF126 井外，大部分原油 Pr/Ph 值在 0.81~1.1（表 1.1.6），总体反映偏氧化-还原的海相沉积环境。姥植比 Pr/Ph、Pr/nC_{18}、Pr/nC_{17} 通常可以用来反映烃源岩有机相特征，受成熟度等因素的影响。

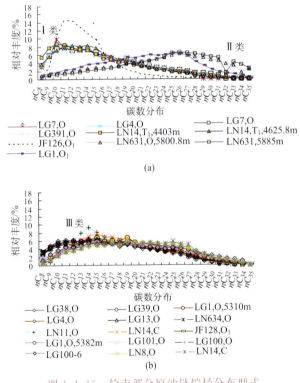

图 1.1.15 轮南部分原油链烷烃分布型式

2. 英买力地区

本书对英买力北部英买 7（YM7）井区及相邻的羊塔克（YTK）地区、英买力南部英买 2（YM2）井区原油进行了分析。英买力原油正构烷烃碳数分布范围为 $nC_4\sim nC_{34}$（图 1.1.16），南部 YM2 井区奥陶系原油主峰碳数一般为 $nC_{13}\sim nC_{14}$，北部 YM7 井区主峰碳数可为 $nC_{11}\sim nC_{23}$，前者低分子量烷烃相对富集。相比较而言，南部 YM2

井区原油具有明显的高 Pr/nC_{17} 值（0.39~0.46）、高 Ph/nC_{18} 值（0.43~0.57）特征[图 1.1.17(a)、表 1.1.6]；北部 YM7 井区原油具有低 Pr/nC_{17} 值（0.17~0.24）、低 Ph/nC_{18} 值（0.09~0.14）特征。通常在咸水相、成熟度较低的湖相原油和烃源岩中观察到较高 Pr/nC_{17} 值、低 Ph/nC_{18} 值特征（Pang et al.，2003a）。南部 YM2 井区奥陶系原油 Pr/Ph 值（0.92~1.06）低于北部 YM7 井区（1.83~2.21），后者一般大于 2%[图 1.1.17(b)、表 1.1.6]。在 Hughes 等（1995）的 DBT/P（二苯并噻吩/菲）-Pr/Ph 关系图中[图 1.1.17(b)]，南部 YM2 井区原油分布于海相页岩区，北部 YM7 井区原油及相邻的羊塔克原油分布于湖相油区，表明两种原油总体为海、陆相成因。

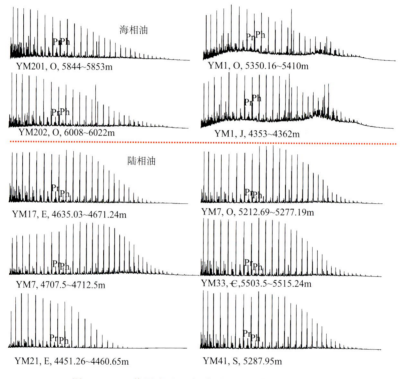

图 1.1.16 英买力地区部分原油饱和烃总离子流图

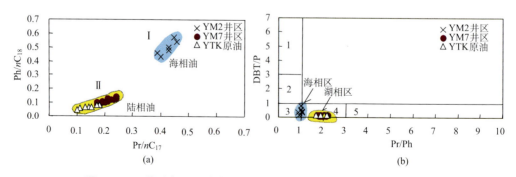

图 1.1.17 英买力地区原油 Pr/nC_{17}-Ph/nC_{18}、Pr/Ph-DBT/P 关系图

3. 哈拉哈塘凹陷新垦—热瓦普地区

新垦—热瓦普原油相对富集轻质链烷烃（图 1.1.18），该区链烷烃主峰碳相对偏低，除具有陆相油成因特征的热普 3（RP3）井（K）外，该区海相油的主峰碳分布范围为 $nC_7 \sim nC_{10}$。热普 3（RP3）井奥陶系原油 $(nC_{21} + nC_{22})/(nC_{28} + nC_{29})$、$\sum nC_{21}^-/\sum nC_{22}^+$ 值分别高达 11.07、14.63，其他井原油对应参数也相对偏高（表 1.1.6），反映该区原油具有较高的成熟度，推测主要与该区油藏埋藏普遍较深有关。

表 1.1.6 塔北部分原油气相色谱特征

构造带	井号	层位	井段/m	Pr/Ph	Pr/nC_{17}	Ph/nC_{18}	C_{21+22}/C_{28+29}	$\sum C_{21}^-$/$\sum C_{22}^+$	主峰碳	IH	Hep	CPI	OEP
	LG15	O	5726.73~5750	1.06	0.44	0.49	2.17	3.90	nC_{12}	1.2	28.8	1.04	0.97
	LG15-1	O	5904.72~5953.43	0.87	0.38	0.50	2.62	4.39	nC_{12}	1.5	31.6	1.06	0.94
	LG4	O_1	5270~5295.84	0.94	0.33	0.37	1.97	2.59	nC_{13}	2.1	36.5	1.06	1.01
	LG40	O	5339.5~5346	0.97	0.44	0.55	2.69	5.08	nC_{11}	2.0	33.4	1.12	0.98
	CH2	C	5914~5956.5	1.49	0.25	0.21	4.44	9.47	nC_{11}	3.3	34.6	1.05	1.01
	LN10	T	4722~4754	1.08	0.42	0.47	2.30	4.10	nC_{15}	2.3	34.3	1.05	1.05
	LN10	O	5349~5381	0.99	0.34	0.41	4.50	7.27	nC_{15}	2.2	32.4	1.07	1.04
	LN32	C	4863.5~4879	1.11	0.26	0.24	3.78	2.70	nC_{17}	3.0	15.0	0.98	1.04
	LN32	C	5136~5148	1.10	0.25	0.23	4.49	3.06	nC_{18}	1.8	22.7	1.02	1.02
	LG38	O	5619.38~5740	0.99	0.53	0.57	3.66	3.21	nC_{15}			1.05	1.09
	LG39	—	5652.3~5717.0	0.99	0.47	0.50	2.83	2.27	nC_{15}			1.06	1.05
	LG35	—	6155~6165	1.10	0.26	0.25	1.30	1.27	nC_{15}			1.01	0.98
	LG7	O	5165~5175	0.86	0.46	0.63	4.47	4.99	nC_{10}			0.89	—
	LG1	O	5310~5360	0.99	0.32	0.35	2.98	3.24	nC_{15}			1.17	1.06
	LG1	O	5382~5440	0.98	0.33	0.34	1.94	1.67	nC_{19}			0.97	1.00
轮南	LG1	O_1	5520~5555	0.95	0.31	0.32	1.53	0.96	nC_{25}			1.07	1.06
	LG4	O	5267~5283	1.01	0.42	0.48	2.83	4.95	nC_{11}			1.05	0.97
	LG4	O	5379.5~5396.5	1.08	0.39	0.41	2.01	2.47	nC_{14}			1.08	1.07
	LG7	O	5165~5175	0.79	0.43	0.62	2.35	4.18	nC_{11}			1.07	1.02
	LG13	O	5544~5626	1.01	0.30	0.31	2.95	2.69	nC_{15}			1.07	1.06
	LG391	—	5758~5810	0.95	0.59	0.70	4.67	4.92	nC_{14}			1.12	1.01
	LN634	O	5780~5796	1.05	0.29	0.29	1.95	2.19	nC_{15}			1.06	1.05
	LG101	O	5434~5480	1.11	0.38	0.37	1.75	1.64	nC_{15}			1.03	1.08
	LG100	O	5431.17~5525	1.08	0.37	0.36	1.98	1.61	nC_{19}			1.06	1.01
	LG100-6	—	5433.5~5475.9	1.10	0.36	0.36	1.58	1.60	nC_{19}			1.04	1.06
	LN11	O	5352~5278.4	0.78	0.41	0.60	2.13	3.04	nC_{14}			1.02	1.08
	LN8	O	5167.23~5230	0.96	0.31	0.34	1.83	1.33	nC_{19}			1.05	1.03
	LN14	T_1	4430~4436.9	0.98	0.43	0.52	2.59	5.01	nC_{10}			0.96	1.03
	LN14	T	4625.8~4609	1.00	0.41	0.48	4.18	5.78	nC_{15}			1.03	1.02
	LN14	C	5043~5052	1.13	0.28	0.27	2.60	2.64	nC_{15}			1.03	1.05
	LN14	C	5256~5266	1.04	0.28	0.28	1.74	1.33	nC_{25}			1.16	1.14
	LN631	—	5800.81~5845	1.10	0.30	0.26	0.84	0.59	nC_{26}			1.06	1.07
	LN631	O	5885.02~5990	0.97	0.24	0.22	0.73	0.46	nC_{26}			1.15	0.97
	JF126	C_1	5001~5009	1.43	0.32	0.33	4.23	26.67	nC_{11}			1.74	0.98
	JF128	O_1	5490.83~5750.30	1.08	0.31	0.31	2.82	2.95	nC_{15}			1.07	1.04

构造带	井号	层位	井段/m	Pr/Ph	Pr/nC_{17}	Ph/nC_{18}	C_{21+22}/C_{28+29}	$\sum C_{21}^-$/$\sum C_{22}^+$	主峰碳	IH	Hep	CPI	OEP
塔河	TK33	O	—	0.84	0.34	0.45	2.59	2.96	nC_{14}	—	—	1.01	0.99
	TK408	O	—	0.80	0.45	0.60	2.10	3.06	nC_{13}	1.0	11.7	1.02	0.97
	TK411	O	—	0.78	0.42	0.57	2.30	2.83	nC_{13}	—	0	1.03	0.98
	TK412	O	—	0.75	0.43	0.60	1.81	3.96	nC_{11}	1.5	32.6	0.85	1.07
	S47	O	—	0.79	0.38	0.54	2.62	4.68	nC_{11}	2.3	38.1	1.02	1.06
	S65	O	—	0.77	0.39	0.56	1.56	3.17	nC_{13}	—	0	0.96	0.99
哈得逊-哈拉哈塘	HD1	—	4955.97~5026.04	0.81	0.36	0.48	2.52	4.67	nC_{10}	1.8	34.7	0.99	1.04
	HD10	C	5056~5061.38	1.03	0.44	0.48	2.82	4.36	nC_{11}	1.8	38.6	1.11	1.00
	HD11	—	5125~5128.5	0.91	0.40	0.51	2.43	4.26	nC_{10}	1.2	34.2	1.13	1.01
	HD112	—	5036.09~5050.79	0.77	0.37	0.51	2.71	5.02	nC_{10}	1.8	38.4	0.99	1.05
	HD13	—	6639.73~6700	1.05	0.53	0.58	3.90	5.72	nC_{11}	1.4	34.9	1.14	0.98
	HD17	C	5226.1	0.99	0.42	0.50	2.57	4.95	nC_{10}	1.7	0	1.07	0.98
	HD18C	—	5490~5492.5	1.19	0.18	0.19	3.71	7.20	nC_{11}	3.0	47.8	1.06	1.05
	HD2	C	5023~5025.5	0.84	0.37	0.50	2.63	5.35	nC_{10}	1.9	34.6	1.00	1.04
	HD4	C	5069.64~5076.72	0.81	0.37	0.51	2.45	4.84	nC_{11}	1.5	40.8	1.11	0.99
	HD401	C	5031.5~5036.06	1.01	0.45	0.48	2.76	3.41	nC_{13}	2.1	26.7	1.05	0.99
	HD402	C	5082.83~5085.27	0.79	0.37	0.51	2.56	5.17	nC_{10}	1.8	33.1	1.06	1.05
	H6	—	5953~5954	0.99	0.34	0.40	3.81	7.62	nC_{11}	2.4	36.9	1.05	1.03
	H6C	O	6646.64~6830	1.01	0.58	0.60	1.46	3.13	nC_{14}	—	39.1	0.89	0.81
	H7	—	—	0.97	0.33	0.42	1.00	2.55	nC_{13}	—	—	0.43	1.03
	Xian3		5658~5668	1.00	0.48	0.56	2.25	3.20	nC_{14}	1.6	31.1	1.11	0.99
	Xian3	O	6117~6127	0.98	0.45	0.55	2.15	5.23	nC_{10}	1.5	31.4	1.13	1.10
英买力	YM201	O	5844~5853	1.20	0.37	0.37	3.56	5.58	nC_{13}	1.6	28.6	1.04	0.99
	YM202	O	6008.0~6022.0	1.04	0.40	0.43	—	—					
	YM1	J	4353~4362	0.93	0.40	0.43	2.44	2.39	nC_{14}	0.7	25.5	0.71	1.01
	YM1	O	5350.16~5410	1.02	0.41	0.44	2.25	3.41	nC_{14}	1.7	26.4	1.19	0.95
	YM2	O_1	6049.0~6062.0	1.06	0.43	0.48							
	YM2	O_1	5940.0~5953.0	1.00	0.43	0.50							
新垦-热瓦普	RP3	O	6977.2~7040	1.23	0.31	0.31	11.07	14.63	nC_7	2.8	37.5	1.03	1.91
	RP3	K	3913.6	2.37	0.18	0.08	2.91	2.43	nC_{19}	1.7	21.1	1.15	1.04
	XK1	O	6655.5~6666	1.15	0.36	0.39	3.39	6.84	nC_{10}	1.9	39.1	1.06	1.26
	XK5	O	6910~6920	1.09	0.35	0.39	7.18	12.37	nC_8	2.4	37.2	1.08	0.99
	XK9C	O	6757~7011.6	1.10	0.35	0.38	3.31	7.56	nC_{10}	2.4	37.2	1.06	0.76
	XK6	O	6831.29~6920	2.02	0.24	0.22	4.39	68.35	nC_8	2.8	39.0	0.91	0.98

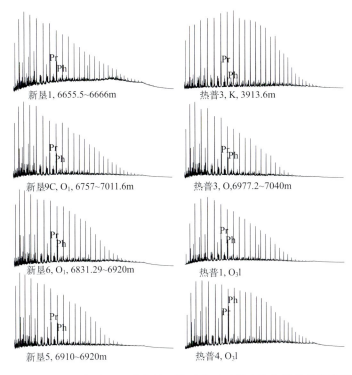

新垦1, 6655.5~6666m

热普3, K, 3913.6m

新垦9C, O₁, 6757~7011.6m

热普3, O,6977.2~7040m

新垦6, O₁, 6831.29~6920m

热普1, O₃l

新垦5, 6910~6920m

热普4, O₃l

图 1.1.18 哈拉哈塘凹陷新垦—热瓦普地区原油饱和烃总离子流图

三、原油饱和烃色谱-质谱特征

(一) 塔中地区

塔中地区原油中的甾类化合物主要为规则甾烷、孕甾烷、重排甾烷以及甲基甾烷；萜类化合物包括倍半萜、三环萜、五环三萜。塔中地区原油中甾、萜类化合物丰度差异显著，有时可达一个数量级 [图 1.1.19 (c)、表 1.1.7]。塔中I号断裂构造带 TZ83 (O₁)、TZ721 (O₁) (高蜡油)、ZG6 井等下奥陶统相对高成熟原油中甾烷、藿烷类化合物已降解殆尽 (图 1.1.20~图 1.1.23)，TZ243 井奥陶系原油甾、萜类化合物丰度也较低，甾烷、藿烷类丰度分别为 $13\mu g/g$ 油、$8.1\mu g/g$ 油，然而，TZ621 井(O)原油甾、萜类化合物丰度则相对较高，甾烷、藿烷类丰度分别高达 $1898\mu g/g$ 油、$4926.87\mu g/g$ 油 (表 1.1.7)。较之于其他构造带，塔中I号构造带原油甾烷和藿烷的丰度相对较低 [图 1.1.19 (c)、表 1.1.7]。甾、萜类化合物丰度有随成熟度增加而下降的趋势 (Tissot and Welte，1984；Li S et al.，2003；Pang et al.，2003a；Li S et al.，2005)，塔中不少原油中甾、萜类化合物丰度偏低指示原油较高的热演化程度。

甾类化合物的分布型式主要有三种。第一种为 C_{27}-、C_{28}-、C_{29}-规则甾烷相对丰度呈 "V" 字形，塔中绝大多数原油为此种 (图 1.1.22)。第二种为 C_{27} 丰度相对较低，有时兼有 C_{28} 丰度相对较高特征，C_{27}-、C_{28}-、C_{29}-规则甾烷呈近 "线形" 或反 "L" 形，后者如

TZ452（O_{1+2}）、TZ1（$\in$，3755～3768.5m）、TZ24（C_{III}、O_3）及 TZ6（C_{II}、O）（图 1.1.22），第二种原油约占分析原油的 8%，这部分原油往往还表现出其他一些不同的特征，如低丰度重排甾烷、高丰度伽马蜡烷和 C_{28}20R 甾烷、低值 $C_{21～22}$-孕甾烷/$C_{27～29}$-规则甾烷、低值三环萜/五环萜 [图 1.1.19(e)、图 1.1.22、图 1.1.23、表 1.1.7]，这些特征与寒武系—下奥陶统烃源岩相似，指示寒武系—下奥陶统成因（Zhang et al.，2000；肖中尧等，2004a，2005；Cai et al.，2009a）。伽马蜡烷源自光合自养菌，在盐咸相环境较为富集（Ten H et al.，1989；Peters and Moldowan，1993）。高丰度伽马蜡烷经常与水体分层相关，指示有机质沉积时偏咸水和还原性水体环境（Peters and Moldowan，1993）。低丰度重排甾烷、低值 $C_{21～22}$-孕甾烷/$C_{27～29}$-规则甾烷及低值三环萜/五环萜指示原油成熟度相对较低（Pang et al.，2003a；Li et al.，2003）。相对于相同或相近埋深的中上奥陶统烃源岩，绝大部分寒武系—下奥陶统泥岩具有较低的重排甾烷/规则甾烷、$C_{21～22}$-孕甾烷/$C_{27～29}$-规则甾烷、三环萜烷/五环萜烷特征，这可能反映沉积矿物介质对烃源岩热演化速率的影响，进而影响原油中上述化合物的分布。第三种原油规则甾类化合物几乎消失殆尽，如 TZ83(O_1)、TZ244(O_3)等（图 1.1.22）。

本书研究中，利用色谱-质谱-质谱从 7 个原油中（共分析 24 个）检测到包括 4-甲基甾烷、甲藻甾烷在内的 C_{30} 甾烷（图 1.1.24），该类化合物似乎一般出现在成熟度相对较低的样品中。在多个原油中观察到 24-降胆甾烷，其被用于区分油气来源（Zhang et al.，2000；张水昌等，2000）。较之于其他原油，塔中I号构造带奥陶系碳酸盐岩油藏原油具有较强的非均质性，这种非均质性甚至出现在距离极短的油井中 [图 1.1.19(d)、图 1.1.19(e)、图 1.1.22、图 1.1.23、表 1.1.7]，反映油源的差异、油气多期充注及碳酸盐岩储层较强的非均质性。经常观察到奥陶系碳酸盐岩油藏压力梯度变化很大，地层水的压力梯度同样也有很大变化（曾溅辉等，2008）。

TZ47-15 井区原油（O_{2+3}—C）不同于绝大部分原油，相对于其他原油具有较高的甾烷（130～512μg/g 油，均值为 331.9μg/g 油）和藿烷丰度（172～1118μg/g 油，均值为 579μg/g 油）[图 1.1.19(c)、表 1.1.7]，如 TZ4 井区原油（甾烷、藿烷丰度均值分别为 142.7μg/g 油、147.4μg/g 油）、TZ16 井区原油（甾烷、藿烷丰度均值分别为 176.3μg/g 油、197.0μg/g 油）（表 1.1.7）。TZ47-15 井区原油还具有较低的三环萜/五环萜烷（均值为 0.64）、$C_{21～22}$-孕甾烷/$C_{27～29}$-规则甾烷（均值为 0.57）和甾烷/藿烷值（0.61）[图 1.1.19(d)、图 1.1.19(e)、表 1.1.7]。TZ47-15 井区原油性质差异不太明显，而塔中I号断裂构造带原油具有较强的化学成分非均一性，反映断层是油气运移的重要通道（图 1.1.22、图 1.1.23、表 1.1.7），暗示 TZ47-15 井区原油具有较好的成因相关性。TZ47-15 井区不同层系（O_{2+3}、S、C）原油极好的相似性具有重要的油气运移指示意义（陈元壮等，2004）。TZ4 井区原油主要产自石炭系，TZ4-7-38 井原油(O_1)例外。绝大部分石炭系原油中生物标志物的组成与分布具有较好的可比性（图 1.1.19、图 1.1.22、图 1.1.23、表 1.1.7），指示原油成因相同或相似。从 m/z217、m/z191 质量色谱图可观察到 TZ4、TZ47-15 井区原油显著的差异。前者的孕甾烷相对于规则甾烷具有明显的优势（图 1.1.22、图 1.1.23），反映原油较高的成熟度。TZ4 井区原油的 Ts/(Ts+Tm) 值为 0.40～0.49（均值为 0.46），TZ402 井原油（C_{III}）(0.61) 例外（表 1.1.7）。

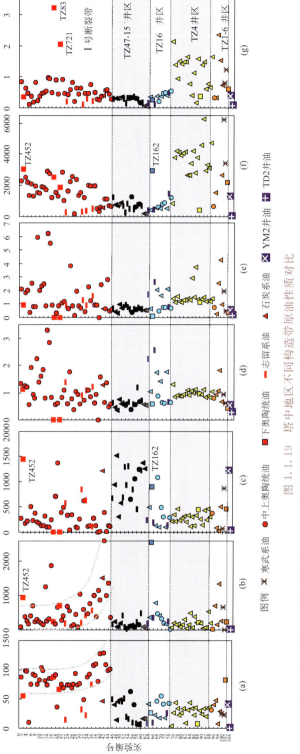

图 1.1.19 塔中地区不同构造带原油性质对比

同一符号不同颜色代表原油所处的井区不同；金刚烷丰度指原油中 $C_0 \sim C_5$-金刚烷及 $C_0 \sim C_2$-双金刚烷的含量；二苯并噻吩丰度指 $C_0 \sim C_3$-二苯并噻吩丰度

036

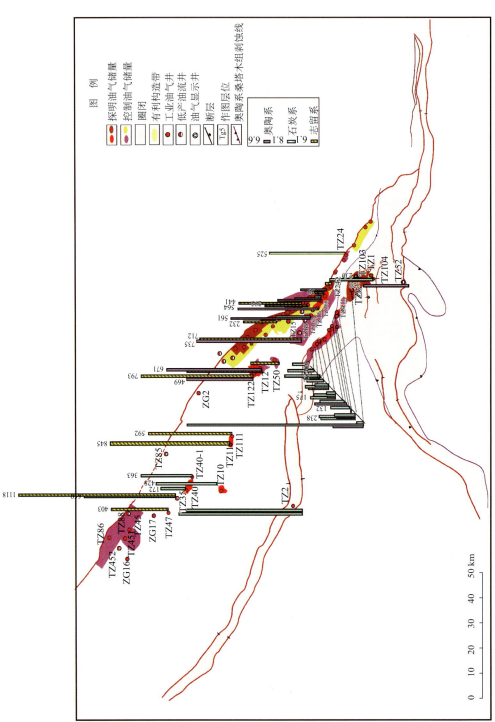

图 1. 1. 20　塔中地区内带生物标志物（霍烷）分布特征

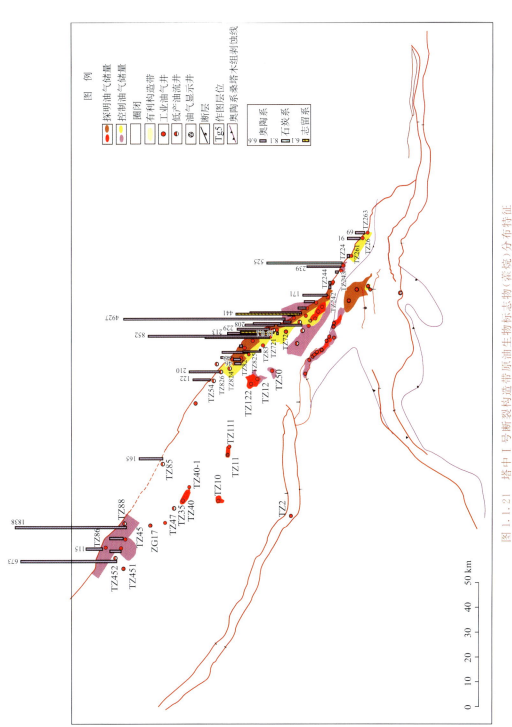

图1.1.21 塔中Ⅰ号断裂构造带原油生物标志物（深烷）分布特征

表 1.1.7 塔中地区原油基本地球化学参数

实验编号	井号	层位	正构烷烃/(μg/mg油)	异构烷烃/(μg/mg油)	甾烷/(μg/mg油)	萜烷/(μg/mg油)	金刚烷/(μg/mg油)	C_{29}甾烷 ααα 20S/(S+R)	C_{29}甾烷 αββ/(ααα+αββ)	Ts/(Ts+Tm)	C_{29}重排甾烷/C_{29}规则甾烷	C_{27}/C_{29}规则甾烷	伽马蜡烷/C_{30}藿烷	$C_{21\sim22}$-/C_{29}甾烷	三环萜-/五环萜	4-/(1+3+)-金刚烷	4,9-/3,4-金刚烷	MPI-I	R_c^1/%	R_c^2/%	R_o^3/%
1	TZ86	O_3	86.9	12	159	115	76	0.54	0.59	0.90	0.59	1.26	0.46	0.67	2.10	0.46	0.67	0.62	0.77	1.93	0.66
2	TZ452	O_{1+2}	54.7	5.9	770	673	943	0.48	0.45	0.57	0.31	0.61	0.49	0.7	0.93	0.49	0.70	0.44	0.66	2.04	1.02
3	ZG16	O_3	94.1	—	65	23	702.5	0.54	0.58	0.88	1.07	2.00	—	—	6.79	0.39	0.58	0.65	0.79	1.91	0.69
4	TZ451	O_3	98.7	12.9	100	78	379	0.56	0.57	0.83	0.54	1.10	0.44	0.54	1.86	0.44	0.54	0.65	0.79	1.91	0.75
5	TZ45	O_3	98.1	14.3	118	96	263	0.56	0.56	0.85	0.50	1.04	0.42	0.57	1.99	0.42	0.57	0.65	0.79	1.91	0.71
6	TZ88	O_3—O_1	10.3	2.6	1075	1838	165	0.52	0.47	0.50	0.41	0.92	0.32	1.74	0.38	0.32	1.74	0.82	0.89	1.81	0.73
7	ZG17	O_3	207.1	—	25	21	4120.6	0.65	0.46	0.98	0.98	2.13	0.44	7.48	7.48	0.48	0.75	0.66	0.80	1.90	1.11
8	TZ85	O_3	74.8	11	338	165	397	0.54	0.59	0.66	0.40	0.74	0.44	0.92	2.53	0.44	0.92	0.74	0.84	1.86	0.73
9	ZG2	O_3	66.2	—	58	22	6830.2	0.57	0.57	0.78	0.62	1.34	0.52	—	5.27	0.52	1.02	0.74	0.84	1.86	0.89
10	TZ54	O_3	92.2	10.9	117	122	698	0.49	0.48	0.55	0.39	0.82	0.46	0.78	0.81	0.46	0.78	0.66	0.80	1.90	0.73
11	TZ826	O_3	89.6	10.9	172	210	232	0.49	0.45	0.50	0.39	0.99	0.47	0.81	0.82	0.47	0.81	0.74	0.84	1.86	0.84
12	TZ824	O_3	75.0	10.2	146	63	303	0.54	0.58	0.68	0.70	1.47	0.43	0.48	5.93	0.43	0.48	0.85	0.91	1.79	0.93
13	TZ828	O_3	82.8	9.8	102	72	227	0.57	0.58	0.62	0.58	1.12	0.4	0.51	1.98	0.40	0.51	0.68	0.81	1.89	0.78
14	TZ82	O_3	103.2	13.4	82	49	198	0.58	0.58	0.64	0.80	1.52	0.42	0.5	2.30	0.42	0.50	0.76	0.86	1.84	0.87
15	TZ82	O_3	98.3	13.1	89	46	140	0.57	0.57	0.65	0.79	1.54	0.40	0.5	2.50	0.40	0.50	0.77	0.86	1.84	0.87
16	TZ825	O_3	80.8	10.1	146	177	1262	0.51	0.54	0.42	0.48	0.99	0.39	0.54	0.86	0.39	0.54	0.71	0.83	1.87	0.80
17	TZ823	O_3	73.6	6	76	22	264	0.59	0.59	0.78	0.99	2.02	0.47	0.74	6.21	0.47	0.74	0.67	0.80	1.90	0.73
18	TZ821	O_3	84.9	7.5	76	26	324	0.58	0.62	0.75	0.88	1.48	0.44	0.60	5.50	0.44	0.6	0.66	0.80	1.90	0.71
19	TZ83	O_3	84.4	10.5	110	130	1886	0.60	0.61	0.74	0.69	1.49	0.45	0.54	5.91	0.45	0.54	0.76	0.86	1.84	0.84
20	TZ83	O_1	87.1	6.7	0	0	245	—	—	—	—	—	0.52	0.81	—	0.52	0.81	0.87	0.92	1.78	0.98
21	TZ721	O_3	91.3	10.6	257	449	181	0.48	0.44	0.42	0.31	0.81	0.24	0.64	0.35	0.24	0.64	0.73	0.84	1.86	0.89
22	TZ721	O_3	36.2	6	529	852	669	0.52	0.57	0.38	0.29	0.77	0.39	0.61	0.85	0.39	0.61	0.63	0.78	1.92	0.73
23	TZ721	O_1	66	4	0	0	706	—	—	—	—	—	0.50	0.75	—	0.50	0.75	0.65	0.79	1.91	0.73
24	TZ62-3	O_3	74.6	8.4	178	213	275	0.55	0.57	0.51	0.45	0.89	0.41	0.70	1.06	0.41	0.70	0.61	0.77	1.93	0.69

续表

实验编号	井号	层位	正构烷烃/(μg/mg油)	异构烷烃/(μg/mg油)	甾烷/(μg/mg油)	萜烷/(μg/mg油)	金刚烷/(μg/mg油)	C29甾烷 ααα 20S/(S+R)	C29甾烷 αββ/(ααα+αββ)	Ts/(Ts+Tm)	C29重排甾烷/C29规则甾烷	C27-/C29-规则甾烷	伽马蜡烷/C30藿烷	C21~22/C29甾烷	三环萜/五环萜	4-/(3+4)-金刚烷	4.9-/3.4-金刚烷	MPI I	Rc 1/%	Rc 2/%	Ro 3/%
25	TZ622	O₃	68.5	5	260	229	401	0.56	0.59	0.73	0.44	0.99	0.44	0.55	1.18	0.44	0.55	0.88	0.93	1.77	0.91
26	TZ30	S	13.9	2	327	232	171	0.52	0.51	0.43	0.64	1.06	0.17	0.58	0.85	0.17	0.58	0.75	0.85	1.85	0.87
27	TZ30	O₃	74.2	7.5	126	208	691	0.52	0.54	0.55	0.38	0.84	0.47	0.64	0.65	0.47	0.64	0.64	0.78	1.92	0.75
28	TZ72	O₃	73.5	6.9	24	13	547	0.50	0.55	0.87	0.94	1.72	0.45	0.59	3.83	0.45	0.59	0.48	0.69	2.01	0.55
29	TZ62-1	O₃	68.3	5.4	150	192	106	0.54	0.57	0.53	0.42	0.87	0.41	0.53	0.87	0.41	0.53	0.66	0.80	1.90	0.73
30	TZ722	O₃	62.37	—	12	40	2263.8	—	—	—	—	—	—	—	5.23	0.45	0.58	0.45	0.67	2.03	0.51
31	TZ621	O₃	74.4	3.5	1898	4927	150	0.52	0.42	0.53	0.36	0.94	0.41	0.46	0.14	0.41	0.46	0.63	0.78	1.92	0.91
32	TZ62-2	O₃	93.4	11.8	54	51	440	0.54	0.55	0.53	0.55	1.20	0.40	0.48	1.95	0.40	0.48	0.69	0.81	1.89	0.78
33	TZ44	O₃	73.6	11.7	46	48	94	0.50	0.51	0.36	0.27	0.57	0.48	0.68	0.89	0.48	0.68	0.66	0.80	1.90	0.82
34	TZ73	O₃	75.9	6.8	99	167	1037	0.52	0.56	0.45	0.43	0.91	0.46	0.55	0.69	0.46	0.55	0.69	0.81	1.89	0.82
35	TZ62	S	31.7	6.5	403	441	183	0.54	0.45	0.37	0.22	0.64	0.38	0.5	1.26	0.38	0.50	1.25	1.15	1.55	1.27
36	TZ62	O₃	48.2	6.4	265	359	600	0.48	0.46	0.38	0.24	0.59	0.44	0.48	0.44	0.44	0.48	0.80	0.88	1.82	0.91
37	TZ58C	S	21.1	2.9	327	293	405	0.52	0.52	0.53	0.69	1.33	0.44	0.54	0.89	0.44	0.54	0.72	0.83	1.87	1.02
38	TZ623	O₃	87.6	10.9	65	58	469	0.54	0.58	0.51	0.58	1.20	0.45	0.6	2.25	0.45	0.60	0.78	0.87	1.83	0.89
39	TZ70C	O₃	92.9	12.8	62	72	780	0.53	0.54	0.49	0.47	1.07	0.21	0.71	1.23	0.21	0.71	0.72	0.83	1.87	0.80
40	TZ242	S	73.6	12.4	57	46	547	0.50	0.57	0.49	0.52	1.14	0.47	0.62	1.57	0.47	0.62	0.66	0.80	1.90	0.84
41	TZ242	O₃	107.3	14.6	109	171	1006	0.53	0.56	0.49	0.48	0.97	0.46	0.56	0.93	0.46	0.56	0.64	0.78	1.92	0.78
42	TZ241	O₃	109.5	11.8	63	65	382	0.54	0.58	0.53	0.42	0.80	0.50	0.7	0.91	0.50	0.70	0.68	0.81	1.89	0.87
43	TZ244	O₃	79.6	11.9	0	0	1151	—	—	—	—	—	0.53	0.83	—	0.53	0.83	0.66	0.80	1.90	0.91
44	TZ243	O₃	127.5	18	13	8	886	0.54	0.58	0.45	0.47	1.02	0.56	1.24	2.44	0.56	1.24	0.63	0.78	1.92	0.84
45	TZ24	Cₘ	46.6	5.6	698	525	1526	0.52	0.51	0.31	0.23	0.34	0.58	0.87	0.65	0.58	0.87	0.68	0.81	1.89	0.78
46	TZ24	O₃	128.5	17	157	239	2607	0.56	0.50	0.48	0.29	0.87	0.61	1.68	0.62	0.61	1.68	0.76	0.86	1.84	0.89
47	TZ261	O₃	109	13.2	11	8	1009	0.27	0.45	0.51	0.38	0.86	0.62	1.82	2.79	0.62	1.82	0.64	0.78	1.92	0.82
48	TZ26	O₃	98.6	16.1	44	91	1360	0.52	0.55	0.48	0.37	0.78	0.53	0.84	0.50	0.53	0.84	0.63	0.78	1.92	0.87

实验编号	井号	层位	正构烷烃/(μg/mg油)	异构烷烃/(μg/mg油)	甾烷/(μg/mg油)	萜烷/(μg/mg油)	金刚烷/(μg/mg油)	C_{29}甾烷 ααα 20S/(S+R)	C_{29}甾烷 αββ/(ααα+αββ)	Ts/(Ts+Tm)	C_{29}重排甾烷/C_{29}规则甾烷	C_{27}-/C_{29}-规则甾烷	伽马蜡烷/C_{30}藿烷	$C_{21\sim22}$-/C_{29}-甾烷	三环萜/五环萜	4-/(1+3+4)-金刚烷	4,9-/3,4-金刚烷	MPI-1	Rc[1]/%	Rc[2]/%	Ro[3]/%
49	TZ263	O_3	101.1	16.4	41	69	370	0.53	0.57	0.47	0.41	0.83	0.50	0.75	0.59	0.50	0.75	0.65	0.79	1.91	0.87
50	TZ47	S	48.8	6.5	256	403	160	0.53	0.56	0.42	0.33	0.61	0.39	0.57	0.63	0.39	0.57	0.85	0.91	1.79	0.89
51	TZ35	S	14.3	1.8	399	1118	83	0.51	0.54	0.44	0.28	0.68	0.42	0.61	0.31	0.42	0.61	0.76	0.86	1.84	0.93
52	TZ35	$C_{Ⅲ}$	40	5.6	295	650	230	0.50	0.53	0.45	0.30	0.74	0.42	0.57	0.44	0.42	0.57	0.77	0.86	1.84	0.89
53	TZ40	$C_{Ⅱ\sim Ⅲ}$	45.4	6.2	130	172	116	0.53	0.56	0.47	0.37	0.78	0.41	0.5	0.96	0.41	0.50	0.68	0.81	1.89	0.78
54	TZ40-1	$C_{Ⅲ}$	49.1	6.9	222	363	187	0.50	0.51	0.47	0.34	0.74	0.44	0.52	0.70	0.44	0.52	0.76	0.86	1.84	0.89
55	TZ10	$C_{Ⅲ}$	45.5	6	254	428	416	0.53	0.55	0.38	0.31	0.61	0.42	0.67	0.75	0.42	0.67	0.70	0.82	1.88	0.78
56	TZ11	S	49.6	9.7	451	845	54	0.51	0.55	0.34	0.29	0.70	0.44	0.86	0.93	0.44	0.86	0.67	0.80	1.90	0.84
57	TZ111	S	19.3	3.1	330	592	31	0.52	0.55	0.37	0.29	0.73	0.39	0.44	0.76	0.39	0.44	0.66	0.80	1.90	0.73
58	TZ122	O_3	62.9	5.2	177	469	113	0.51	0.57	0.50	0.38	0.94	0.44	0.81	0.37	0.44	0.81	0.74	0.84	1.86	0.89
59	TZ122	S	15	1.8	512	793	60	0.54	0.54	0.40	0.31	0.67	0.38	0.42	0.61	0.38	0.42	0.86	0.92	1.78	0.96
60	TZ12	O_3	39.4	5	393	671	88	0.54	0.54	0.39	0.31	0.68	0.41	0.55	0.59	0.41	0.55	0.82	0.89	1.81	0.98
61	TZ12	S	9.1	1.2	306	531	109	0.52	0.55	0.39	0.28	0.64	0.38	0.55	0.57	0.38	0.55	0.86	0.92	1.78	0.96
62	TZ50	S	7.3	1.4	243	202	214	0.52	0.53	0.41	0.35	0.80	0.42	0.66	0.70	0.42	0.66	0.50	0.70	2.00	0.98
63	TZ15	O_3	6.6	1.3	505	735	155	0.52	0.53	0.37	0.28	0.71	0.41	0.36	0.62	0.41	0.36	0.64	0.78	1.92	0.84
64	TZ15	S	6.1	1.1	506	712	480	0.53	0.53	0.41	0.31	0.76	0.37	0.53	0.60	0.37	0.53	0.64	0.78	1.92	0.84
65	TZ2	$C_{Ⅱ}$	16.2	3.1	511	873	77	0.51	0.50	0.33	0.25	0.68	0.39	0.7	0.53	0.39	0.70	0.62	0.77	1.93	1.04
66	TZ2	$C_{Ⅲ}$	16.3	3.2	445	822	36	0.51	0.52	0.32	0.24	0.65	0.41	0.44	0.56	0.41	0.44	0.44	0.66	2.04	1.02
67	TZ69	S	7.5	1.6	164	71	170	0.52	0.55	0.50	0.88	1.52	0.16	1.07	1.68	0.46	0.57	1.05	1.03	1.67	0.91
68	TZ162	$C_{Ⅲ}$	41.4	4.8	257	242	357	0.46	0.44	0.36	0.24	0.73	0.31	0.34	0.63	0.47	0.61	1.13	1.08	1.62	0.93
69	TZ162	O_1y	26	2.1	336	561	5889	0.45	0.38	0.56	0.09	0.50	0.32	0.03	0.11	0.45	1.38	0.79	0.87	1.83	0.75
70	TZ169	S	8.2	1.8	139	53	348	0.55	0.59	0.54	0.67	1.33	0.18	1.20	2.60	0.44	0.59	0.89	0.93	1.77	0.93
71	TZ16	$C_{Ⅲ}$	22.4	2.8	85	47	784	0.51	0.54	0.53	0.62	1.12	0.09	1.31	2.06	0.48	0.68	0.61	0.77	1.93	0.93
72	TZ16	O_3	46.2	6.2	519	564	465	0.53	0.51	0.38	0.25	0.34	0.22	0.16	0.49	0.44	0.59	0.87	0.92	1.78	1.00

续表

实验编号	井号	层位	正构烷烃/(μg/mg油)	异构烷烃/(μg/mg油)	藿烷/(μg/mg油)	甾烷/(μg/mg油)	金刚烷/(μg/mg油)	C29甾烷ααα20S/(S+R)	C29甾烷αββ/(ααα+αββ)	Ts/(Ts+Tm)	C29重排甾烷/C29规则甾烷	C27/C29规则甾烷	伽马蜡烷/C30藿烷	C21~22/C29甾烷	三环萜/五环萜	4-/(1+3+)金刚烷	4,9-/3,4-金刚烷	MPI-I	R_c[1]/%	R_c[2]/%	R_o[3]/%
73	TZ168	CⅢ	17.9	2.2	44	65	410	0.55	0.55	0.54	0.59	1.13	0.15	1.29	1.64	0.47	0.67	0.86	0.92	1.78	0.98
74	TZ168	O3	54.7	8.3	301	198	328	0.52	0.56	0.40	0.50	0.97	0.12	0.50	0.74	0.46	0.67	0.82	0.89	1.81	0.84
75	TZ168	O3	40.7	5.6	186	115	190	0.54	0.58	0.42	0.45	0.87	0.12	0.51	0.74	0.5	0.68	0.88	0.93	1.77	0.84
76	TZ161	CⅢ	17.2	2.2	39	70	171	0.54	0.55	0.55	0.67	1.26	0.10	1.46	2.11	0.46	0.66	0.66	0.80	1.90	0.96
77	TZ161	S	24.8	3.5	77	51	242	0.53	0.56	0.45	0.46	0.90	0.13	0.46	0.76	0.44	0.74	0.65	0.79	1.91	0.80
78	TZ161	O3	42.1	5.7	179	116	15	0.54	0.57	0.45	0.52	0.96	0.12	0.45	0.71	0.44	0.64	0.86	0.92	1.78	0.80
79	TZ406	CⅢ	3.8	0.6	94	128	73	0.53	0.55	0.47	0.46	0.70	0.29	0.62	1.40	0.29	0.4	0.63	0.78	1.82	1.02
80	TZ404	CⅡ~Ⅲ	26.8	3.1	187	163	185	0.51	0.54	0.48	0.46	0.96	0.17	0.74	1.12	0.34	0.47	0.61	0.77	1.83	0.96
81	TZ4	CⅢ	33.6	4.5	243	221	166	0.53	0.54	0.47	0.51	0.90	0.16	0.83	1.20	0.41	0.37	0.61	0.77	1.83	0.96
82	TZ4	CⅡ	43.6	6.6	115	108	154	0.47	0.51	0.49	0.44	0.98	0.12	0.91	1.57	0.44	0.47	0.89	0.93	1.77	0.98
83	TZ408	CⅢ	22.9	2.8	118	107	90	0.53	0.55	0.44	0.47	0.90	0.24	0.72	1.15	0.44	0.63	0.90	0.94	1.76	0.96
84	TZ402	CⅢ	8.9	1.2	97	112	46	0.55	0.57	0.61	0.75	1.14	0.30	2.33	1.40	0.41	0.54	0.77	0.86	1.84	0.93
85	TZ402	CⅢ	33.3	4.1	162	159	289	0.54	0.56	0.48	0.53	0.98	0.14	0.85	1.30	0.39	0.65	0.88	0.93	1.77	0.96
86	TZ402	CⅡ	25.7	3.2	138	130	153	0.52	0.55	0.49	0.47	0.90	0.13	0.82	1.29	0.41	0.59	0.85	0.91	1.79	0.96
87	TZ421	CⅢ	23.1	6.1	63	73	391	0.51	0.52	0.40	0.35	0.53	0.25	1.03	3.73	0.4	0.43	0.88	0.93	1.77	1.29
88	TZ421	CⅢ	33.4	4.5	148	150	62	0.52	0.55	0.49	0.44	0.90	0.14	0.80	1.48	0.38	0.64	0.88	0.93	1.77	1.02
89	TZ421	CⅡ	43.9	8.2	53	59	501	0.49	0.47	0.43	0.44	0.88	0.21	1.16	2.92	0.42	0.63	1.42	1.25	1.45	1.13
90	TZ421	C1	30.9	3.7	175	161	145	0.53	0.55	0.45	0.47	0.92	0.14	0.72	1.27	0.35	0.56	0.98	0.99	1.71	0.84
91	TZ422	CⅢ	34.4	4	169	171	207	0.54	0.56	0.47	0.48	0.92	0.18	0.86	1.35	0.45	0.59	1.08	1.05	1.65	0.96
92	TZ4-7-38	O1p	7.0	0.9	225	226	217	0.53	0.56	0.44	0.49	1.00	0.20	0.92	1.12	0.4	0.63	0.79	0.87	1.83	0.87
93	TZ75	CⅢ	30.5	3.6	132	128	196	0.51	0.56	0.46	0.51	0.98	0.12	0.86	1.32	0.45	0.53	0.89	0.93	1.77	0.91
94	TZ401	CⅢ	23.8	2.6	65	75	50	0.54	0.57	0.49	0.53	1.05	0.10	0.99	1.49	0.43	0.57	0.74	0.84	1.86	1.02
95	TZ411	C1	19.4	2.3	127	113	59	0.52	0.55	0.47	0.44	0.92	0.11	0.73	1.25	0.37	0.42	0.82	0.89	1.81	0.82
96	TZ411	C1	33.5	3.8	238	198	54	0.52	0.55	0.45	0.45	0.86	0.13	0.66	1.16	0.34	0.47	0.99	0.99	1.71	0.84

041

续表

实验编号	井号	层位	正构烷烃/(μg/mg油)	异构烷烃/(μg/mg油)	甾烷/(μg/mg油)	萜烷/(μg/mg油)	金刚烷/(μg/mg油)	C29甾烷ααα20S/(S+R)	C29甾烷αββ/(ααα+αββ)	Ts/(Ts+Tm)	C29重排甾烷/C29规则甾烷	C27-/C29-规则甾烷/规则甾烷	伽马蜡烷/C30藿烷	C21~22-/C29-甾烷	三环萜/五环萜	4-/(1+3+4)-金刚烷	4,9-/3.4-金刚烷	MPI-I	Rc¹/%	Rc²/%	Ro³/%
97	TZ411	C₁	33.7	4.2	216	251	536	0.53	0.55	0.46	0.45	0.88	0.13	0.69	1.20	0.39	0.44	0.75	0.85	1.85	0.84
98	TZ411	C皿	36.6	4.6	156	145	182	0.54	0.57	0.47	0.55	1.05	0.13	0.96	1.38	0.41	0.58	0.82	0.89	1.81	1.00
99	TZ6	C皿	40.4	8.3	2771	2924	708	0.46	0.37	0.29	0.30	0.58	0.21	0.08	0.27	—	—	0.81	0.89	1.81	1.04
100	TZ6	O	31.4	3.8	172.8	210	11	0.52	0.55	0.41	0.45	0.78	0.18	0.50	0.77	0.39	0.61	0.96	0.98	1.72	0.89
101	TZ6	C皿	47.3	4.7	47	42	151	0.49	0.47	0.52	0.44	1.00	0.18	1.36	2.53	0.44	0.5	0.70	0.82	1.88	1.07
102	TZ103	C皿	8.1	1	17	9	1355	0.50	0.51	0.55	0.58	1.28	0.00	1.57	4.23	0.4	0.49	0.74	0.84	1.86	1.04
103	TZ104	C皿	28.7	4.7	210	303	251	0.51	0.55	0.40	0.41	0.87	0.16	0.52	0.97	0.48	0.54	0.95	0.97	1.73	1.00
104	TZ1	€	25.0	3.8	35	36	669	0.52	0.55	0.46	0.44	1.06	0.18	1.06	1.92	0.42	0.48	0.90	0.94	1.76	1.02
105	TZ1	€	21.9	3	340	533	6	0.54	0.50	0.41	0.29	0.53	0.14	0.23	0.46	0.41	0.44	0.81	0.89	1.81	1.11
106	TZ52	O₁y	82.7	8.3	142	320	241	0.51	0.52	0.38	0.29	0.73	0.09	0.43	0.40	0.45	0.50	0.90	0.94	1.76	0.98
107	YM2	O₁	39.7	5.9	429	784	0	0.51	0.56	0.35	0.30	0.75	0.12	0.34	0.51	0.43	0.52	0.98	0.99	1.71	0.82
108	TD2	O₁—€	0.2	—	6	23	0	0.46	0.40	0.36	0.12	0.51	0.40	0.13	0.15	—	—	0.85	0.91	1.79	1.11

注：MPI-1=1.5×(3+2)-甲基菲/[菲+(1+9)-甲基菲]；Rc 为依据甲基菲指数 MPI-1 折算的镜质体反射率；Rc¹、Rc² 分别对应 Ro<1.35%，Ro>1.35%的情形；Ro³ 为依据 F₁ 折算的镜质体反射率。F₁=(2+3)-甲基菲/(2+3+1+9)-甲基菲 据 Kvalheim 等，1987。

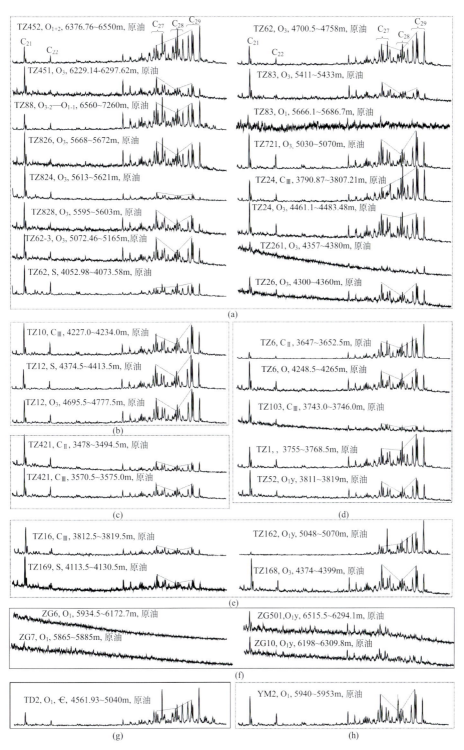

图 1.1.22 塔中地区部分原油饱和烃 $m/z217$ 质量色谱图

044

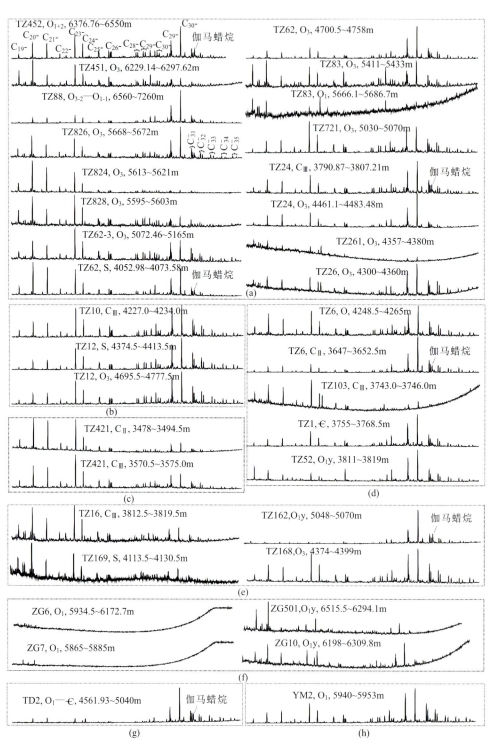

图 1.1.23　塔中地区部分原油饱和烃 m/z 191 质量色谱图

值得强调的是，绝大多数下奥陶统原油中甾、萜类生物标志物浓度极低，总体低于相同埋深的中上奥陶统原油。除埋藏较浅的 TZ162、TZ52、TZ4-7-38 井外，下奥陶统原油 $C_{27}\sim C_{29}$-规则甾烷一般局部甚至全部降解（图 1.1.22，图 1.1.23），低分子量孕甾烷系列通常含量较高。在饱和烃 $m/z191$ 质量色谱图中，萜类化合物有类似的特征。五环三萜类化合物有不同程度的热裂解现象，低分子量三环萜烷系列一般较为丰富（图 1.1.22、图 1.1.23）。位于塔中地区中部的 ZG5、ZG6、ZG7、ZG8 井原油生物标志物含量甚微，在 $m/z217$、$m/z191$ 图中几乎无法检测（图 1.1.22、图 1.1.23），表明相关井区原油成熟度较高和（或）晚期气侵现象更为强烈。值得关注的是，与 ZG5 至 ZG7 井区相邻的中上奥陶统原油（如 TZ82、TZ823、TZ828、TZ826 井）随油藏深度的变化，甾类生物标志物演化似乎有"倒转"迹象，即随埋深增加化合物的保存似乎更为完好，这种反常现象可能反映出相对浅层的原油遭受了晚期更高成熟度油气的充注与混合。

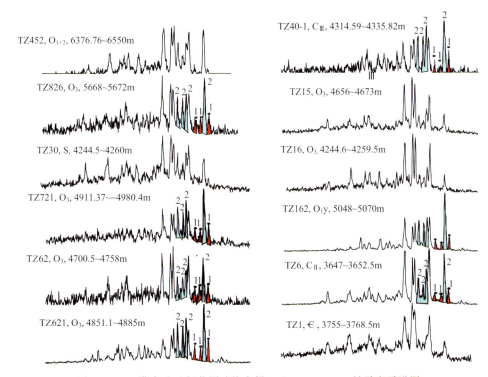

图 1.1.24　塔中地区部分原油饱和烃 $m/z=414\rightarrow231$ 母子离子谱图

反映 C_{30}-甲基甾烷的分布。1 为 $4\alpha,23,24$-甲基甾烷（C_{30}）；2 为 4α-甲基-24-乙基甾烷

（二）塔北地区

1. 轮南地区

轮古东原油甾、萜类化合物分布与塔中有异同之处，C_{27}-、C_{28}-、C_{29}-规则甾烷一般呈"V"字形（图 1.1.25），与塔中绝大部分原油相似。观察到轮古东原油 C_{27}-/C_{29}-规则甾烷随

甾、萜类异构化程度增加有增加的趋势，这种变化趋势可能反映 C_{27}-、C_{28}-、C_{29}-规则甾烷相对分布与成熟度有一定关系，但也可能与气侵导致的分馏作用有关。在分析的轮南地区的 24 个原油中仅观察到 LG1 井下奥陶统原油残存有寒武系—下奥陶统成因原油特征，表现为甲藻甾烷相对发育、甾烷异构化程度相对较低、低分子量甾烷与三环萜烷相对不发育（图 1.1.25、图 1.1.26）。

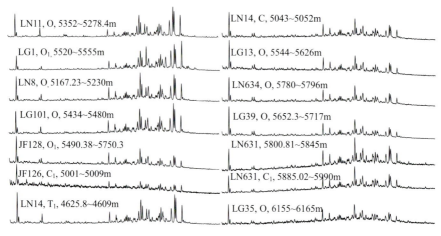

图 1.1.25　轮古东部分原油饱和烃 $m/z217$ 质量色谱图

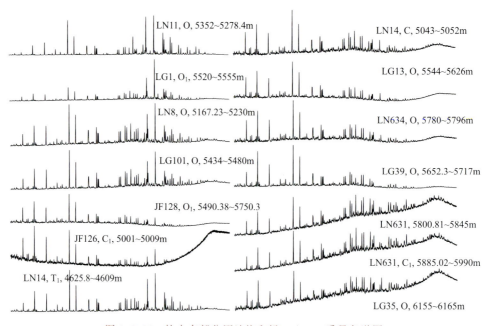

图 1.1.26　轮古东部分原油饱和烃 $m/z191$ 质量色谱图

轮南地区西侧原油三环萜烷相对于五环萜烷的丰度相对较低，而东侧原油相对较高；JF128（O_1）井与 JF126（C）井原油中三环萜烷与五环萜烷基本无法检测，可能与原油热裂解有关。在 $m/z231$、$m/z191$ 质量色谱图中均观察到 LN631 井、LG35 井原油基线较强的抬升，其北侧的 LG39 与 LG391 等井则没有该现象。轮古东南北向断层附近原油烃类组成与分布也有一定差异，北侧正构烷烃绝对丰度较高，而南侧 LN631 井、LG35 井则较低；北侧低分子量正构烷烃相对富集，而南侧则不太富集，受该区原油晚期气侵影响（参见第四章第三节）。

2. 英买力地区

英买力地区南部、北部原油甾类化合物分布特征差异显著（图 1.1.27）。南部英买 2 井区原油低分子量孕甾烷系列丰度相对较高，$(C_{21}+C_{22})$-孕甾烷/$(C_{27}\sim C_{29})$-规则甾烷一般为 0.24~0.46（均值为 0.33），北部 YM7 井区原油低分子量孕甾烷系列丰度相对较低，$(C_{21}+C_{22})$-孕甾烷/$(C_{27}\sim C_{29})$-规则甾烷值一般为 0.09~0.19（均值为 0.13）（表 1.1.8），YM21 井例外（0.85）。北部原油重排甾烷系列丰度相对较高，重排甾烷/规则甾烷值为 0.3~0.55；南部原油具有相反特征，重排甾烷/规则甾烷值为 0.21~0.26（表 1.1.8），羊塔克地区原油重排甾烷系列丰度最高，重排甾烷/规则甾烷值高达 0.41~0.47（表 1.1.8），仅个别井例外。一般认为，重排生物标志物的形成需要特定的地质、地球化学条件，如黏土矿物的催化和酸性的介质条件等（Moldowan et al.，1991），包建平等（2007）认为富含各类重排构型生物标志物的原油无疑来源于弱氧化环境条件下沉积的泥质烃源岩，可能是煤系泥岩；Li M W 等（2001，2006）从俄罗斯陆相原油、吐哈与煤系地层共生的湖相页岩中检测到高丰度的重排甾烷。各类重排构型生物标志物含量偏低的原油，其烃源岩沉积环境的还原性相对较强（赵孟军和张水昌，2001；Liang et al.，2003）。海相成因原油的重排生物标志物含量可能更低，如塔中原油（李素梅等，2008a，2008b）。英买力北部及羊塔克地区原油较高的重排甾烷含量表明烃源岩富含黏土矿物，指示原油陆相成因。

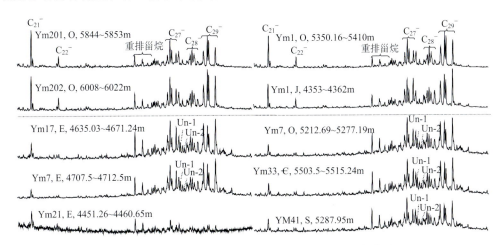

图 1.1.27　英买力地区原油饱和烃 $m/z217$ 质量色谱图
Un-1. 未知化合物 1；Un-2 未知化合物 2

表1.1.8 英买力—羊塔克地区原油基本地球化学参数

构造单元	井号	层位	埋深/m	Pr/Ph	Pr/nC_{17}	Ph/nC_{18}	S/H	$(C_{21}+C_{22})/C_{29}S$	$C_{29}Ts/C_{30}H$	$C_{29}H/C_{30}H$	Dia/Reg	TTs/PTs	Ts/(Ts+Tm)	$C_{30}Dia/C_{30}H$	$C_{29}S/(S+R)$	$C_{29}\alpha\beta\beta$	F/%	OF/%	SF/%
英买力构造带	YM21	E	4451.3~4460.7	2.21	0.18	0.09	0.45	0.85	0.44	0.65	0.55	1.24	0.61	0.43	0.51	0.50	8	64	28
	YM17	E	4635.0~4671.2	1.86	0.19	0.11	0.16	0.14	0.28	0.51	0.30	0.21	0.60	0.20	0.50	0.42	8	67	25
	YM19	E	4663.8~4678.7	1.83	0.22	0.12	0.13	0.12	0.27	0.46	0.26	0.11	0.57	0.20	0.49	0.42	49	31	19
	YM7	E	4690.0~4700.0	1.86	0.17	0.10	0.19	0.19	0.31	0.52	0.36	0.26	0.62	0.25	0.51	0.43	7	65	28
	YM7	E	4707.5~4712.5	1.72	0.17	0.09	0.12	0.09	0.28	0.49	0.26	0.11	0.60	0.21	0.50	0.43	7	59	34
	YM7	O	5212.7~5277.2	1.92	0.23	0.12	0.15	0.12	0.28	0.49	0.31	0.13	0.60	0.23	0.53	0.44	25	52	23
	YM7	O	5597.0~5621.0	1.96	0.23	0.12	0.16	0.11	0.29	0.50	0.25	0.15	0.59	0.25	0.51	0.44	8	64	28
	YM9	K	4947.7~4980.3	1.77	0.24	0.14	0.12	0.09	0.27	0.47	0.25	0.12	0.58	0.21	0.51	0.41	10	55	35
	YM41	S	5288.0	2.10	0.19	0.10	0.14	0.16	0.33	0.49	0.32	0.15	0.60	0.30	0.51	0.45	46	32	21
	YM41H	S	5397.0~5595.0	1.99	0.19	0.11	0.15	0.13	0.32	0.49	0.35	0.16	0.60	0.30	0.51	0.45	42	34	24
	YM322	O	5370.0~5395.5	2.01	0.21	0.11	0.13	0.13	0.31	0.48	0.32	0.15	0.59	0.28	0.52	0.44	40	37	23
	YM321	K	5239.0~5244.0	1.79	0.21	0.13	0.25	0.11	0.26	0.48	0.26	0.20	0.53	0.17	0.50	0.43	36	37	27
	YM32	∈	5406.0~5412.7	2.09	0.20	0.10	0.14	0.14	0.30	0.48	0.30	0.14	0.58	0.24	0.52	0.45	40	40	20
	YM32	∈	5408.0~5412.7	1.99	0.20	0.10	0.15	0.12	0.29	0.48	0.32	0.12	0.58	0.24	0.50	0.44	—	—	26
	YM34	S	5387.1	2.03	0.18	0.09	0.17	0.18	0.29	0.51	0.34	0.22	0.61	0.22	0.51	0.42	11	63	26
	YM33	∈	5503.5~5515.2	2.02	0.21	0.11	0.14	0.13	0.30	0.49	0.31	0.15	0.59	0.24	0.51	0.43	38	41	21
	YM33	∈	5503.5~5515.2	1.82	0.19	0.11	0.14	0.12	0.29	0.48	0.31	0.14	0.59	0.23	0.51	0.43	—	—	21
	YM35	S	5632.0~5638.0	1.97	0.24	0.13	0.14	0.12	0.28	0.50	0.31	0.14	0.60	0.21	0.50	0.44	38	41	21
	YM201	O	5844.0~5853.0	1.00	0.39	0.46	0.60	0.46	0.20	0.91	0.25	0.95	0.31	0.10	0.52	0.59	18	6	76
	YM202	O	6008.0~6022.0	1.04	0.4	0.43	0.42	0.33	0.18	0.74	0.25	0.41	0.34	0.07	0.49	0.53	16	8	76
	YM1	J	4353.0~4362.0	0.92	0.46	0.54	0.44	0.24	0.16	0.58	0.21	0.44	0.40	0.09	0.47	0.46	11	12	77
	YM1	O	5350.2~5410.0	0.89	0.45	0.57	0.51	0.33	0.18	0.88	0.21	0.66	0.31	0.07	0.51	0.55	16	11	73
	YM2	O_1	6049.0~6062.0	1.06	0.43	0.48	0.45	0.30	0.24	0.66	0.26	0.47	0.46	0.14	0.52	0.53	13	9	78
	YM2	O_1	5940.0~5953.0	1.00	0.43	0.50	0.54	0.34	0.20	0.82	0.26	0.61	0.35	0.07	0.51	0.56	14	8	78

续表

构造单元	井号	层位	埋深/m	Pr/Ph	Pr/nC_{17}	Ph/nC_{18}	S/H	$(C_{21}+C_{22})/C_{29}S$	$C_{29}Ts/C_{30}H$	$C_{29}H/C_{30}H$	Dia/Reg	TTs/PTs	Ts/(Ts+Tm)	$C_{30}Dia/C_{30}H$	$C_{29}S/(S+R)$	$C_{29}\alpha\beta\beta$	F/%	OF/%	SF/%
羊塔克构造带	YT1	E—K	5234.4~5331.9	1.67	0.11	0.06	0.25	0.31	0.46	0.55	0.47	0.20	0.68	0.54	0.53	0.54	—	—	—
	YT101	E	5329.0~5333.0	2.19	0.18	0.08	0.23	0.24	0.44	0.53	0.46	0.21	0.65	0.64	0.49	0.53	8	51	41
	YT101	K	5350.5~5355.5	2.02	0.14	0.07	0.27	0.37	0.45	0.55	0.47	0.26	0.66	0.53	0.52	0.52	25	46	29
	YT2	K	5387.0~5390.0	2.20	0.1	0.05	0.34	0.91	0.37	0.62	0.27	0.51	0.67	0.31	0.51	0.47	9	59	32
	YT5	K	5323.0~5325.5	2.17	0.17	0.08	0.23	0.24	0.42	0.53	0.42	0.19	0.64	0.58	0.50	0.52	2	64	33
	YT5	E	5310.0~5315.0	2.17	0.15	0.07	0.16	0.21	0.41	0.53	0.41	0.13	0.64	0.41	0.50	0.49	25	45	29
	YTK101	K	5380.0~5382.0	1.89	0.13	0.07	0.16	0.15	0.43	0.51	0.42	0.09	0.65	0.52	0.51	0.51	14	56	30

注：S/H. 甾烷/藿烷；$(C_{21}+C_{22})/C_{29}S$. $(C_{21}+C_{22})$孕甾烷/C_{29}规则甾烷；$C_{29}Ts/C_{30}H$. $C_{29}Ts/C_{30}$藿烷；$C_{29}H/C_{30}H$. C_{29}藿烷/C_{30}藿烷；Dia/Reg. 重排甾烷/规则甾烷；TTs/PTs. 三环萜烷/五环萜烷；Ts/(Ts+Tm). $18\alpha(H)$-30-降新藿烷/$[18\alpha(H)+17\alpha(H)]$三降藿烷；$C_{30}Dia/C_{30}H$. $C_{30}Dia/C_{30}$藿烷；$C_{29}S/(S+R)$. C_{29}甾烷$\alpha\alpha\alpha$20S/(S+R)；$C_{29}\alpha\beta\beta$. C_{29}甾烷$\alpha\beta\beta/(\alpha\alpha\alpha+\alpha\beta\beta)$；F，OF，SF. 三场系列相对丰度。

值得提出的是，在英买力北部及羊塔克原油甾烷分布中，在两个 C_{29}-重排甾烷间普遍检测到两个未知化合物（Un-1、Un-2）（图 1.1.27），而在 YM2 井区原油中两化合物丰度相对较低（图 1.1.28）。进一步分析表明，两未知甾烷的丰度与 C_{29}-重排甾烷具有正相关性［图 1.1.28(a)］，暗示两者可能成因相似。由于其在该区不同类型原油特别是海相与陆相原油中的相对丰度有显著差异，因而可用在塔里木盆地原油成因类型与来源识别中。与英买力相邻的羊塔克原油甾烷面貌特征与英买力北部原油较为相近，但 $C_{27}\alpha\beta\beta 20$（R）甾烷与 C_{29}-重排甾烷丰度明显偏高（图 1.1.27），反映两区原油性质仍有差异。

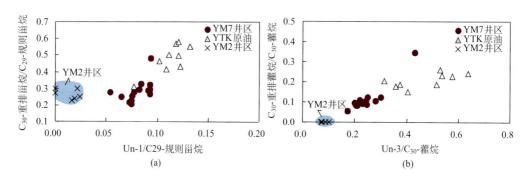

图 1.1.28　Un-1/C_{29}-规则甾烷—C_{29}-重排甾烷/C_{29}-甾烷，
Un-3/C_{30}-藿烷—C_{30}-重排藿烷/C_{30}-藿烷关系图
Un-1、Un-3 分别指未知甾类化合物 1 和 C_{30}-未知甾类化合物

英买力不同类型原油萜类化合物也有显著差异（图 1.1.29）。南部英买 2 井区原油 $C_{19}\sim C_{31}$-三环萜烷丰度相对较高，以 C_{23} 为主峰，三环萜烷/五环萜烷分布范围为 $0.41\sim 0.95$（表 1.1.8）；北部 YM7 井区三环萜烷丰度相对较低，以 C_{21} 为主峰，三环萜烷/五环萜烷分布范围为 $0.11\sim 0.26$，YM21 井例外（1.24）。南部 YM2 井区原油 C_{29}-降藿烷丰度相对较高，C_{29}/C_{30}-藿烷一般为 $0.58\sim 0.91$（均值为 0.77）；北部 YM7 井区 C_{29}-降藿烷丰度较低，C_{29}/C_{30}-藿烷一般为 $0.46\sim 0.65$（均值为 0.50）。南部 YM2 井区原油 C_{29} Ts 和 C_{30}-重排藿烷丰度相对较低（图 1.1.29），C_{29} Ts/C_{30}-藿烷、C_{30}-重排藿烷/C_{30}-藿烷分别为 $0.16\sim 0.24$、$0.07\sim 0.14$（表 1.1.8）；北部 YM7 井区原油 C_{29} Ts 和 C_{30}-重排藿烷丰度相对较高（图 1.1.29），C_{29} Ts/C_{30}-藿烷、C_{30}-重排藿烷/C_{30}-藿烷分别为 $0.26\sim 0.44$、$0.17\sim 0.43$（表 1.1.8）。

特别地，在英买力北部 YM7 井区所有原油的 Ts 和 Tm 间，检测出一种 C_{30}-未知化合物（Un-3）（图 1.1.29），该化合物也在与其相邻的羊塔克陆相原油中被检测出，但在塔北、轮南与 YM2 井区原油中该化合物丰度较低或难以检测。肖中尧等（2004b）报道过羊塔克北部却勒 1 井中有高丰度的该未知化合物，认为可能与重排藿烷有类似的生物或生物化学环境。本研究同样观察到 C_{30}-未知化合物与 C_{30}-重排藿烷的正相关性［图 1.1.28(b)］。

油-油对比表明，英买力地区原油可分为两大类（图 1.1.30、图 1.1.31）。YM2 井区原油为Ⅰ类，主体为海相油。该类原油的低蜡高硫、高 Pr/nC_{17} 与 Ph/nC_{18} 值、低

Pr/Ph 值（图 1.1.17）、低苯/正己烷值、低甲苯/正庚烷值、低芳烃与低联苯含量、高硫芴含量特征无不与海相原油特征相吻合（表 1.1.8）。此外，YM2 井区原油还具有甾烷/藿烷值相对较高的特征 [图 1.1.30(a)、表 1.1.8]，指示海相低等水生微生物生源贡献相对较多。该类原油重排甾烷与重排藿烷的丰度相对较低 [图 1.1.27、图 1.1.29、图 1.1.30(b)]，可能指示缺氧、贫黏土的生油岩的存在（Peters and Moldowan，1993）。成熟度也影响重排甾烷、重排藿烷的含量，两者有一定的正相关性（Seifert and Moldowan，1978）。由于 YM2 井区原油成熟度相对较高（图 1.1.31、表 1.1.8），成熟度并非控制该井区原油中重排甾烷、重排藿烷丰度的主要原因。

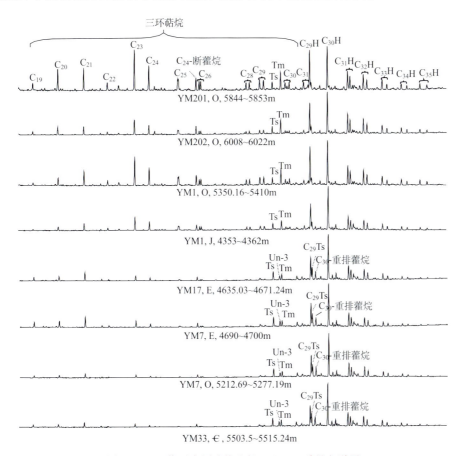

图 1.1.29　英买力原油饱和烃 m/z191 质量色谱图

饱和烃馏分的甾烷异构化参数、芳烃成熟度参数 MPI-1、MPI-2（甲基菲指数）与甲基萘指数 TMNr、TeMNr 一致表明，第Ⅰ类原油成熟度最高（图 1.1.31）。C_{29}-甾烷 $\alpha\alpha\alpha20S/(S+R)$（均值为 0.5）、$C_{29}$-甾烷 $\alpha\beta\beta/(\alpha\alpha\alpha+\alpha\beta\beta)$（均值为 0.54）已达到或接近平衡异构化终点值（表 1.1.8），表明原油成熟度相对较高。第Ⅰ类原油与塔里木盆地中上奥陶统烃源岩特征较为接近（李素梅等，2008a），被认为主要来自塔里木盆地台盆区中上奥陶统烃源岩。第Ⅰ类油组原油总体与 YM2（O_1）井原油聚类相关，表明第Ⅰ类

051

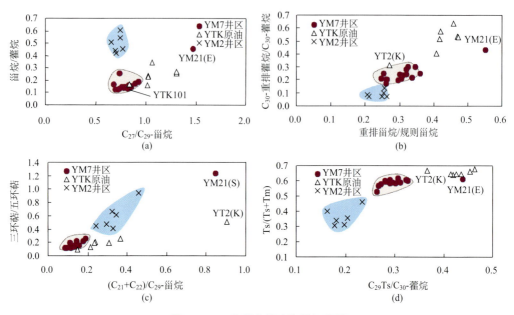

图 1.1.30 英买力原油聚类相关图

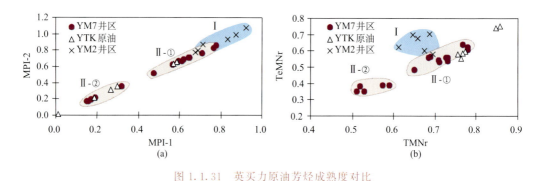

图 1.1.31 英买力原油芳烃成熟度对比

MPI-1、MPI-2 分别为甲基菲指数 1、2；TMNr 为 1,3,7-/(1,3,7+1,2,5)-三甲基萘；
TeMNr 为 1,3,6,7-/(1,3,6,7+1,2,5,6+1,2,3,5)-四甲基萘。①、②表示第Ⅱ类中的两小类

油组原油与 YM2（O_1）井一样主要来自中上奥陶统烃源岩。

英买力北部英买 7 井区原油划为第Ⅱ类，该类原油具有典型陆相原油特征（李素梅等，2008c），包括高蜡低硫、高联苯与高芳烃含量、高氧芴含量（表 1.1.8）、高 Pr/Ph 值（>2）[图 1.1.17(b)]，指示弱氧化性原始沉积环境。此外，原油具有高 C_{29} Ts/C_{30}-藿烷、高 C_{29}-重排甾烷/C_{29}-甾烷与 C_{30}-重排藿烷/C_{30}-藿烷特征 [图 1.1.30(b)、图 1.1.30(d)]，明显不同于陆相油，进一步表明烃源岩沉积环境、岩石矿物成分的差异。值得提出的是，英买力陆相油还具有较高 Ts/(Ts+Tm) 值的特征 [图 1.1.30(d)]。该参数受烃源岩性质及成熟度控制（Peters and Moldowan，1993）。高 Ts/(Ts+Tm) 及重排甾烷/甾烷值被认为可以指示烃源岩富酸性黏土（Sieskind et al.，1979）。英买力陆相原油成熟度参数不是最高的（图 1.1.30、表 1.1.8），但原油有高 Ts/(Ts+Tm) 值特征，说明该区该参数

首先受母源控制。英买力陆相油（含两亚类）的差异与油气成因差异有关，该区陆相油主要来自北部的库车凹陷（秦胜飞和戴金星，2006；包建平等，2007），该凹陷主要有三叠系与侏罗系湖相、煤系两套烃源岩（赵孟军等，2002；肖中尧等，2004）。

四、原油芳烃色谱-质谱特征

（一）海相原油芳烃组成与分布特征

塔中原油中的芳烃化合物主要是萘、菲、联苯系列、硫芴、芴、氧芴等系列，其他芳烃系列含量较低。定量分析表明，塔中Ⅰ号断裂构造带、塔中4、塔中1-6井区（含TZ1-4井区）原油中的芳烃化合物丰度相对较高（图1.1.32），突出表现为三芴系列相对丰度较高。塔中海相原油有一显著不同于陆相原油的特征，即芳烃中二苯并噻吩（DBTs）系列含量较高，DBTs/DBFs［（$C_0 \sim C_3$）-二苯并噻吩/（$C_0 \sim C_2$）-二苯并呋喃］均值高达16.7（106个原油统计），而渤海湾盆地东营凹陷陆相原油的对应值为1.34（53个原油的统计数据，未发表数据）。特别地，TZ4、TZ1-6井区原油一般具有超高丰度的DBTs（朱扬明，1996；Li S M et al.，2009）［图1.1.19(f)、表1.1.9］，此类化合物可为芳烃馏分的主体成分（图1.1.33）。还观察到原油具有高DBT/四甲基萘值特征。观察到绝大部分下奥陶统原油芳烃中DBTs含量（在可定性芳烃化合物中的含量）也较高，如TZ83井（55.2%）、ZG5井（52.3%）、TZ721井（41.4%）、ZG6井（43.1%）和ZG111井（43.4%）（表1.1.9）。塔中下奥陶统原油明显比中上奥陶统有较高的二苯并噻吩/菲、二苯并噻吩/四甲基萘和硫芴/氧芴值（图1.1.34）。In Big Horn盆地和俄罗斯Buzuluk凹陷原油中也观察到高丰度DBTs（Chakhmakhchev and Suzuki，1995b；Bjorøy et al.，1996），被认为与TSR作用相关。下奥陶统多口井原油芳烃中还检测到长链四氢噻烷系列，如ZG6井、ZG7井、ZG21井、TZ83井（图1.1.35），该化合物系列一般出现在低熟样品中（盛国英等，1986），具有一定的对热不稳定性，其在高-过熟原油中的出现表明为烃类改造的中间产物。在某些硫酸盐热化学还原反应（TSR）的研究中，也观察到此类化合物（Cai et al.，2003），这似乎说明塔中地区下奥陶统DBTs芳烃的异常可能与TSR作用有关，但实际情况较复杂（参见第四章第四节）。

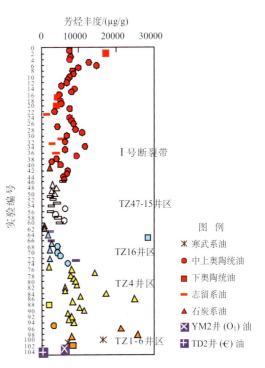

图1.1.32 塔中原油芳烃丰度变化特征
图例同图1.1.19

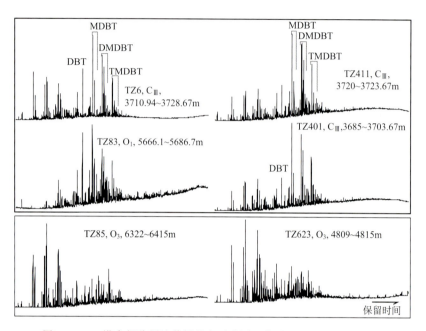

图 1.1.33　塔中部分原油芳烃总离子流图（指示 DBTs 的丰度差异）

DBT. 二苯并噻吩；MDBT. 甲基二苯并噻吩；DMDBT. 二甲基二苯并噻吩；TMDBT. 三甲基二苯并噻吩

表 1.1.9　塔中部分原油芳烃地球化学参数

构造单元	实验编号	井号	层位	DBTs /(μg/g 油)	Fs /%	DBFs /%	DBTs /%	DBT/P	TMNr	TeMNr
	1	TZ406[*1]	C$_{III}$	861	5.28	1.85	41.8	0.94	0.80	0.81
	2	TZ404[*1]	C$_{II\sim III}$	3790	4.47	1.51	46.0	2.59	0.76	0.79
	3	TZ4[*1]	C$_{II}$	4230	4.41	2.26	29.8	1.52	0.77	0.78
	4	TZ4[*1]	C$_{III}$	4132	4.57	1.61	51.5	2.53	0.76	0.81
	5	TZ408[*1]	C$_{III}$	3923	3.92	1.59	45.0	2.52	0.78	0.81
	6	TZ402	C$_{II}$	4058	5.25	1.55	44.4	2.66	0.78	0.82
	7	TZ402	C$_{III}$	4168	5.01	1.54	44.3	2.68	0.79	0.81
	8	TZ402	C$_{III}$	2670	4.66	1.48	42.4	2.59	0.75	0.75
塔中 4 油田	9	TZ421[*1]	C$_{I}$	2684	3.6	1.97	41.5	2.16	0.74	0.75
	10	TZ421[*1]	C$_{II}$	3419	3.99	2.69	19.5	1.12	0.78	0.78
	11	TZ421[*1]	C$_{III}$	4190	5.12	1.58	39.8	2.17	0.79	0.81
	12	TZ421[*1]	C$_{III}$	2820	2.61	1.79	11.2	0.34	0.82	0.81
	13	TZ422[*1]	C$_{III}$	3809	5.64	1.57	45.6	2.76	0.80	0.82
	14	TZ75[*1]	C$_{III}$	4590	4.62	1.44	44.6	2.96	0.75	0.74
	15	TZ401[*1]	C$_{III}$	6243	5.04	1.02	53.8	4.56	0.74	0.72
	16	TZ411[*1]	C$_{I}$	2938	3.8	1.96	41.6	1.76	0.76	0.78
	17	TZ411[*1]	C$_{I}$	3320	3.26	2.04	40.3	2.24	0.74	0.76
	18	TZ411[*1]	C$_{I}$	3131	3.81	1.98	41.9	1.93	0.76	0.78
	19	TZ411[*1]	C$_{III}$	4711	6.31	1.01	53.5	4.75	0.76	0.73

续表

构造单元	实验编号	井号	层位	DBTs /(μg/g 油)	Fs /%	DBFs /%	DBTs /%	DBT/P	TMNr	TeMNr
TZ47-15 井区	20	TZ12	S	419	3.91	1.35	18.5	0.83	0.53	0.59
	21	TZ12	O_3	629	4.98	1.65	16.0	0.45	0.64	0.63
	22	TZ15	S	646	5.9	2.34	13.66	0.385	0.54	0.5
	23	TZ15	O_3	783	6.8	3.25	12.93	0.386	0.6	0.52
塔中 I 号带	24	TZ821	O_3	2779	8.89	1.38	33.6	1.42	0.77	0.83
	25	TZ83	O_3	1214	8.44	1.85	24.4	0.70	0.80	0.88
	26	ZG15	O_3	2076	8.83	1.39	30.4	1.92	0.81	0.91
	27	TZ169	O_3	1390	6.72	2.76	27.7	0.69	0.63	0.69
	28	ZG162	O_3	1790	7.73	1.45	26.3	1.74	0.85	0.93
	29	ZG19	O_{2+3}	5039	8.17	0.85	15.6	0.68	0.86	0.88
	30	TZ83	O_1	2526	9.15	0.71	58.2	6.02	0.72	0.80
	31	ZG10	O_1y	1376	10.42	0.51	41.4	2.58	0.80	0.87
	32	ZG11	O_1y	2074	11.94	0.52	40.9	2.86	0.85	0.91
	33	ZG111	O_1y	1404	13.34	0.54	46.3	2.70	0.79	0.88
	34	ZG13	O_1y	1923	9.06	1.66	32.8	2.64	0.92	0.97
	35	ZG22	O_1y	1732	8.23	0.99	26.4	1.62	0.75	0.81
	36	ZG23	O_1y	1902	12.45	0.86	33.5	0.87	0.79	0.90
	37	ZG501	O_1y	2432	11.93	0.69	51.1	3.76	0.85	0.95
	38	ZG5	O_1y	2021	11.73	0.29	56.4	2.37	0.85	0.92
	39	ZG21	O_1	6941	9.21	0.52	30.2	3.19	0.77	0.82
	40	ZG6	O_1	6918	5.14	0.34	45.6	6.46	0.80	0.93
	41	ZG7	O_1	10401	6.13	0.51	36.7	4.22	0.81	0.93
	42	ZG8	O_1	6857	8.19	0.42	30.7	4.45	0.75	0.82

注：DBTs 代表二苯并噻吩；Fs、DBFs、DBTs 分别是芴、氧芴、硫芴（指 $C_0 \sim C_2$-芴，$C_0 \sim C_2$-二苯并呋喃、$C_0 \sim C_3$-二苯并噻吩）在可识别的芳烃馏分中的相对百分含量；DBT/P 指二苯并噻吩/菲；TMNr 指 1,3,7-/(1,3,7 +1,2,5)-三甲基萘；TeMNr 指 1,3,6,7-/(1,3,6,7+1,2,5,6+1,2,3,5)-四甲基萘。

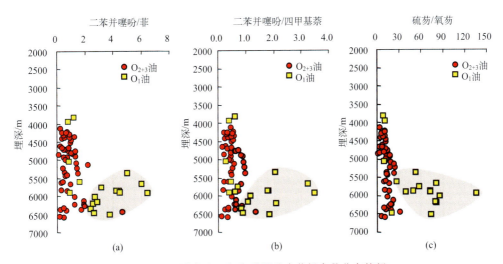

图 1.1.34　塔中地区奥陶系原油中芳烃参数分布特征

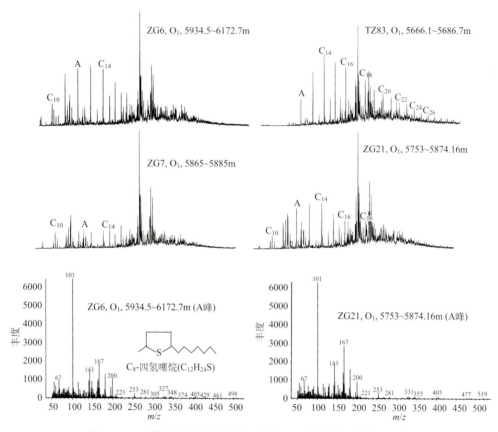

图 1.1.35　塔中地区下奥陶统原油中长链四氢噻烷系列分布特征

（二）海相原油二苯并噻吩分布特征

二苯并噻吩已广泛应用于沉积环境与母源评价（Chakhmakhchev and Suzuki，1995a）、成熟度预测（Chakhmakhchev and Suzuki，1995a）、油气运移示踪等方面（李素梅等，2001a；王铁冠等，2005）。朱扬明等（1998a，1998b）指出塔中地区部分海相油具有高 DBTs 特征，提出母源岩的沉积环境、岩性影响 DBTs 的分布；张敏和张俊（1999）认为塔里木盆地不同类型原油中 DBTs 的烷基化程度存在差异（张敏和张俊，2000），提出是由富硫、贫硫干酪根在生烃过程中的环化作用或支链化作用程度差异使然。随着勘探的深入，时隔十年，我们发现塔中地区下奥陶统等深层原油同样具有超高 DBTs 特征，鉴于高 DBTs 常与高 H_2S 等其他异常现象共同出现，其成因已绝非常规地化影响因素所能概括。塔里木盆地是我国西部重要的含油气盆地，塔中隆起是塔里木盆地重要的富油区，超高丰度 DBTs 原油的特征与成因对于该区油气的成因与成藏机制研究具有重要意义。

塔中原油中 DBTs 丰度相差悬殊，就上构造层（O_{2+3}—C）来说，塔中 I 号构造带原油中 DBTs 的绝对丰度为 200～3023μg/g 油（均值为 1537μg/g 油），TZ47-15、TZ16、TZ4 井区分别为 251～1249μg/g 油（均值为 730μg/g 油）、427～2925μg/g 油（均值为 937μg/g 油）、432～6243μg/g 油（均值为 3506μg/g 油）（表 1.1.9）。TZ1-6

井区原油 DBTs 分布范围为 $1542.81 \sim 26859.4 \mu g/g$ 油。可见，DBTs 低值主要出现在 TZ47-15 井区，特别是主垒带上的 TZ2 井区，其次是 TZ16 井区，高值出现在 TZ4 及 TZ1-6 井区，如 TZ1-6 井区的 TZ6、TZ103 井的 DBTs 绝对丰度大于 $10000 \mu g/g$ 油，塔中Ⅰ号构造带原油大致为中间值（表 1.1.9）。DBTs 在芳烃（可定性芳烃）中相对丰度分布趋势与绝对丰度总体相似，两者有一定正相关性 [图 1.1.36（a）]。

将塔中与塔北原油进行了对比，发现塔北轮南、塔河、哈得逊、哈拉哈塘、英买力海相原油中 DBTs 的丰度远低于塔中 [图 1.1.36（a）、图 1.1.36（b）]。塔北英买力、羊塔克陆相油、渤海湾盆地东营凹陷淡水与咸水湖相油、辽河西部凹陷淡水与咸水湖相油、南堡凹陷淡水湖相油、昌潍拗陷煤系等陆相原油中 DBTs 的丰度均远低于海相油 [图 1.1.36（a）～图 1.1.36（c）]。但是，东营凹陷王古 1 井奥陶系古潜山原油中 DBTs 的相对丰度显然远高于同区原油 [图 1.1.36（c）]，可能与碳酸盐岩储层易发生 TSR 作用有关。以上不同成因、不同成熟度、不同岩性储层原油中 DBTs 的分布表明，有多种控制原油中 DBTs 分布的因素。

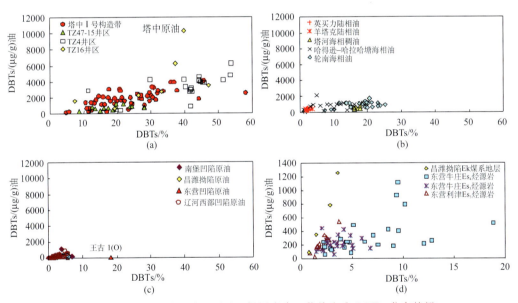

图 1.1.36 不同成因类型原油、烃源岩中二苯并噻吩(DBTs)分布特征

（三）控制海相原油中芳烃-二苯并噻吩硫的因素

1. 母源岩性质

Chakhmakhchev 和 Suzuki（1995b）对哈萨克斯坦、俄罗斯、日本的 7 个盆地典型原油的分析显示，芳香硫的相对丰度与烃源岩（干酪根）类型有关，母源岩类型是控制原油中 DBTs 丰度的重要因素。本次研究表明，塔里木盆地海相油中 DBTs 的丰度远高于塔北英买力地区以及渤海湾盆地多个生油凹陷的陆相油。特别地，塔里木盆地纯海相泥岩、页岩中 DBTs 丰度远低于灰岩、泥灰岩、泥质（或云质、泥晶）灰岩、泥晶/灰

质云岩等富含硫酸盐的烃源岩（图 1.1.37）；渤海湾盆地东营凹陷沙河街组四段咸水相钙质泥岩、页岩（干酪根富硫）中 DBTs 的丰度高于沙河街组三段淡水湖相烃源岩，相关原油的含硫量、芳香硫含量有明显差异［图 1.1.38(b)］，表明母源岩类型、形成环境控制烃源岩和原油中 DBTs 丰度。

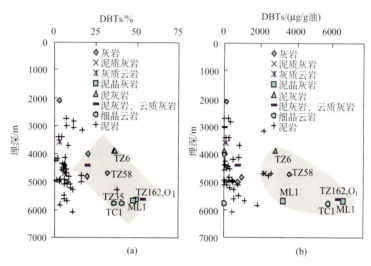

图 1.1.37　塔里木不同海相烃源岩中 DBTs 丰度分布（李素梅等，2011）

　　分析表明，原油中含硫芳烃-二苯并噻吩与具有相同、相似结构的芴具有很好的正相关性，如辽河西部凹陷、南堡凹陷以及东营凹陷和塔里木盆地绝大部分原油（图 1.1.38）。东营凹陷八面河油田及部分王家岗油田原油（沙河街组四段咸水成因）DBTs 与芴系列（Fs）的关系曲线不同于其他原油（沙河街组三段淡水湖相成因及沼泽相成因）［图 1.1.38(b)］，与其母源岩的差异（Pang et al.，2003b）一致，观察到沙河街组四段咸水相富藻类钙质泥岩（干酪根富硫）含硫化合物高于其他烃源岩。塔里木盆地 TZ4、TZ1-6 井区部分原油及塔中Ⅰ号构造带下奥陶统原油同样偏离主要原油的分布直线［图 1.1.38(a)］，这种现象虽然不排除可能与母源岩有关，已检测到 ML1 井寒武系烃源岩（5659m、5655.7m）、塔中多口井烃源岩具有高 DBTs 特征（图 1.1.37），但是，塔中及其外围具有高 DBTs 特征的烃源岩主要是硫酸盐矿物含量相对较高的泥灰岩等，并非纯泥岩/页岩，前者可能是非主力烃源岩。TZ4、TZ1-6 井区石炭系是塔中地区主要的含油气层系之一，其烃源岩应具备较高的生油气潜能。本次检测到的具有高 DBTs 特征的烃源岩主要分布在塔中地区，其生油潜能不高，而在 ML1 井检测到的两个高 DBTs 样品分布在寒武系（图 1.1.37），夹杂在纯暗色泥岩/页岩中；特别地，油源对比显示 TZ4、Z1-6 井区原油主要来自中上奥陶统烃源岩（参见第三章第一节）。因此，TZ4、Z1-6 井区原油的高 DBTs 特征是否与母源岩有关尚需进一步的具有一定体积规模的中上奥陶统高硫烃源岩证据。

　　对于塔中地区成熟度相对较高的高 DBTs 原油，如 ZG6 井下奥陶统原油、TZ6 和 TZ103 井石炭系原油，初步认为母源岩因素可能不是导致原油高 DBTs 的主要原因。主要

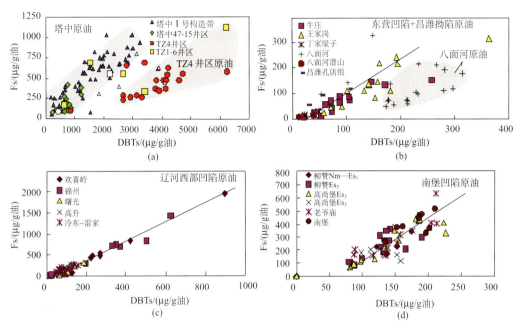

图 1.1.38 原油中二苯并噻吩与相同结构化合物——芴系列相关图
(a) 中无充填的符号代表下奥陶统；Fs. 芴系列

059

依据包括：①寒武系—下奥陶统烃源岩是塔里木盆地的主力烃源岩（Li S M et al.，2010），但在我们分析的约 10 口井的寒武系—下奥陶统烃源岩中，类似 ML1 井的富 DBTs 的寒武系—下奥陶统烃源岩相对少见，而纯暗色泥岩和页岩在地史中具有相对较高的生油气潜能，其应是同期烃源岩中的主力烃源岩；②现已确认源自寒武系—下奥陶统烃源岩的 TZ62（S）、TD2（∈—O₁）井原油不具备高 DBTs 特征（Li S M et al.，2010），表明寒武系—下奥陶统富硫干酪根即使存在，其分布也可能是局限的；③干酪根、沥青大分子母质中的硫含量，一般归结于早期成岩作用阶段硫与有机分子的加成反应，受沉积时氧化-还原条件和体系中活性铁等含量的影响（Chakhmakhchev and Suzuki，1995a），不同类型干酪根中 C、S 比例不同，但最初连接的有机硫是有限制的，烃源岩因素可能难以导致原油超高 DBTs 特征，如东营凹陷沙河街组四段低熟（反映最初有机硫面貌）钙质咸水相页岩，DBTs 在芳烃中的含量总体小于 20%；④塔中原油 DBTs 分布范围宽，反映烃源岩外的因素对其有较强的控制作用；⑤塔中地区下奥陶统等成熟度较高的高 DBTs 原油普遍携带 TSR 作用证据，如高含量 H₂S 伴生气（参见第四章第四节）。次生因素，如热或熟作用（导致烃类差异性裂解）、与 TSR 相关的原油的混入等因素可能起一定作用。综合分析认为，烃源岩因素并非影响此类高 DBTs 原油的主要因素。

2. 热化学作用

众所周知，成熟度影响原油中 DBTs 的分布，相关指标已广泛用于成熟度评价（Chakhmakhchev and Suzuki，1995b）。关于成熟度是如何影响原油、烃源岩中含硫化合物丰度的问题，相关研究相对薄弱。有机硫化合物热稳定性不同，低分子含硫化合物可环化（结合其他烃类分子）形成 DBTs 等芳香硫（夏燕青等，1999），同时某些芳香硫也可能裂解，油气中 DBTs 总丰度是受多因素影响的开环与环化并存、受热化学动力学机制控制的综合结果。Ho 等（1974）的研究表明，在热演化过程中，烃源岩中总硫、脂族硫化合物含量随埋深增加而降低，芳香硫含量随埋深增加而升高（图1.1.39）。二苯并噻吩具有较好的热稳定性（李景贵，2000），对于高温高压条件下油气藏中已形成的 DBTs 的芳环核是如何变化的，文献报道较少。

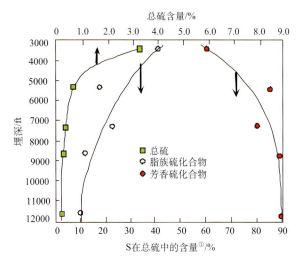

图 1.1.39　加拿大阿尔伯达泥盆系碳酸盐岩所生原油中
含硫化合物的变化规律（Ho et al.，1974）

1ft＝3.048×10^{-1}m

塔中原油与埋深的关系图显示，除 TZ4、TZ1-6 井区等高 DBTs 原油外，随埋深增加，原油中 DBTs 在芳烃中的含量有相对明显的先升高后降低趋势［图 1.1.40(b)］；原油中 DBTs 的绝对丰度有相同的变化趋势，但不及在芳烃中的相对丰度变化明显［图1.1.40(a)］。塔中 I 号构造带下奥陶统原油丰度高于同区中上奥陶统原油，其演化规律不太明显（图 1.1.40），反映受其他因素的影响。在本次分析的塔里木盆地烃源岩样品中，DBTs 的演化特征似乎不太明显，可能与样品点较分散以及高温高压下烃源岩的成烃演化关系复杂有关。本次研究观察到东营凹陷相同成因烃源岩、原油中 DBTs 丰度与成熟度参数 C_{29}-甾烷 $\alpha\alpha\alpha20S/(S+R)$、$C_{29}$-甾烷 $\alpha\alpha\alpha/(\alpha\alpha\alpha+\alpha\beta\beta)$ 有较好的正相关性，表明在正常油窗范围内，地质体中芳香硫的演化规律与 Ho 等（1974）的认识一致。在高—过成熟条件下，预测 DBTs 芳香硫的丰度变化较为复杂，但仍应遵循烃类演化两极分化的原则。此外，观察到热成熟作用对原油中 DBTs 的分布有一定控制作用，随成熟度增加，原油中低烷基取代同系物比例增加、高烷基取代同系物比例降低。以上分析表明，成熟度控制原油中 DBTs 的丰度与分布。

---

①　原作者用的 S 可能是指"单体硫"，区别于"化合物硫"。

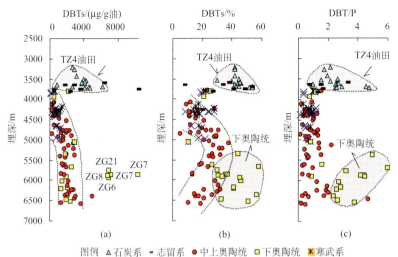

图 1.1.10　原油中二苯并噻吩绝对与相对丰度随埋深的变化

3. 次生改造作用

塔中地区相当部分原油遭受过明显的水洗、生物降解等次生改造作用，由于多期充注的影响，部分早期充注原油的次生改造现象已被后期新鲜原油所掩盖。TZ47-15 井区相当部分原油仍保留了上述水洗、生物降解等次生改造迹象（Li et al.，2010）。分析表明，TZ47-15 井区原油中 DBTs 受生物降解等次生改造现象并不明显，分布相对集中。辽河西部凹陷是我国稠油最为发育的地区，对该区不同稠化程度原油的分析表明，水洗、生物降解可不同程度地影响原油中 DBTs 的丰度与相对分布，但不太可能导致原油中 DBTs 丰度大幅度增加，观察到降解油中 DBTs 丰度降低（图 1.1.41）。因此，水洗、生物降解与塔中原油的高 DBTs 特征没有太多关联。

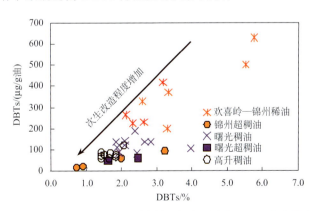

图 1.1.41　塔里木盆地不同岩性海相烃源岩中 DBTs 丰度分布

其他次生作用，如气侵、重力分异对原油中 DBTs 等高分子量化合物的富集可能也起一定的作用，特别是 TZ4、TZ1-6 井所在的碎屑岩储层区。但是，观察到非均质性较

强的 C_{II} 生物灰岩油组原油中 DBTs 的丰度与分布与 C_I 及 C_{III} 油组的差异不明显，并且 C_I 及 C_{III} 之间的分异也不太明显，认为气侵与重力分异并非导致研究区原油高 DBTs 特征的重要因素。

4. 硫酸盐热化学还原作用（TSR）

研究表明，塔中地区存在硫酸盐热化学还原作用（Cai et al.，2003；陈利新等，2008；韩剑发等，2009）。但与其他发生典型 TSR 的地区相比（朱光有等，2006），塔中地区目前发现油气的 TSR 现象及其作用程度似乎不够典型。塔中地区 H_2S 的含量一般小于 10%［图 1.1.1(d)］，而四川盆地相当部分天然气的 H_2S 含量高达 14%～17%（Cai et al.，2004；朱光有等，2006），普光 3 井高达 62%（Hu et al.，2010）；加拿大阿尔伯特 Nisku 储层的 H_2S 含量一般大于 6%，最高可达 31%（Manzano et al.，1997）。众所周知，TSR 在高温下较易发生，塔中地区深部油气目前的勘探程度并不高，这可能限制了对当前该区 TSR 的客观认识。近年发现塔中地区深部下奥陶统油气通常具有较高的 H_2S 含量，如 ZG9、ZG7 井 H_2S 含量约为 10%，个别达 40%（ZG6 井）［图 1.1.1(d)］，局部非下奥陶统原油样品也有较高含量的 H_2S 伴生气，如 ZG19 井（12%）。

H_2S 气体有多种成因，烃类的热裂解仅可生成 1%～3% 的 H_2S，这是受最初联接的有机硫的限制所致（Orr，1977）。预测塔中地区原油伴生气中 H_2S 气体含量较高（如＞6%）的原油参与或混有 TSR 改造烃类。本研究观测到具有较高含量 H_2S 伴生气的油气井也有较高的硫醇含量，如 ZG6、ZG7 井硫醇含量分别高达 $138.8\mu g/mL$、$151.9\mu g/mL$［图 1.1.1(h)］。硫醇是一种对热极不稳定的化合物，深层高—过熟原油较高丰度的硫醇极可能为原油蚀变的产物，该现象在多个盆地出现过，H_2S 与烃类反应的产物之一即为硫醇（Ho et al.，1974）。塔中地区部分深部原油伴生气的高 H_2S 含量与较高硫醇含量共同出现的现象，为该区原油参与或混有 TSR 改造油气提供了进一步的证据。

本研究检测到 6 个高 DBTs 原油中含有丰富的长链烷基四氢噻烷，在其他 TSR 研究中，也观察到类似的现象（Cai et al.，2003）。该化合物一般出现在低熟样品中（盛国英等，1986），具有一定的对热不稳定性，其在高—过熟原油中的出现表明其为烃类改造的中间产物。这几个油气样品中 H_2S、硫醇的浓度也相对较高，表明其为 TSR 成因。蔡春芳等（2007）观察到塔中奥陶系溶扩缝的硬石膏和重晶石脉的 $\delta^{34}S$ 值（44.2‰～46.6‰）远高于显生宙的海水硫同位素，认为其为 TSR 的残余。姜乃煌等（2007）检测到 TZ83 井下奥陶统原油中存在硫代金刚烷，认为是 TSR 过程中硫加入烃类的结果。塔中接近中寒武系膏盐岩的下奥陶统原油参与或部分参与 TSR 应该是确定的。塔中地区具备发生 TSR 的条件，如膏盐岩发育、地史过程中储层温度较高、深部流体活动强烈等（张兴阳等，2006）。

实验与实例观察表明，TSR 可使原油中芳香硫含量增加（Cai et al.，2003；Isabelle et al.，2008）。对比发现，塔中具有较高 H_2S、硫醇的样品同样具有较高的 DBTs 绝对丰度与相对丰度［图 1.1.40、图 1.1.1(d)、图 1.1.1(h)］，三者似乎具有较好的对应关系。然而，高分辨率质谱分析表明，塔中地区部分高 DBTs 原油的成因复杂，TSR 可能不是目前的勘探目的层系高 DBTs 原油形成的主要原因（参见第四章第四节）。

TZ4、TZ1-6 井区高 DBTs 原油主要分布在石炭系，该区除 TZ103（C_III）、TZ1（€）所测硫醇含量相对较高（8.17μg/mL）外，其他原油中硫醇含量总体不高（一般为 1.63μg/mL 左右）[图 1.1.1(h)]。本研究对 TZ4、TZ1-6 井区奥陶系、石炭系 8 个储层样品（TZ75 井碳酸盐岩断块带、TZ421 及 TZ411 井碎屑储集层带）中的黄铁矿样品进行了硫同位素测试，发现 $\delta^{34}S$ 值为 $-32.293‰\sim-6.138‰$，显示沉积成因，表明目前的油气发现层位极大可能没有发生 TSR（即使高 SO_4^- 离子含量的深部流体已运移至此），TZ4、TZ1-6 井区原油主要来自深部层系，不排除原油在相对深层发生了 TSR 后运移聚集至此。混源定量初步预测表明，塔中地区下奥陶统高 DBTs 原油与相对浅层系原油（如 TZ16 井区）混合，完全可导致 TZ4 井区出现目前的高 DBTs 丰度原油。塔中 4 及其他井区深切断层极其发育，下奥陶统原油伴生气普遍含有较高的 H_2S（图 1.1.42），而中上奥陶统则相对偏低，但表现出了一定的差异，认为这种差异性主要与断层有关，相关研究有待深入。

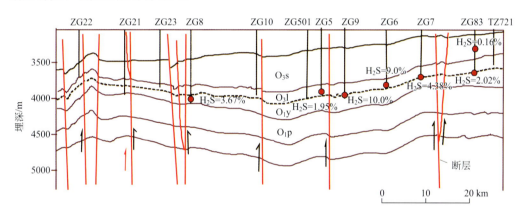

图 1.1.42 塔中地区 ZG22—TZ721 地质剖面图（显示断层可为深部异常油气提供垂向运移通道）

五、海相原油高分辨率质谱（FT-ICR MS）特征

石油是一种组成极其复杂的混合物，在其形成的漫长地质历史时间内，由 C、H、S、N、O 等元素组成的所有异构体几乎都可能出现，C_{30} 烷烃就可能存在 4.11×10^9 个异构体（Beens and Brinkman，2000）。传统的气相色谱（GC）、色谱-质谱（GC-MS）、色谱-质谱-质谱（GC-MS-MS）技术可应用于石油中饱和烃、芳烃的检测，但对于 N、S、O 杂原子化合物而言，上述分析技术所能检测的范围非常局限，目前可鉴定的化合物主要是 $C_0\sim C_2$-二苯并噻吩（含硫化合物）（Chakhmakhchev and Suzuki，1995b）和 $C_0\sim C_2$-咔唑系列（含氮化合物）（王铁冠和张枝焕，1997；李素梅，1999；李素梅等，2001a）。FT-ICR MS 对 N、S、O 化合物的检测范围可大大拓宽，对 S、N 化合物的碳数检测范围可高达 C_{40}、C_{65} 以上（Li et al.，2011a，2011b）。多数 N、S、O 化合物是从母

体——干酪根、沥青大分子中继承下来的，包含更多的母源信息，包括生源、原始沉积环境（Chakhmakhchev and Suzuki，1995a）与热成熟度（Chakhmakhchev and Suzuki，1995b）等相关信息，但目前人们对多数 N、S、O 化合物的形成与演化过程仍不甚了解，相关研究对于揭示油气的形成与演化机制至关重要。最新研究表明，FT-ICR MS 在检测某些热稳定性较低的化合物，如硫醚、噻吩、苯并噻吩方面也有明显的优势，因而可用于深部油气藏中硫酸盐热化学还原作用（TSR）的识别（Li et al.，2011a，2011b；2012）。鉴于 FT-ICR MS 强大的 N、S、O 化合物检测功能，其在油气勘探领域已经受到关注。

（一）FT-ICR MS 高分辨率质谱基本原理

离子回旋共振质谱技术出现于 20 世纪 50 年代，Comisarow 和 Marshall（1974）首次把傅里叶变换（Fourier transform，FT）技术用于离子回旋共振质谱，使仪器的性能获得了重大提高。1980 年，傅里叶变换离子回旋共振质谱仪（FT-ICR MS）采用了超导磁体技术，显著改善了分辨率和稳定性，提高了质量测量的准确度和重复性，同时扩展了仪器的质量检测范围。FT-ICR MS 的核心是分析池（Marshall et al.，1998），基本原理是：在垂直磁场方向上设置两组互相垂直的电极，一组电级用于激发电子，使其能够以较大半径产生旋转运动，而另一组电极接收由周期性运动于两极之间带电离子产生的交变电流，检测电极间接收的高频电流周期与离子在池中的回旋运动周期相同，由于不同质荷比离子的回旋周期不同，根据这一原理，可以通过检测电流信号的频率计算出离子的质荷比，而信号的强度则反映离子的丰度。FT-ICR MS 无需将离子分离，在同一时间内可以同时检测不同离子的质荷比及相对丰度，因此获得较扫描型质谱（旋转磁场、四极杆等）高得多的检测灵敏度；FT-ICR MS 具有超高分辨能力，在实现高分辨率时并不降低检测灵敏度，而且质量测量的精确度高，无需内标物，新型仪器能够达到小于 10^{-6} 的质量准确度（王光辉等，2001）。随着分辨率的不断提高，FT-ICR MS 从离子质量精确测定石油烃元素组成成为可能（Marshall et al.，1998；Hughey et al.，2004；Rodgers and Marshall，2005）。

各种离子化技术的出现并将其与 FT-ICR MS 联用，可以大大扩展其应用范围。电喷雾电离（ESI）是一种最常见的新型电离技术，石油中的极性化合物可以在 ESI 电离源中被选择性电离而不受复杂烃类基质的干扰，该技术解决了杂原子化合物难以分离的问题。ESI 与 FT-ICR MS 的结合已经使原油中杂原子化合物组成的研究取得了突破性进展（Zhang and Fenn，2000）。此外还有基质辅助激光解吸电离（MALDI）、大气压化学电离（APCI）、大气压激光电离（APLI）、大气压光致电离（APPI）等离子化技术（Panda et al.，2009；Walters et al.，2011）。由于原理各异，不同离子化分析方法侧重的化合物种类各不相同（Panda et al.，2009），但主要化合物类型大体一致。目前在石油领域中应用较多的是 ESI、APPI（Hughey et al.，2002a，2004；Walters et al.，2011），其中 ESI 在正离子和负离子模式下，分别选择性地电离石油中微量的碱性氮化物和酸性（包括中性）氮化合物（Hughey et al.，2001，2002b；Klein et al.，2006）。对于含硫化合物，由于极性不强，需要经过甲基衍化，然后采用正离子模式分析（Qian et al.，2001；Hughey et al.，2002a，2004）。APPI 可以电离非极性的烃类化合物，适合芳烃类化合物的检测，但对于烷基苯及烷烃类的电离选择性较差（Walters et al.，2011）。

（二）FT-ICR MS 高分辨率质谱检测特性

傅里叶变换离子回旋共振质谱仪（FT-ICR MS）是一种具有超高质量分辨能力的质谱仪，在石油组分相对分子质量范围（200~1000μ）内，FT-ICR MS 分辨率可达几十万甚至上百万，可区分的质量差别小于一个电子的质量（0.00055Da）（图1.1.43、图1.1.44）。这种分辨能力可以精确地确定由 C、H、S、N、O 以及它们的主要同位素所组成的各种元素组合，真正从分子元素组成层次上研究石油组成（Qian et al.，2001）。FT-ICR MS 在石油分析中的成功应用，开创了一个新的学科领域——石油组学（petroleomics）（Marshall and Rodgers，2004；Rodgers et al.，2005），即在精细分析石油组成的基础上，研究石油化学组成与其物理、化学性质及加工性能之间的关系，解决石油生产和处理过程中的问题。FT-ICR MS 即将成为石油中杂原子化合物研究的必要手段，应用于石油地球化学、油田化学、石油化工等领域（史权等，2008）。

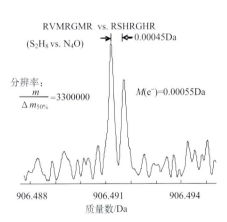

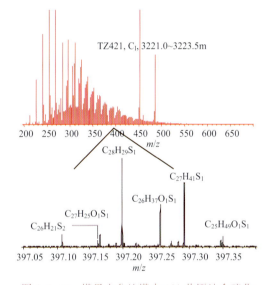

图 1.1.43　单一同位素离子（M+2H）⁻的 ESI FT-ICR MS 高分辨率谱图（据 He et al.，2001）
RVMRGMR、RSHRGHR 为两种肽的名称；Mass 为质量数；Δm 为最高峰时半峰高处的宽度

图 1.1.44　塔里木盆地塔中 421 井原油含硫化合物 ESI FT-ICR MS 谱图特征

傅里叶变换离子回旋共振质谱的高分辨率、高精度特征，使其可以准确鉴定出高分子量杂原子化合物的分子式，这是常规色谱（GC）、色谱-质谱（GC-MS）难以做到的（Kim et al.，2005；Li M et al.，2010；Liu et al.，2010a，2010b；Shi et al.，2010a；Li et al.，2011a，2011b）。图1.1.45是塔里木盆地塔中421井原油含硫化合物正离子 ESI FT-ICR MS 质谱图，质谱峰对应化合物鉴定结果见表1.1.10，ESI FT-ICR MS 可检测的硫化物分子碳数范围远远高于 GC-MS，利用 ESI FT-ICR MS 可检测出单硫化合

物（S_1 化合物）中的硫醚、环硫醚、噻吩、苯并噻吩等硫化物。不仅如此，ESI FT-ICR MS 还可检测出分子中等效双键数（double-bond equivalent，DBE）为 0～19 的其他种类 S_1 化合物、由多个硫原子组成的 S_2、S_3 化合物以及由硫与氧组合形成的 O_1S_1、O_1S_2、O_2S_1、O_3S_1 化合物（表 1.1.10）（Li et al.，2011a，b）。

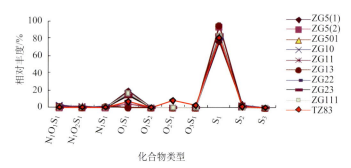

图 1.1.45　塔中地区部分原油中含硫化合物相对含量

表 1.1.10　GC-MS、ESI FT-ICR MS 检测的含硫化合物对比

含硫化合物类型			检测途径			
硫化合物中的杂原子类型及数量	化合物名称	等效双键数 DBE	GC-MS（可检测碳数）		FT-ICR MS（可检测碳数）	
S_1	硫醚	0	—		+	$C_{11}\sim C_{40}$
	环硫醚（四氢化噻吩）	1	+	$C_{10}\sim C_{30}$	+	$C_8\sim C_{46}$
		2	—		+	$C_{11}\sim C_{45}$
	噻吩	3	—		+	$C_9\sim C_{45}$
		4	—		+	$C_{12}\sim C_{43}$
		5	—		+	$C_{11}\sim C_{43}$
	苯并噻吩	6	—		+	$C_9\sim C_{44}$
		7	—		+	$C_9\sim C_{43}$
		8	—		+	$C_{14}\sim C_{43}$
	二苯并噻吩	9	+	$C_{12}\sim C_{15}$	+	$C_{10}\sim C_{47}$
		10～11	—		+	$C_{12}\sim C_{44}$
		12	—		+	$C_{14}\sim C_{44}$
		13	—		+	$C_{14}\sim C_{41}$
		14	—		+	$C_{16}\sim C_{44}$
		15	—		+	$C_{18}\sim C_{42}$
		16	—		+	$C_{19}\sim C_{41}$
		17	—		+	$C_{20}\sim C_{41}$
		18	—		+	$C_{23}\sim C_{40}$
		19	—		+	$C_{25}\sim C_{40}$

续表

含硫化合物类型			检测途径	
硫化合物中的杂原子类型及数量	化合物名称	等效双键数 DBE	GC-MS (可检测碳数)	FT-ICR MS (可检测碳数)
O_1S_1	—	$0\sim14$	—	$C_8\sim C_{40}$ *
O_1S_2	—	$4\sim9$	+	$C_7\sim C_{29}$ *
O_2S_1	—	$1\sim10$	+	$C_{11}\sim C_{37}$ *
O_3S_1	—	$2\sim7$	—	$C_5\sim C_{28}$ *
S_2	—	$8\sim10$	+	$C_{13}\sim C_{46}$ *
S_3	—	7	—	$C_{23}\sim C_{48}$

注:"—"代表未能检测;"+"代表可检测;"*"代表因化合物的 DBE 值而异。

(三)海相原油高分辨率质谱特征

按元素组成,塔中原油中检测出的含硫化合物主要包括 $N_1O_1S_1$、$N_1O_2S_1$、N_1S_1、O_1S_1、O_2S_1、S_1 和 S_2 系列,仅个别样品(如 TZ83 井)检测到 O_1S_2、O_3S_1 和 S_3 系列(图 1.1.45)。其中 S_1 化合物丰度占绝对优势($77\%\sim95.18\%$),其次是 O_1S_1 化合物(均值为 12%)。

图 1.1.46 是 S_1 化合物的等效双键数 DBE 与碳数及其强度间的关系,横轴碳数为最初原油中化合物的碳原子数外加一个硫化物衍生化附加的甲基碳。分析表明,下奥陶统原油中 S_1 化合物的 DBE 分布范围可为 $1\sim19$、碳数范围可为 $12\sim41$,但多数原油中的含硫化合物主要分布于图 1.1.46 中的Ⅰ区,且丰度最高的化合物是 DBE=9 的 S_1 化合物。ZG5 井与 TZ83 井原油中 S_1 化合物的分布与其他原油有一定区别,不少硫化物出现在图 1.1.46 中的Ⅲ区、Ⅳ区,这在同层位原油中不常见,仅在成熟度相对较低的原油(如 YM2-4、YM206、TZ12 井)中含有部分低 DBE 系列的 S_1 化合物 [图 1.1.46(i)、图 1.1.46(j)]。DBE=1、3、6、9 分别代表原油中以硫醚、噻吩、苯并噻吩、二苯并噻吩系列为主的及与之具有等效双键的其他化合物,如 DBE=9 代表带烷基的二苯并噻吩核以及带有两个环的二苯并同系物(Shi et al.,2010b)。塔中地区下奥陶统多数原油 S_1 化合物的 DBE 一般大于 8,反映原油较高的成熟度。然而,TZ83、ZG5 井中低 DBE 系列化合物的出现并非用低熟度可以解释,因为原油已达到较高的成熟度(甾、萜生物标志物大多缺失)。

图 1.1.47(a)、图 1.1.47(b)同样显示,下奥陶统原油 S_1 化合物中丰度最高的为 DBE=9 系列化合物(DBE_9),仅 TZ83(O_1)例外 [图 1.1.47(f)]。观察到随成熟度增大,S_1 化合物中 DBE=9 系列(与 DBTs 的 DBE 值相对应,主要为 DBTs)的相对丰度有增加趋势。TZ12 井(S、O)黑油的成熟度相对较低,S_1 化合物中 DBE_9 的相对丰度为 $11.45\%\sim13.07\%$ [图 1.1.47(e)];ZG501 等下奥陶统成熟度相对较高原油的 DBE_9 相对丰度为 $22.48\%\sim28.39\%$ [图 1.1.47(a)、图 1.1.47(b)],不同原油相差近

中国叠合盆地油气来源与形成演化——以塔里木盆地为例

068

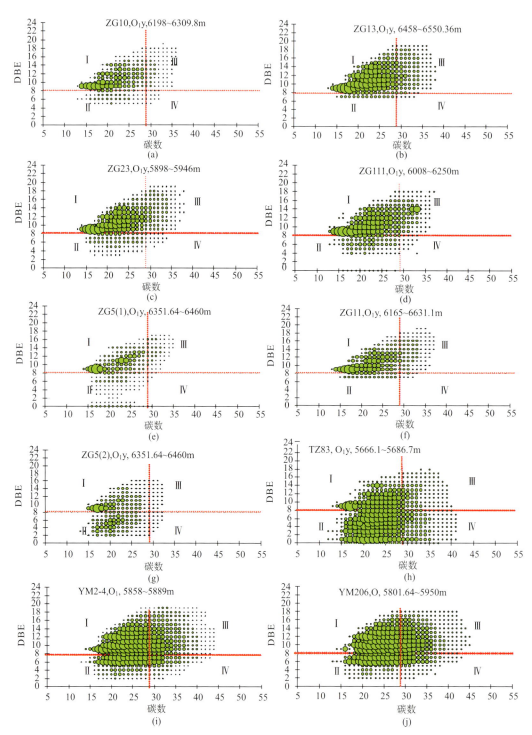

图 1.1.46 塔中地区部分原油中 S₁ 化合物分布特征图

泡点图大小代表化合物强度；横轴碳数包含硫化物甲基衍生化时附加的一个碳

两倍，这与不同原油中 DBTs 的相对丰度差异基本一致，进一步说明芳烃中 GC-MS 检测的 DBTs 与 FT-ICR MS 检测的 DBE＝9 的 S_1 化合物成因有相似性。以往研究表明，原油成熟度按图 1.1.47(a) ～图 1.1.47(e) 的顺序有逐渐降低趋势，观察到不同成熟度原油 S_1 化合物系列出现规律性的变化，随成熟度增加，低 DBE 系列（如 DBE＝1～8）丰度有逐渐降低趋势，DBE＝9 系列在全部 S_1 化合物（DBE＝1～17）中丰度有逐渐增加的趋势［图 1.1.47(a) ～图 1.1.47(e)］。这并不代表 DBE＝1～17 的化合物系列在热演化过程中向中间 DBE 值系列演化（这不符合化学动力学原理），应该与高 DBE 值系列化合物的赋存形态不无关系。少数原油，如 TZ83（O_3、O_1）原油出现异常［图 1.1.47(f)］，表明 S_1 化合物的分布受多种因素控制（参见第四章第四节）。

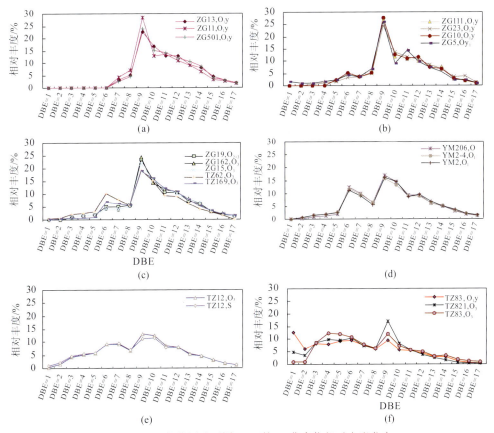

图 1.1.47 部分原油不同 DBE 的 S_1 化合物相对丰度分布

六、海相原油成熟度

（一）塔中地区

塔中原油具有较高的庚烷值［表 1.1.5、图 1.1.48(a)］，指示较高的成熟度，这可从原油的不同分子级别的各项参数和不同色谱馏分验证。塔中原油的 C_{29}-甾烷 $\alpha\alpha\alpha20S/$

(S+R)、C_{29}-甾烷 $\alpha\beta\beta/(\alpha\alpha\alpha+\alpha\beta\beta)$ 的分布范围分别为 0.5～0.55（平衡值为 0.52～0.55）、0.5～0.6（平衡值为 0.67～0.71）[表 1.1.7、图 1.1.48(b)]。因此，绝大部分甾烷、藿烷的生物标志物成熟度参数已失去成熟度指示意义。例如，塔中Ⅰ号构造带部分奥陶系原油缺失甾类、藿烷类 [图 1.1.19(c)、图 1.1.22、图 1.1.23]，指示生物标志物热裂解。

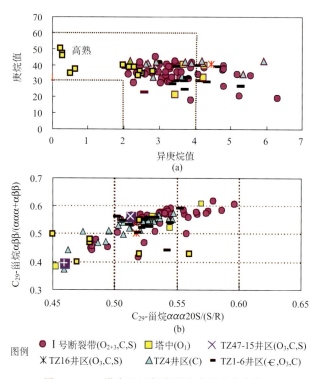

图 1.1.48 塔中地区部分原油成熟度分布特征

金刚烷和多个芳烃成熟度参数也被用于该区原油成熟度评价。相对于其他化合物，金刚烷具有较高的热稳定性和较强的抵抗生物降解能力（Chen et al.，1996；张水昌等，2005b；Wei et al.，2007）。该化合物几乎检出于所有测试样品中。观察到Ⅰ号构造带原油（中上奥陶统为主）具有相对较高的金刚烷含量且有自西向东增加趋势 [表 1.1.7、图 1.1.19(b)]，与正构烷烃的分布趋势相似 [图 1.1.19(a)、表 1.1.7]。4-/(1+3+4)-MAD（甲基金刚烷）、4,9-/3,4-DMAD（二甲基金刚烷）被认为可作为有效的成熟度参数（赵红等，1994；Chen et al.，1996），与其他成熟度参数，如 Ts/(Ts+Tm)、1,3,7-/(1,3,7+1,2,5)-三甲基萘（TMNr）、1,3,6,7-/(1,3,6,7+1,2,5,6+1,2,3,5)-四基甲萘（TeMNr）、4-/1-甲基二苯并噻吩相结合，可识别出塔中Ⅰ号构造带原油在分析原油中成熟度最高 [图 1.1.49(a)]。相比较而言，TZ47-15 井区原油（O_3—C）成熟度最低、TZ4 井区原油（C）成熟度界于 TZ47-15 井区和Ⅰ号构造带原油之间（图 1.1.49）。以上参数还指示，TZ16 井区原油成熟度自西向东有增加趋势 [图 1.1.49(a)、图 1.1.49(e)、图 1.1.49(f)]。

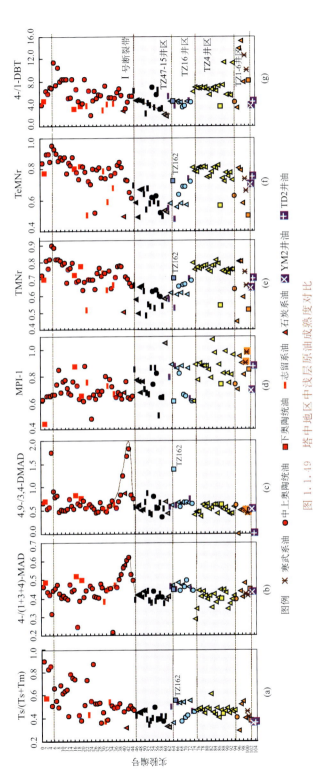

图 1.1.49 塔中地区中浅层原油成熟度对比

不同颜色代表不同井区：MAD，甲基金刚烷；DMAD，二甲基金刚烷；TMNr，1,3,7-/(1,3,7+1,2,5)-三甲基萘；TeMNr，1,3,6,7-/(1,3,6,7+1,2,5,6+1,2,3,5）四甲基萘；4/1-DBT，4/1-甲基二苯并噻吩；TeMNr，1,3,6,7-/(1,3,6,7+1,2,5,6+1,2,3,5）四甲基萘；

图例 ✕ 寒武系油 ● 中上奥陶统油 ■ 下奥陶统油 ─ 塔中地区中浅层原油成熟度对比 ▲ 石炭系油 — 志留系油

甲基菲指数（MPI-1）（Radke et al.，1982）已被用于计算等效镜质体反射率 R_c（Radke and Welte，1983）。该参数被认为在 $R_o < 0.65\%$ 时对 II 型干酪根的成熟度增加反应不敏感，但在 $R_o > 0.65\%$ 时随 II 型干酪根成熟度增加而增加（Radke et al.，1986）。折算镜质体反射率 R_c 值指示塔中绝大部分原油和凝析油是在镜质体反射率为 $0.66\% \sim 1.25\%$（均值为 0.85，当 $R_o < 1.35\%$ 时）或者为 $1.45\% \sim 2.04\%$（均值为 1.84%，当 $R_o > 1.35\%$ 时，表 1.1.7）时生成的。由于高成熟时 MPI-1 具有反转迹象，表 1.1.7 所列数据可能对应于更高的 R_c 值（用 Radke 的公式预测时）（Radke and Welte，1983）。对塔中原油而言，成熟度参数不一致和成熟度反转可能较为普遍，特别是塔中 I 号构造带原油。例如，Ts/（Ts+Tm）与金刚烷参数反映的成熟度趋势相反[图 1.1.19(b)、图 1.1.49(a) ～图 1.1.49(c)]、MPI-I 与绝大部分成熟度相关参数不一致（图 1.1.49）。当甲基菲分布指数（F1）开始被使用后（Kvalheim et al.，1987），似乎没有更好的预测镜质体反射率的方法了（R_o^3，表 1.1.7）。特别地，当不同成熟度、不同油源的原油混合时，很难评价原油的成熟度。因此，仅能在一宽域范围内预测塔中原油的成熟度。

TZ47-15、TZ4、TZ1-6 井区绝大部分原油的芳烃总离子流图显示一明显的基线"UCM"鼓包，指示生物降解和（或）水洗，这与原油中 25-降藿烷的检出相吻合。正如前面所言，大部分原油均有完整系列的正构烷烃。既然 25-降藿烷和"UCM"鼓包指示严重生物降解，而完整系列的正构烷烃指示未降解或轻度降解，它们的共生指示塔中地区两次或多次油气充注（Alexander et al.，1983；Peters and Moldowan，1993；Xiao et al.，1996；Wang et al.，2008）。塔中 I 号构造带原油的基线鼓包不及远离 I 号带的内带的原油，如 TZ452 井。笔者认为这与晚期充注的大量新鲜原油与早期相对少量降解油的混合作用有关。从 TZ452（O_3）、TZ826 井（O_3）原油中检测到 25-降藿烷系列，可验证早期降解油的存在。

简而言之，依据塔中原油的典型化学特征，特别是成熟度高低，可划分出四个油族。①第一个油族指 I 号构造带中上奥陶统为主的凝析油气，具有低凝固点、低黏度特征，主要含常规与支链烷烃，类脂类生物标志物含量较低，暗示为高热演化阶段产物[图 1.1.1、图 1.1.19(a) ～图 1.1.19(c)]。该含油气系统的液态烃是晚海西期产物，气态烃是喜马拉雅期产物（杨海军等，2007）。I 号断裂带通过与满加尔凹陷和塔东洼陷烃源岩相连接，在油气运移和聚集过程中发挥了重要作用（杨海军等，2007）。②第二个油族指 TZ47-15 井区中上奥陶统及其上部层系重油和常规黑油，具有高丰度甾类和萜类、低甾烷/藿烷、低三环萜/五环萜、低 $(C_{21}+C_{22})$ -孕甾烷/ $(C_{27}-C_{29})$ -规则甾烷特征，较其他原油有较低的成熟度。该族群原油主要形成于晚加里东—早海西期（武芳芳等，2009）。③第三个油族指中央断垒带 TZ4、TZ1-6 井区超高 DBTs 原油，主要形成于早海西期，燕山—喜玛拉雅期再次运移调整（赵靖舟和李秀荣，2002）。依据生烃史、原油化学成分（指示成熟度介于塔中原油成熟度范围的中间水平，图 1.1.22、图 1.1.23）、TZ4 和 TZ1-6 井区石炭系圈闭的形成时间，特别是包裹体和伊利石年龄测定结果（王飞宇和何萍，1997；杨楚鹏等，2008），可确定 TZ4、TZ1-6 井区的主要油气充注时间是晚海西期（王飞宇和何萍，1997；赵靖舟和李秀荣，2002；杨楚鹏等，

2008）。塔中4井区石炭系原油古今油水界面的不一致（刘逸等，1997）、完整系列正构烷烃与25-降藿烷在大部分原油中的共存，以及 C_{III} 油藏明显的气侵（杨楚鹏等，2008），表明塔中4油藏经历过复杂油气充注、调整以及诸如水洗和生物降解的改造过程。④第四个油族为塔中地区下奥陶统原油，该类原油有较高的成熟度，部分原油有较高的 H_2S 伴生气。多数下奥陶统原油由于热裂解改造作用已无法分辨规则甾烷的分布形态，仅埋藏较浅的下奥陶统原油显现"V"字形或反"L"形和"斜线"形。由于较高的热成熟度，常用生物标志物成熟度指标基本失效，如 C_{29}-甾烷 $\alpha\alpha\alpha20S/(S+R)$、$C_{29}$-甾烷 $\alpha\beta\beta/(\alpha\alpha\alpha+\alpha\beta\beta)$ 发生"反转"现象，但 $Ts/(Ts+Tm)$ 显示随埋深增加逐渐增加的趋势，反映成熟度的规律性变化 [图 1.1.49(a)]。芳烃成熟度参数三甲基萘指数（TMNr）、四甲基萘指数（TeMNr）有类似的变化规律 [图 1.1.50(b)、图 1.1.50(c)]，但常用的甲基菲指数（MPI-1）成熟度参数规律性似乎较差 [图 1.1.50(d)]。由此判断，$Ts/(Ts+Tm)$、TMNr、TeMNr 在反映较高成熟度样品时可能更为有效。鉴于塔中隆起当前奥陶系油藏深度具有东高西低的特征，上述成熟度指数反映该构造带原油成熟度总体具有由西向东逐渐降低的趋势。

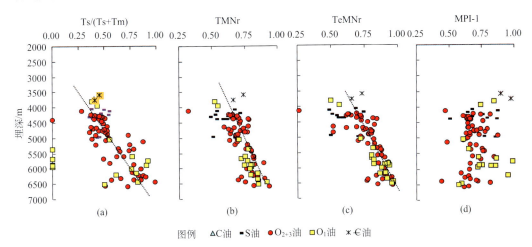

图 1.1.50 塔中地区奥陶系原油部分成熟度参数与埋深关系图
TMNr.1,3,7-/(1,3,7+1,2,5)-三甲基萘；TeMNr.1,3,6,7-/
(1,3,6,7+1,2,5,6+1,2,3,5)四甲基萘；MPI-1.甲基菲指数

塔中原油的形成与聚集机理受控于多种地质地球化学因素。多源、多期充注以及次生改造是造成该区油气成因多样性的重要原因（Xiao et al.，1996；肖中尧等，1997；Zhang et al.，2000；Liu，2002；杨威等，2002；赵靖舟和李秀荣，2002；Sun et al.，2003；陈元壮等，2004；吕修祥等，2008）。

（二）塔北地区

与塔中原油相比，塔北地区原油成熟度也有很大差异，但成熟度跨度似乎不及塔中。一方面塔北尚没有发现类似塔中2井（C）、塔中11井（S）那样成熟度相对偏低的原油；另一方面，塔北迄今发现的寒武系—下奥陶统原油的量尚不及塔中地区，该层系原油成熟度相对较高，塔中不少深部原油中生物标志物几乎全部热裂解，而塔北除轮南油田南部的部分原油，如解放渠东外，生物标志物仍较丰富，如塔北埋藏较深的新垦—热瓦普原油中甾、萜生物标志物仍可检测。塔北东西部分构造带原油分属两个不同的演化序列，即轮古东、轮古西—英买力分别为两个不同的演化序列（参见第四章第二节）。

塔中、塔北原油成熟度空间变化规律及其对比将在第四章讨论。

第二节　叠合盆地天然气地球化学特征

一、天然气组成与分布特征

塔中、塔北天然气组成与分布具有显著差异，可能取决于来源、成熟度、成藏过程等多种因素。塔中天然气主要为干气，干燥系数一般大于 0.95 ［图 1.2.1(a)］，以轻质烃即甲烷、乙烷、丙烷为主，重质烃含量相对较低 ［图 1.2.1(b) ～图 1.2.1(d)］，如正丁烷的含量一般小于 1‰ ［图 1.2.1(d)］。塔北地区天然气的组成因构造单元而异，内部分

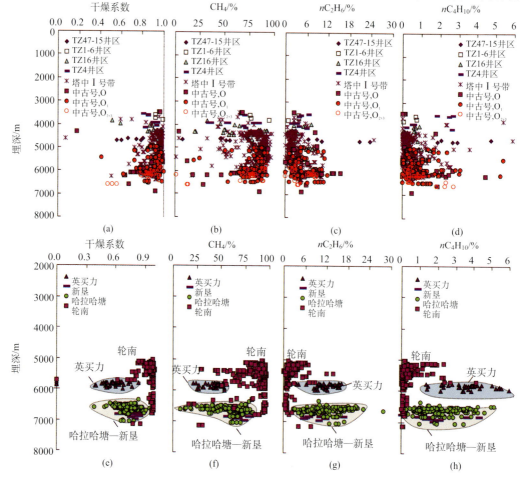

图 1.2.1　塔中、塔北天然气组成分布特征

异明显［图 1.2.1(f) ～图 1.2.1(h)］。塔北东部轮南地区天然气以干气为主，而西部英买力、哈拉哈塘—新垦地区天然气则以湿气为主［图 1.2.1(e)］，反映天然气成因的显著差异。轮南地区天然气中甲烷的含量一般高于 80%，哈拉哈塘—新垦地区甲烷含量分布范围较广，一般为 20%～80%，英买力地区则为 20%～60%。与之相反，轮南地区乙烷、丙烷等含量相对较低，而英买力—哈拉哈塘（新垦等）地区乙烷、丙烷等组分的含量相对较高［图 1.2.1(f) ～图 1.2.1(h)］。

塔中天然气中的非烃气体包含 N_2（一般小于 30%）、CO_2（一般小于 10%）、H_2S［图 1.2.2(a) ～图 1.2.2(c)］，除少数样品，多数井非烃气体含量相差不大。塔中 H_2S 气体含量相差较大，一般小于 3‰，少数下奥陶统天然气中 H_2S 气体含量相对较高，特别是 ZG6、ZG9 井天然气中 H_2S 含量高达 40%［图 1.2.2(c)］。当 H_2S 气体含量高于 3‰时一般被认为是非热成因，塔中少部分深部天然气中高 H_2S 特征指示深部地层硫酸盐热化学还原作用增强。与烃类气体相似，塔北地区天然气中非烃气体的含量也有显著的差异，英买力地区相对富集 N_2、哈拉哈塘（新垦等）地区相对富集 CO_2［图 1.2.2(d) ～图 1.2.2(e)］。在哈拉哈塘地区部分气井 H_2S 含量相对较高［图 1.2.2(f)］。

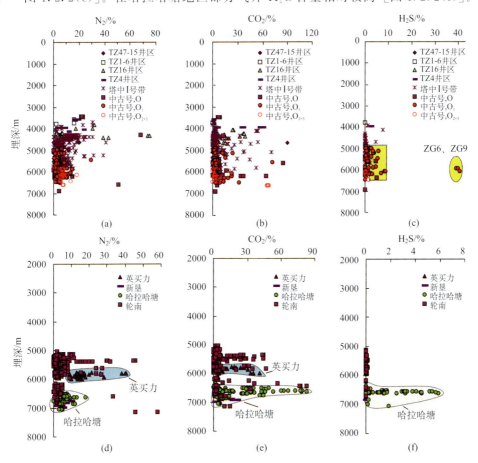

图 1.2.2　塔中、塔北天然气中非烃气体的组成分布特征

二、天然气碳同位素特征

塔中、塔北天然气组成与分布具有显著差异。塔中地区天然气 $\delta^{13}C_1$、$\delta^{13}C_2$、$\delta^{13}C_3$、$\delta^{13}C_4$ 值均依次增加，可进一步分为两类：塔中Ⅰ号带及其内带天然气 $\delta^{13}C_1$ 值高于 $-45‰$（Ⅰ类）[图1.2.3(a)、图1.2.3(c)]；塔中地区深部下奥陶统天然气及 TZ45 或 TZ86 井区天然气 $\delta^{13}C_1$ 值显著偏轻（Ⅱ类）[图1.2.3(b)]。与之类似，塔北地区天然气也可分为两类：轮南型（第Ⅰ类）、英买力-哈拉哈塘型（Ⅱ类）[图1.2.3(d)]。塔中、塔北天然气的这种分布形式可能取决于多种因素，包括来源、成熟度与成藏过程等。

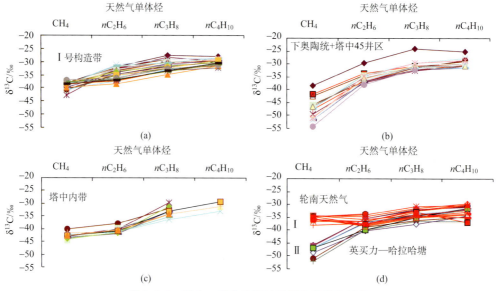

图1.2.3　塔中、塔北天然气碳同位素分布特征

进一步对比显示，塔北轮南地区天然气中甲烷碳同位素明显重于西侧的英买力—哈拉哈塘地区[图1.2.4(a)]，这可能与气源及天然气成熟度有关。然而，塔中深部甲烷碳同位素轻于相对浅层，如 TZ47-15 井区（O_3—C）及塔中Ⅰ号构造带令人费解[图1.2.4(b)]，似乎指示气源的差异，而成熟度的影响可能不重要。已知成熟度可使碳同位素值增加，塔里木盆地台盆区寒武系—下奥陶统来源油气同位素总体相较于中上奥陶统来源油气偏重，而油气成藏的累积效应可能会使油气同位素值与母源岩的差异缩小。进一步对比表明，塔中地区气态烃中 $\delta^{13}C_1$ 值的变化规律与液态烃中 $\delta^{13}C_{20}$ 值的变化不完全一致，可能指示不同相态烃类的来源差异。

如果高温高压下天然气碳同位素不发生发转（有待证实），轮南地区天然气重于塔中Ⅰ号构造带等塔中原油，可能暗示轮南地区天然气中寒武系—下奥陶统烃源岩和（或）相关原油的贡献高于塔中。类似的，塔中深部下奥陶统天然气的碳同位素相对轻于中浅层，可能也与烃源灶位置有关。轮南地区油气主要接受满东烃源灶提供的油气，而塔中地区由于东西向Ⅰ号断裂可以沟通满东、满西地区的烃源岩，后者主要提供中上奥陶统相关油气。

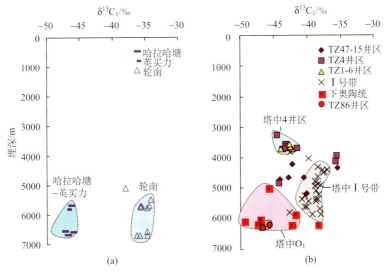

图 1.2.4　塔中部分下奥陶统原油中含硫化合物相对含量

第三节　叠合盆地油气分布特征

一、叠合盆地油气分布层位多

叠合盆地显著特征之一是储盖组合多、含油层系多。塔中地区发现的含油气层系包括（图 1.3.1）：寒武系（中深 1 井、塔中 1 井）、下奥陶统风化壳岩溶（主要分布在 I 号带内侧）、上奥陶统良里塔格组礁滩复合体（主要分布在 I 号断裂带）、志留系和石炭系（主要分布在北斜坡、塔中 4 油田）；塔北轮南地区含油层系包括：奥陶系、志留系、石炭系、三叠系、侏罗系；塔河油田含油层系也相对较多，包括奥陶系、志留系、石炭系、三叠系；哈得逊油田含油层系较少，主要为石炭系；哈拉哈塘含油层系为奥陶系和石炭系；英买 2 潜山含油层系主要为奥陶系（北侧因含陆相油层系多）。含油层系总体具有塔中相对较老而塔北较新、塔北东部含油层系数量多于西部的特征，并且在塔北西部发育古近系—新近系陆相油。

库车拗陷中、新生界由砂泥岩频繁间互层组成，厚 2.8～10.5km。多期构造活动造成了多套储盖组合，主要包括：①克拉玛依组（$T_{2\sim3}k$）下部砂砾岩为储集层、上部泥质岩与黄山街组（T_3h）泥岩为盖层的储盖组合；②下侏罗统阿合组（J_1a）和阳霞组下部（J_1y^1）砂岩为储集层、阳霞组上部（J_1y^2）煤系为盖层的储盖组合；③中侏罗统克孜勒努尔组（J_2k）砂泥岩交互层组成储盖组合；④白垩系—古近系砂岩为储集层、新近系膏泥岩为盖层的储盖组合。库车拗陷上述多套储盖组合的发育是形成油气藏的重要条件之一。库车拗陷主要发育三叠系—侏罗系陆相烃源岩，形成了以三叠系—侏罗系为烃源岩的含油气系统。塔北隆起北缘的英买 7、羊塔克、牙哈、提尔根构造带油气均来自库车拗陷三叠系、侏罗系烃源岩。库车拗陷已发现的油气田还包括依奇克里克（含

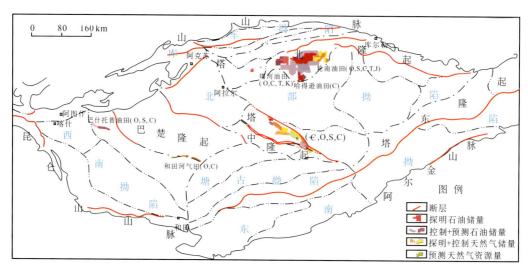

图 1.3.1 塔里木盆地台盆区主要油气田及含油气层平面分布图

依南 2)、克拉 2 号、大宛齐等（图 1.3.2）。库车拗陷油气主要赋存在奥陶系、侏罗系、白垩系、古近系—新近系储集层中。

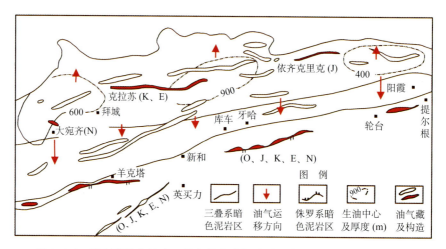

图 1.3.2 库车前陆盆地中、新生界含油气层系示意图（据王振华，2001）

二、叠合盆地油气分布深度范围广

与叠合盆地含油气层系多相对应，叠合盆地油气分布的深度范围也较广。塔中海相油气的深度分布范围可为 3221～6584m（本次分析原油），跨度为 3363m［图 1.3.3(b)］，总而言之，塔中地区奥陶系油气深度分布范围最广，跨度约 2773m。志留系和石炭系深度跨度相对较小，深度分布范围分别为 4065.15～4978.5m（跨度为 913m）和 3221～4320m（跨度为 1099m）［图 1.3.3(b)］。塔北海相油气深度分布范围为 4430～6977.2m、跨度约为 2547m，相对小于塔中（3363m），但油藏总体深度大于塔中 [图 1.3.3(a)]。其中，哈拉哈塘新垦-热瓦堡油气藏埋藏最深。在外围地区，发现和田河油田部分油气埋藏相对较浅，如玛 401 井，油藏顶界面埋深约为 2008m [图 1.3.3(a)]。

英买力-玉东地区陆相油气埋藏相对较深，分析原油深度分布范围为 4451.26～5632m，跨度约为 1180m；库车拗陷克拉 2 气层埋深为 3000～4000m，深度跨度近1000m；依南 2、依南 5 油藏埋深为 4500～5000m。较台盆区海相油气而言，库车拗陷陆相油含油层系跨度也相对较大。

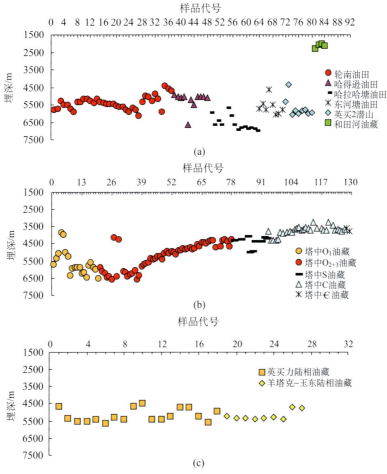

图 1.3.3　塔里木盆地油气藏分布特征
(a) 塔北＋和田河海相油藏；(b) 塔中海相油藏；(c) 英买力-玉东地区陆相油藏

三、叠合盆地油气分布储层类型复杂

叠合盆地碳酸盐岩主要发育礁滩型、风化壳型、白云岩型、层间古岩溶型等储层（沈安江等，2006，2009；杜金虎等，2011）。以塔里木盆地为例，碳酸盐岩储层类型主要包括以下四种。

（一）礁滩型储层

受沉积相带控制，主要发育台缘礁滩体、台内滩两种高能储集相带，礁滩型储层往往叠加有多种溶蚀改造作用，产生大型缝洞体，形成缝洞-礁滩型储层，根据礁滩体储层类型进一步分为台缘礁滩型、台内滩型、缝洞-礁滩型三种类型。礁滩复合体储层实际上是一套与沉积间断面相对应的泥亮晶棘屑灰岩储层，原岩为泥晶棘屑灰岩，形成于低能环境（沈安江等，2006）。储层成因机理为早期大气淡水淋溶及埋藏溶蚀，与四级海平面下降和台地中短期暴露相对应。

（二）风化壳类储层

主要受岩溶缝洞体发育的控制，根据缝洞体的连通性可以划分为洞穴型、缝洞型两种类型，它们具有不同的渗流特征。风化壳储层主要与角度不整合有关。

（三）白云岩储层

白云岩成因类型多样，非均质性较强，储层孔隙度与台地相石灰岩相当，具有强烈的非均质性，储集空间以次生孔洞与裂缝为主，缺少大型洞穴。可进一步细分为：①萨布哈白云岩储层，发育于潮间—潮上坪蒸发环境，以泥晶白云岩为特征，发育膏溶孔及白云岩砾间孔；②渗透回流白云岩储层，发育于潟湖蒸发环境，以礁滩体组构选择性白云石化为特征，发育铸模孔、膏溶孔、残留粒间孔；③埋藏白云岩储层，以白云石交代灰质或白云石重结晶形成的结晶白云岩为特征，发育晶间孔及晶间溶孔；④热液白云岩储层，以受热液改造的结晶白云岩为特征，受断层、不整合面等热液通道控制；⑤构造裂缝型白云岩储层，储集空间包括裂缝外及常沿裂缝发育的溶孔。不同类型白云岩储层的主控因素和分布规律各不相同（沈安江等，2009）。

（四）层间古岩溶储层

层间古岩溶型储层是塔中地区较为重要的储层类型，共发育三套层间古岩溶，与平行不整合面及古潜水面相关。良里塔格组顶部的层间古岩溶最为重要。古岩溶有效储集空间主要是溶蚀孔、洞和裂缝。

叠合盆地碎屑岩储层类型较碳酸盐岩简单，但储层差异也较大。库车拗陷大北地区白垩系巴什基奇克组（K_1bs）储层为低孔低渗—低孔特低渗高产储层，此类储层对于天然气保存有重要价值。塔中北斜坡志留系上亚段基本属特低孔特低渗储层；下亚段均不同程度地发育中低孔、低—中低渗储层，局部可发育中孔中渗甚至中高孔高渗储层（王少依等，2004）。压实作用和成岩胶结作用是影响和控制该区储层性质的最重要因素。

四、叠合盆地油气分布油气藏类型多

（一）碳酸盐岩油气藏

依据圈闭类型，塔里木盆地台盆区海相碳酸盐岩油气藏可划分为构造型、地层-岩性型、复合型三大类（表1.3.1）。

表 1.3.1　塔里木盆地海相油气藏主要类型

类型			特征	实例
海相碳酸盐岩油气藏	构造类	背斜型	背斜圈闭、储层发育、块状底水、局部背斜控油	塔中 1 凝析气藏
		断背斜型	断背斜圈闭，储层发育，块状底水，局部断背斜控油	英买 32 油藏、东河 12 油气藏
		断块型	断块圈闭、断层遮挡、储层发育、块状底水、局部断块控油	轮南桑塔木等
		断裂带裂缝型	受断裂控制、构造缝为主。塔中奥陶系以高角度的微-小裂缝为主，北东向的开启缝最发育	塔中 I 号断裂带等
	地层岩性类	风化壳亚类 洞穴型	孤立的洞穴储层，储层发育，底水活跃、定容特征明显、洞穴控油	轮古 7、中古 8 凝析气藏
		风化壳亚类 缝洞型	多套连通的缝洞体储层、横向变化大、流体分布不均一、油气产出不稳定	轮古 101、轮古 15 等
		礁滩亚类 台缘礁滩型	台缘礁滩体储层控油，孔隙发育，流体分布不均，边/底水不活跃，低产稳产	塔中 62 凝析气藏等
		礁滩亚类 台内滩型	台内滩体孔隙型储层为主，低孔低渗，流体分布不均，低产	塔中 12 油藏等
		礁滩亚类 缝洞-礁滩型	礁滩体储层叠加溶蚀洞穴，储层发育，横向变化大，流体分布不均，油气高产	塔中 82 凝析气藏等
		白云岩亚类 缝洞型	孔洞型与裂缝型储层为主，非均质性强，统一的油气水界面，油气产出较稳定	塔中 162 气藏等
		白云岩亚类 孔隙型	孔隙型储层为主，低孔低渗，流体分布不均，受岩性展布控制	英东 2 气藏等
	复合类	构造-缝洞型	油气分布在局部构造内，缝洞体储层控制了油气的富集，流体分布不均	英买 2 油藏等
		岩性-构造型	构造作用和岩性变化共同控制；储层之间连通性好，油气在构造圈闭内富集，边/底水活跃	塔中 I 号带礁滩体与背斜组合的油气藏等
海相碎屑岩油气藏	构造类	背斜型	披覆背斜：构造平缓，顶薄翼厚，受深部潜山地貌的控制；挤压背斜：受深部构造形态的控制，多成短轴穹隆状，一般构造幅度小，含油高度不大；断裂背斜：背斜圈闭的形成与断裂活动、断裂的牵引力作用有关，背斜长轴与断块方向一致	吉拉克与解放渠东等三叠系、塔中志留系油气藏、塔中 4 油田（C）、桑塔木断垒带（C）等
		断鼻型	被断层切割而保留下的半个背斜圈闭，圈闭的有效性依赖于断层的封堵性，圈闭高点紧靠断层	轮南 22、轮南 44（T）油藏等
		断块	由两条以上断层切割的地块受断层封堵而形成的油气藏	塔中 421（C，S）、桑 8（T_III）等
	非构造类	地层-岩性	塔中志留系油气藏单层砂体薄，连通性差，主要由潮坪相沉积所决定的	塔中 169、塔中 62（S）油气藏等
		地层	不整合面以下的地层削蚀尖灭或不整合之上的地层超覆尖灭形成的油气藏	塔中 4（C_I）、塔河 S109、S116 等井（S）油气藏
		岩性	同一地层内由于岩性变化，储集性能较好的地层被封盖性能较好的地层所包围，如砂体上倾尖灭油气藏	塔中 4（C_II）、塔河 S117（S）油气藏等
		火山遮挡	与断层、火山岩岩墙密切相关	塔中 47 等油气藏
	复合类	构造-地层	构造作用和地层尖灭共同控制	S112-2（S）油气藏等
		构造-岩性	一般位于大型隆起的斜坡带，油气藏受构造、岩性、储盖组合等多种因素控制，油气藏规模一般不大	塔中 12、塔中 50、塔中 4（C_II）、吉拉克等油气藏等

081

1. 构造类油气藏

根据圈闭形态，主要分为背斜型、断背斜型、断块型、断裂裂缝型等类型。构造类油气藏通常受局部构造圈闭控制，油气藏规模较小，储层较发育且横向连通性好、油气分布比较均一且油、气、水界面明显。塔里木盆地目前发现的构造类油气藏主要分布在风化壳局部构造高部位，如塔中1油气藏、断裂带及相关裂缝体系中。断裂裂缝优先发育于颗粒灰岩段，与其在挤压作用下脆性较大易于破裂有关。

2. 地层-岩性类

塔里木盆地碳酸盐岩储层以次生的溶蚀孔、洞、缝为主，油气藏主要受储层控制（周新源等，2006；杜金虎等，2010），形成受储层控制为主体的地层-岩性类油气藏，拥有碳酸盐岩90%以上的油气储量。礁滩体碳酸盐岩储层的形成与原生孔渗条件、表层岩溶、埋藏岩溶密切相关。储层发育的两个关键制约因素是：①表层和准同生岩溶形成的孔隙的保存程度；②深部埋藏岩溶和裂缝改善性叠加。地层-岩性类油气藏主要分布在风化壳与台缘礁滩体中，按储层类型可进一步分为礁滩型、风化壳型、白云岩型等亚类。塔中Ⅰ号坡折带没有明显的构造形态，总体上以地层-岩性圈闭为主。

1) 礁滩亚类油气藏

主要发育在台缘礁滩体、台内滩两种高能储集相带中，受礁滩体储层控制（翟光明和何文渊，2004；朱光有等，2009）。礁滩型储层往往叠加有多种溶蚀改造作用，产生大型缝洞体，形成缝洞-礁滩型储层，根据礁滩体储层类型可进一步分为台缘礁滩型（如塔中62油气藏）、台内滩型（如塔中12、塔中161等井区）、缝洞-礁滩型（如塔中82油气藏）三种类型［图1.3.4(a)］。塔中Ⅰ号带上奥陶统良里塔格组油气主要呈条带状沿镶边台缘礁滩体分布，轮古东地区一间房组油气主要呈团块状沿缓坡型台缘滩体分布。礁滩亚类储层段基质孔隙度可达2%～6%，明显优于风化壳类储层。在相对独立的礁滩体中，具有统一的温压系统，整体含油气，流体性质基本相同，形成一系列相互独立、彼此毗邻的油气藏群。

2) 风化壳亚类油气藏

油气藏分布在不整合面上下，主要受岩溶缝洞体储层控制，受沉积岩相结构、古地貌变化及断裂复合制约。储层一般经历多期多层复合岩溶作用。根据缝洞体的连通性，可划分为洞穴型、缝洞型两种类型油气藏，二者具有不同的储层分布、渗流特征与油气产出。轮古7［图1.3.4(c)］、中古8井等属于孤立的洞穴型油气藏，多数风化壳油气藏属于此类。轮古101［图1.3.4(b)］、轮古15井等则为连通的缝洞型油气藏（杜金虎等，2011）。

3) 白云岩亚类油气藏

该类油气藏以孔隙型与裂缝-孔洞型储层为主，缺少大型洞穴［图1.3.4(d)］，储层有较强非均质性。塔中地区寒武系白云岩孔隙度均值为1.83%、渗透率均值为25.86mD[①]。该类油气藏油、气、水分异明显，一般具有统一的温压系统。寒武系层状

---

① 1D $= 0.986923 \times 10^{-12} \text{m}^2$。

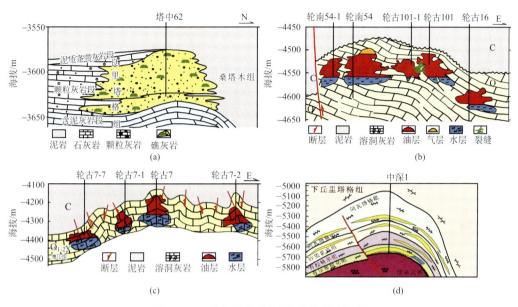

图 1.3.4　台盆区典型地层-岩性类油气藏

（a）塔中 62 台缘礁滩型油气藏剖面图；（b）轮古 101 井区缝洞型油藏剖面图；

（c）轮古 7 井区定容洞穴型油藏剖面图；（d）塔中地区中深 1 井寒武系白云岩化剖面图

083

局限蒸发性台地相的早期准同生白云岩在塔里木盆地广泛分布，预测油气藏分布面积较大。有利的原始沉积相带（台地边缘）、深埋藏热液白云岩化作用是深层白云岩储层形成的控制因素。

3. 复合类油气藏

油气一般受局部构造圈闭与储层的双重控制。塔里木盆地主要存在构造-缝洞型（如英买 2 油藏）（图 1.3.5）、岩性-构造型两种类型的复合油气藏。前者主要受缝洞体储层控制，储层非均质性强，在圈闭高部位的缝洞体内油气更富集，没有统一的油气水

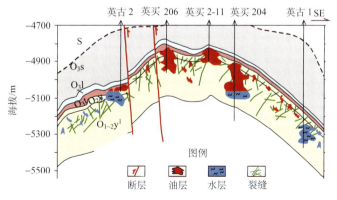

图 1.3.5　英买 2 奥陶系构造-缝洞型油藏剖面图

$O_{1-2}y$. 鹰山组；O_2y. 一间房组；O_3t. 吐木休克组；O_3l. 良里塔格组；O_3s. 桑塔木组

界面，圈闭内边、底水不活跃。后者主要受局部构造圈闭控制，油气主要分布在圈闭内的礁滩体或白云岩储层中，周边致密层不含油气，具有统一的油、气、水界面，边、底水较活跃（杜金虎等，2011）。

统计表明，迄今发现的碳酸盐岩油气资源主要分布在地层-岩性类的风化壳型油气藏中（约占 77%），其次为礁滩体油气藏（约占 18%），断裂带裂缝型油气藏（约占 5%）、白云岩化型油气藏（0.1%）等其他类型油气藏发现的油气资源量相对较低。

（二）碎屑类油气藏

塔里木盆地海相成因油气不仅分布在碳酸盐岩油气藏中，在塔中和塔北隆起碎屑岩油气藏中分布也较为普遍，如在塔中的石炭系、志留系及塔北的石炭系、志留系、侏罗系和白垩系均有分布。概括而言，海相碎屑岩油气藏主要包括构造类、非构造类（地层、岩性型）、复合类油气藏（表 1.3.1）。

1. 构造类

进一步可分为背斜型和断鼻型。其中，背斜型包括：①披覆背斜型油气藏，如发育在轮南、桑塔木两个断垒带的三叠系、侏罗系油气藏，其特点是构造平缓，顶薄翼厚，构造方向和形态受深部潜山地貌的控制；②挤压背斜型油气藏，这种油气藏不受深部构造形态的控制，多成短轴穹隆状，一般构造幅度小，含油高度不大，吉拉克、解放渠东等三叠系油气藏属此类；③断裂背斜型油气藏，圈闭的形成与断裂活动、断裂的牵引力作用有关，背斜长轴与断块方向一致。桑塔木断垒带的石炭系油气藏属于此类。塔中地区塔中 11 和塔中 47 志留系油气藏均是与断层有关的背斜型油气藏。轮南 22、轮南 44井区下三叠统油藏均为典型的断鼻型油气藏。

2. 地层-岩性类

主要分为地层-岩性（图 1.3.6）、火山遮挡等亚类（吕修祥等，2008）。其中岩性型油气藏规模一般不大，油气富集于砂体上倾尖灭型圈闭或砂岩透镜体圈闭中成藏，轮

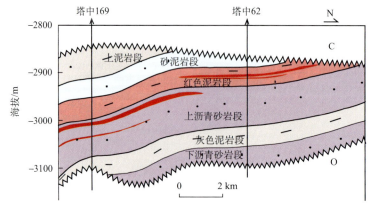
图 1.3.6 塔中 62、塔中 169 地层-岩性油气藏

南 9 井区石炭系凝析气藏属此种类型。从满加尔凹陷向塔中隆起底超的沉积背景和顶剥的后期改造结果决定了在塔中隆起北坡具备形成地层-岩性圈闭的条件。从塔中 169、塔中 62 井的钻探结果看，单层砂体薄、连通性差，主要是由潮坪相沉积所决定的。

3. 复合类油气藏

构造-岩性型一般位于大型隆起的斜坡带，油气藏受构造、岩性、储盖组合等多种因素控制，油气藏规模一般不大。在轮南、桑塔木和吉拉克地区有此类油气藏分布。

第二章 叠合盆地烃源岩地质地球化学特征

第一节 海相烃源岩地质地球化学特征

一、烃源岩的形成环境与分布

（一）烃源岩的形成环境

早寒武世，塔里木盆地台盆区主体是一个碳酸盐岩台地，其中阿瓦提—巴楚地区散布着潟滩、云坪和膏盐湖，塔东地区为盆地（冯增昭等，2007），台地与盆地之间是斜坡带；中晚寒武世基本继承早寒武世的格局，碳酸盐台地变化不大，但由于逐步海进，陆地面积缩小，盆地面积扩大（冯增昭等，2006）；中奥陶世开始，大部分地区发生沉降，北部拗陷西部台地内凹陷发生地貌分异（高志勇等，2010），阿瓦提形成欠补偿盆地；晚奥陶世发生海退使得塔里木台地东南部发育碎屑岩，到晚奥陶世末期，塔里木碳酸盐台地基本变成碎屑岩台地（冯增昭等，2007）。在寒武纪—奥陶纪塔里木盆地的岩相古地理演变中，相继形成了欠补偿盆地相、台地内凹陷-蒸发潟湖相、深水陆棚相和台缘斜坡相等四种有利于海相烃源岩发育的沉积相。

1. 欠补偿盆地相

塔东地区欠补偿深海盆地浮游藻类有机相是烃源岩发育的最有利相带，从中寒武世到中奥陶世连续发育（冯增昭等，2005），柯坪地区中下奥陶统也发育深水盆地相钙质页岩烃源岩（高志勇等，2007）。欠补偿深水盆地相表现为半深海水域上涌洋流富营养盐，海水透光性好，水体清澈温暖，养分充足而利于浮游生物发育；沉积速率缓慢，盆地沉降速率大于沉积物补给速率，低沉积速率有利于单位体积内沉积有机质含量的相对提高；水体较深且安静，盐度正常，底部水体分层缺氧并富集 H_2S 和 CH_4，常发育有利于有机质保存的相对还原环境。

2. 台地内凹陷-蒸发潟湖相

阿瓦提凹陷在寒武纪时期发育台地内凹陷—蒸发潟湖盐藻有机相烃源岩；塘古孜巴斯凹陷在寒武纪—中奥陶世期间可能也发育台地内凹陷相烃源岩，并向深水陆棚相过渡（高志勇等，2006）。台地内凹陷相烃源岩主要分布在凹陷中心及其缓坡边缘处（高志勇等，2006）。台地内部在沉积速率不及海平面的上升速率时，差异沉降形成浅水凹陷，地形起伏导致海水循环受阻，气候干热，海水周期性注入潟湖后，由于蒸发量大于降水量导致水体咸化，由于盐度差异造成水体分层，在底部发育还原环境（陈践发等，2006）。在高温、高盐海水对营养盐的富集作用下，适应高盐环境的菌藻类繁盛（李丕龙等，2010），生物遗体沉降至底部还原水体中得到良好保存。

3. 深水陆棚相

奥陶纪深水陆棚相发育在塔里木台地与盆地之间广阔的过渡带地区，满加尔凹陷西部—阿瓦提凹陷在中奥陶世可能发育这一类型的优质烃源岩。开阔台地深水缓坡—陆棚相烃源岩发育在上升涌流和海水缺氧的碳酸盐岩台地边缘（高志勇等，2006），在正常浪基面到风暴浪基面之间，接近风暴浪基面的地带，水体较深，仅受强风暴浪影响，水能量相对较弱。尽管生物生活环境是氧化的，有机物埋藏环境却处于氧化还原界面以下，是上部有机质高产区快速沉降后的有利保存环境。

4. 台缘斜坡相

塔北隆起和塔中低凸起上奥陶统良里塔格组为典型的台缘斜坡灰泥丘复合藻有机相。台缘斜坡相在碳酸盐台地边缘斜坡，水浅安静，温暖清澈，水体分层不明显，底层水体仍含氧；但在上升流作用下大量养分被输入，底栖藻类繁盛，并有浮游藻类共生，于缓坡带形成高生产力，在沉积速率较高的台缘斜坡区往往出现富有机质堆积，但分布具有明显的不均匀性。

（二）烃源岩的分布

20世纪90年代前期，梁狄刚等（1993）将塔里木盆地烃源岩划分为暗色泥岩和暗色灰岩两类，可能的主力油气源为海相寒武系—奥陶系，对应满加尔凹陷西部和塘古孜巴斯凹陷两个有效油源。黄第藩和梁狄刚（1995）进一步将寒武系—奥陶系烃源岩系划分出寒武系、下奥陶统和中上奥陶统三个亚层系，认为主力油源层尤以成熟度较为适中的中上奥陶统更为现实。以"九五"期间塔里木盆地台盆区突破为转折点，在塔中北坡发现了中上奥陶统原生油气藏，在巴楚凸起玛扎塔格构造带发现了来源于中下寒武统的大型天然气藏，塔北轮南潜山奥陶系黑油的勘探不断扩大，等等（张水昌等，1998），据此，塔里木盆地主力烃源岩为海相寒武系—奥陶系的观点成为共识。

随着勘探程度的深入，梁狄刚等（2000）把寒武系—奥陶系进一步划分为中下寒武统、上寒武统—下奥陶统和中上奥陶统，高志勇等（2006；2007；2010；2011）从层序地层划分与地质地球化学综合研究角度，细分出下寒武统（ϵ_1）、中寒武统（ϵ_2）、中下奥陶统黑土凹组（$O_{1\sim2}$）、中上奥陶统一间房组（却尔却克组-萨尔干组）、上奥陶统（良里塔格组-印干组）等多套烃源岩（图2.1.1）。目前存在的主要分歧之一是寒武系—下奥陶统和中上奥陶统烃源岩对于海相原油的贡献量大小（张水昌等，2002；Sun et al.，2003；赵宗举等；2005；Cai et al.，2009b；李素梅等，2010b）；分歧之二是寒武系—下奥陶统烃源岩（及相关原油）的性质是否是一致的，这是基于最近在中深1井寒武系地层钻遇的原油性质有别于其他以往确认的寒武系—下奥陶统烃源岩及相关原油而引起的后者是否具有代表性的质疑。

087

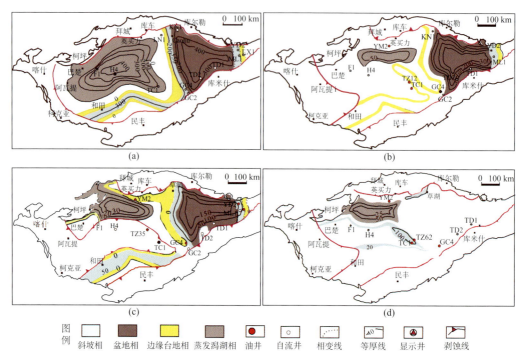

图 2.1.1　塔里木寒武系、奥陶系烃源岩沉积相分布概图［据高志勇（2009）未发表资料改编］
(a) 寒武系（€₁₊₂）；(b) 黑土凹组（O₁₋₂）；
(c) 一间房组（O₂）（却尔却克组-萨尔干组）；(d) 良里塔格组-印干组（O₃）

二、海相烃源岩有机质丰度与类型

（一）寒武系—下奥陶统

寒武系深海—半深海泥岩相主要发育在满加尔周边地带、塔东洼陷和柯坪地区［图 2.1.1(a)］。本次研究及以往调查显示烃源岩总有机碳含量（TOC）变化范围可为 1.2%～3.3%，最高值可达 7.6%（Cai et al.，2009a）。寒武系烃源岩厚度达 400m，总面积为 $30 \times 10^4 km^2$，钻遇寒武系的井包括和 4（H4）、库南 1（KN1）、塔东 1（TD1）和塔东 2（TD2）井［图 2.1.1(a)、表 2.1.1］。下寒武统（€₁）台地内凹陷—盆地相黑色泥灰岩、泥质灰岩夹灰质、硅质泥岩烃源岩主要分布于阿瓦提与塔东地区。柯坪地区肖尔布拉克剖面下寒武统玉尔吐斯组（€₁y）台地内凹陷相黑色碳质页岩烃源岩（TOC）达到 7%～14%，厚 32.7m（高志勇等，2007）；库南 1 井发育深水陆棚相泥质泥晶灰岩夹暗色灰质泥页岩烃源岩（金之钧等，2010），TOC 最高达到 5.5%；塔东 1 井欠补偿盆地深水相发育硅质泥岩、灰质泥岩、页岩夹薄层泥质泥晶灰岩烃源岩（金之钧等，2010），TOC 为 0.8%～5.52%（高志勇等，2007）。

表 2.1.1 烃源岩 TOC、岩石热解 (Rock-Eval) 参数表

分布位置	井号	埋深/m	层位	TOC /%	T_{max} /℃	S_1 /(mg /g)	S_2 /(mg /g)	S_1+S_2 /(mg /g)	PI	I_H /(mg /g)	D /%	I_{HC} /(mg /g)
巴楚凸起	和4	3149.80~3157.75	O_{2+3}	0.08	507	0.01	0.02	0.03	0.33	25	3.11	12.50
	和4	5078.80~5083.00	ϵ_{1+2}	0.08	490	0.01	0.01	0.02	0.50	13	2.08	12.50
塔东低凸起	塔东2	4527.50~4530.50	$O_{1\sim2}h$	1.48	—	0.05	0.02	0.07	0.71	1	0.39	3.38
	塔东1	4358.60~4361.62	$O_{1\sim2}h$	0.20		0.03	0.05	0.08	0.38	25	3.32	15.00
	塔东1	4496.00~4498.00	ϵ_3	0.23		0.04	0.03	0.07	0.57	13	2.53	17.39
	古城2	2700.00~2706.57	O_1	0.92		0.06	0.04	0.10	0.60	4	0.90	6.52
	古城2	2842.00~2849.60	O_1	0.42		0.06	0.04	0.10	0.60	10	1.98	14.29
英吉苏凹陷	英东2	4171.00~4174.00	$O_{1\sim2}h$	1.09	455	0.07	0.33	0.18	0.21	30	3.05	6.42
	英东2	4672.70~4679.50	ϵ	1.89	561	0.09	0.33	0.42	0.21	17	1.84	4.76
库尔勒鼻隆	库南1	4993.06~5000.46	$\epsilon_3 t$	0.80	600	0.13	0.07	0.20	0.65	9	2.08	16.25
英买力低凸	英买2	5599.77~5609.35	O_2	0.11	456	0.03	0.08	0.11	0.27	73	8.30	27.27
轮南低凸	轮南46	6072.89~6090.58	O_{2+3}	0.10	455	0.03	0.05	0.08	0.38	50	6.64	30.00
塔中1号带	塔中24	4134.44~4141.56	$O_3 s$	0.16	441	0.02	0.05	0.07	0.20	50	5.19	12.50
	塔中31	4822.00~4832.00	$O_3 s$	0.11	497	0.01	0.02	0.03	0.33	18	2.26	9.09
	塔中31	5202.00~5211.00	$O_3 s$	0.12	487	0.02	0.03	0.05	0.40	25	3.46	16.67
TZ47-15 井区	塔中10	4915.00~4932.30	$O_3 s$	0.08	450	0.02	0.05	0.07	0.20	50	5.19	12.50
	塔中35	5258.00	$O_3 s$	0.12	453	0.02	0.05	0.07	0.29	42	4.84	16.67
	塔中35	5663.00	$O_3 l$	0.07	430	0.02	0.05	0.25	0.25	43	4.74	14.29
	塔中11	4783.50~4788.80	$O_3 s$	0.14	437	0.02	0.07	0.25	0.22	50	5.34	14.29
	塔中11	4998.00~5007.10	$O_3 l$	0.12	429	0.02	0.06	0.25	0.25	50	5.53	16.67
	塔中12	5070.31	$O_3 l$	0.07	427	0.02	0.05	0.07	0.29	71	8.30	28.57
TZ4 井区	塔中408	4413.00~4418.27	$O_1 p$	0.12	435	0.02	0.05	0.14	0.14	100	16.67	16.67
	塔中75	4822.50~4831.90	ϵ_3	0.12	430	0.02	0.05	0.07	0.29	42	4.84	16.67
TZ16 井区	塔中162	5599.20~5607.00	$O_1 y$	0.12	423	0.04	0.05	0.05	0.44	50	7.47	40.00
TZ1-6 井区	塔中6	3871.50~3881.00	$O_3 l$	0.12	432	0.01	0.08	0.09	0.11	67	6.23	8.33
	塔参1	5771.90~5777.30	$O_1 p$	0.19	438	0.08	0.17	0.25	0.32	89	10.92	42.11
塔中低凸起	塔中58	4694.10~4700.20	$O_3 l$	0.33	443	0.14	0.53	0.67	0.21	161	16.85	42.42

注：TOC. 总有机碳含量；T_{max}. 最高热解峰温；S_1. 游离烃；S_2. 裂解烃；S_1+S_2. 生烃潜力；PI. 产率指数，$S_1/(S_1+S_2)$；I_H. 氢指数，S_2/TOC；D. 降解率，$(S_1+S_2)\times0.083/TOC$；I_{HC}. 烃指数，S_1/TOC。

上寒武统—下奥陶统（ϵ_3—O_1）优质烃源岩仅发育于满加尔凹陷东部的欠补偿盆地相和盆地边缘带中，可看作是局部地区对中下寒武统烃源岩沉积相的继承。库南1井上寒武统（4836~5037m 井段）TOC 为 0.17%~2.13%，平均为 1.15%，其中 TOC >0.5% 的烃源岩厚98m；塔东2井钻遇灰黑色硅质泥岩，TOC 为 0.5%~3.36%，非

089

均质性强,烃源岩厚近 100m(张水昌等,2004)。本次分析的塔东 2 井下奥陶统样品 TOC 为 1.48%(表 2.1.1)。塔东 1 井上寒武统(4471～4557m 井段)—下奥陶统(4413～4471m 井段)下部发育薄层状黑灰色泥晶灰岩和灰质泥岩,上部发育含笔石、放射虫页岩,TOC 为 0.86%～2.67%,平均为 1.93%,烃源岩厚达 144m(李丕龙等,2010);古城 2 井下奥陶统台缘斜坡-次深海碳酸盐岩沉积相深灰色泥质泥晶灰岩、深灰色泥岩和灰黑色含膏泥岩的 TOC 为 0.15%～2.76%,平均为 1.26%。

寒武系和下奥陶统烃源岩的干酪根类型主要是 I-II 型(Xiao et al.,2000;王飞宇等,2003)。中下寒武统($\epsilon_{1\sim2}$)烃源岩已达到过成熟度阶段。例如,库南 1(KN1)井原地烃源岩镜质体反射率 R_o 的测定值为 1.37%～1.88%,塔东 1(TD1)、塔参 1(TC1)井在 3770～7011m、7050m 深处的烃源岩的等效镜质体反射率 R_o 值分别为 0%～3.6%、2.2%(王飞宇等,2003;赵孟军等,2008)。寒武统(欠补偿盆地相)烃源岩在晚加里东—早海西期进入主要生油阶段(赵孟军等,2008)。

(二)中奥陶统

中—晚奥陶世期间,塔里木盆地格局从被动大陆边缘向活动大陆边缘转化、从碳酸盐台地与欠补偿盆地分异向碳酸盐台地与超补偿盆地分异转化(李丕龙等,2010),出现一系列发育高丰度烃源岩的沉积单元:满加尔东部欠补偿盆地相中奥陶统黑土凹组($O_{1\sim2}h$)和却尔却克组(O_2q),中西部深水陆棚-盆地相萨尔干组(O_2s)、一间房组(O_2yj)和印干组(O_3y),中部台缘斜坡相灰泥丘相良里塔格组(O_3l)。

(1)黑土凹组($O_{1\sim2}h$)。下奥陶统—中奥陶统下部黑土凹组($O_{1\sim2}h$)为欠补偿盆地相,由碳酸盐岩、黑灰色与灰黑色薄层状碳质、硅质泥岩,以及富笔石和放射虫页岩组成,在位于满加尔凹陷东侧塔东地区的 TD1、TD2 井钻遇[图 2.1.1(b)]。沉积环境和分布与寒武系欠补偿盆地相烃源岩相似,因此常被笼统归纳为寒武系—下奥陶统烃源岩。TD2 井黑土凹组为灰黑色泥岩、碳质泥岩,烃源岩厚 56m(李丕龙等,2010),TOC 分布范围为 0.35%～7.62%,平均值为 2.84%;TD1 井黑土凹组烃源岩厚 48m,岩性为黑色碳质页岩与灰黑色泥岩相间,TOC 为 0.5%～2.7%、等效镜质体反射率 R_o 值为 1.7%～2.2%(张水昌等,2004;Zhang et al.,2005);黑土凹组烃源岩的干酪根类型为 I-II 型(梁狄刚等,2000)。

(2)却尔却克组(O_2q)。却尔却克组深水陆棚-盆地相烃源岩是海侵背景下在海底扇发育间歇期,静水条件下沉积形成的暗色泥岩,推测烃源岩厚度约为 100m,在塔东区域稳定分布,向东、西分别超覆尖灭于罗西和古城-轮古东台地边缘,在南、北方向上,分别断失在车尔臣断裂、孔雀河断裂发育处(高志勇等,2011)。英东 2 井 3562～3692m 井段却尔却克组烃源岩 TOC 最高为 1.16%,平均可达 0.73%,烃源岩累计厚度约为 65m(高志勇等,2011)。分析表明,米兰 1 井、罗西 1 井、古城 4 井却尔却克组优质烃源岩发育(图 2.1.2)。统计分析表明,古城 4、塔东 2、米兰 1、罗西 1 井却尔却克组 TOC>0.5%的暗色泥岩厚度分别为 618.5m、1075m、887m、185m(表 2.1.2)。

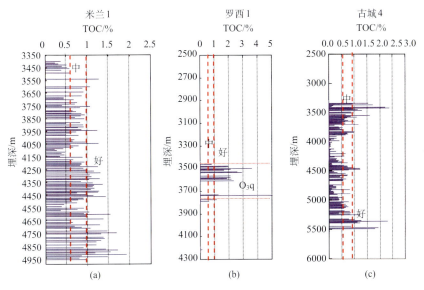

图 2.1.2 塔东中奥陶统（却尔却克组）烃源岩热解特征

表 2.1.2 塔东中奥陶统却尔却克组烃源岩基本数据

井号	地层总厚 /m	暗色泥岩总厚 /m	占地层总厚 /%	TOC>0.5%的烃源岩 厚度/m	占地层总厚 /%
古城 4	2288.5	1753	76.60	618.5	27
塔东 2	1678.5	1245	74	1075	74
米兰 1	1587	1069	67	887	56
罗西 1	262.5	185	70	185	70

（3）萨尔干组（$O_{2\sim3}s$）。萨尔干组主要发育在阿瓦提凹陷中，中奥陶世早期为台地内凹陷相，晚期自东向西为深水陆棚相-盆地相过渡，岩石类型以黑色、棕灰色页岩夹饼状泥质泥晶灰岩为主，局部层段含硅质条带。在柯坪大湾沟剖面，萨尔干组黑色钙质页岩烃源岩厚度为 13.2m，富含浮游藻类，其中，下部 6m 为中奥陶统，上部 7.2m 为上奥陶统（梁狄刚等，2000），TOC 为 1.24%～5.50%，平均为 2.88%，预计在阿瓦提凹陷有良好展布。

（4）一间房组（O_2yj）。一间房组为塔里木盆地中部与萨尔干组等时沉积的地层。中奥陶世塔中和塔北发育塔中-巴楚台地和塔北台地，两大台地向满加尔凹陷的过渡带为广阔的深水陆棚沉积，钻遇中上奥陶统一间房组烃源岩的井是罗西 1 井（LX1）和古城 4 井（GC4）[图 2.1.1(c)]。边缘塔中 29 井 TOC 为 0.5%～1.3%，TOC>0.5%的烃源岩厚度为 10m（张水昌等，2004），推测在满加尔凹陷西部可能发育优质烃源岩。

中奥陶统烃源岩的主要生烃期是晚海西期，二叠纪达到过成熟阶段（赵孟军等，2008）。

（三）上奥陶统

（1）良里塔格组（O_3l）。良里塔格组（O_3l）台缘斜坡灰泥丘相暗色泥灰岩、泥质条带灰岩及灰质泥岩烃源岩主要分布在塔中低凸起北斜坡和塔北隆起轮南以东、巴楚地区。在塔中地区，良里塔格组烃源岩主要形成于边缘台地相和斜坡相，TOC 分布范围为 0.49%～0.84%。塔中 12 井 TOC 为 0.26%～2.17%，平均为 0.75%，烃源岩厚度为 130m；塔中 43 井 TOC 为 0.21%～1.87%，烃源岩厚度达到 300m。塔北隆起轮南 46 井烃源岩厚 22m，TOC 为 0.20%～0.96%（张水昌等，2004）。这套烃源岩干酪根类型主要为 I、II-III 型（Cai et al.，2009a）。塔中地区上奥陶统烃源岩的等效镜质体反射率分布范围为 0.81%～1.3%，生油高峰期是燕山—喜马拉雅期。

（2）印干组（O_3y）。印干组烃源岩分布在阿瓦提凹陷，面积相对比萨尔干组烃源岩大。柯坪大湾沟剖面印干组发育欠补偿盆地相黑色泥岩夹页岩，烃源岩厚 34m，TOC 为 0.36%～1.16%，平均值为 0.65%（高志勇等，2010）。

三、海相烃源岩有机质成熟度

王飞宇等（1996，2010）认为塔里木盆地寒武系—奥陶系碳酸盐岩和泥页岩中普遍存在来源于宏观藻类的镜状体，光性类似于镜质组，其反射率可作为下古生界高过成熟海相烃源岩的可靠成熟度指标，并总结出镜状体反射率（VLR_o）与等效镜质体反射率（VRE）的关系式

$$VRE = 0.533VLR_o + 0.667 \tag{2.1}$$

$$相关系数 = 0.9607$$

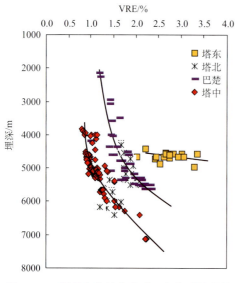

图 2.1.3 塔里木盆地寒武系—奥陶系等效镜质体反射率（VRE）随深度变化图

这里统计了 23 口井 158 个样品的等效镜质体反射率（VRE），显示盆地各主要地区 VRE 的演变趋势基本为一阶连续型，但各个地区的成熟度特征存在差异（图 2.1.3）。塔东地区 VRE 基本大于 2.0%，已达到过成熟阶段，未见处于生油窗的样品，推测满加尔凹陷的沉降中心 VRE 可能达到 3.0%～4.0%；中西部地区 VRE 要低于东部地区，塔中、塔北和巴楚地区的 VRE 基本在 0.8%～2.0%，个别超过 2.0%，塔里木盆地平面上呈现"东高西低"的 VRE 分布特征，反映了早古生代"东低西高"的古构造面貌。纵向上寒武系和奥陶系的成熟度也有区别，中西部奥陶系样品大部分处于生油窗阶段或生油窗后期，东部已经达到过成熟阶段，但即便在塔中和塔北地区，深部寒武

系样品 VRE 也基本超过 1.3%，达到高过成熟阶段。

塔里木盆地台盆区主要烃源岩的特征与分布见表 2.1.3。概括而言，塔里木盆地下古生界寒武系—奥陶系海相烃源岩有利沉积环境有欠补偿盆地相、台地内凹陷-蒸发潟湖相、深水陆棚相和台缘斜坡相。塔东地区主要发育欠补偿盆地相中下寒武统烃源岩，上寒武统—下奥陶统—中下奥陶统黑土凹组基本继承中下寒武统的沉积格局，传统上的"寒武系—下奥陶统烃源岩"也包含黑土凹组，这套烃源岩具有有机质丰度高、累计厚度大等特点，但成熟度普遍达到过成熟，中奥陶世满加尔凹陷向深水陆棚-盆地相过渡，东部发育却尔却克组烃源岩，满西向巴楚-塔中台地和塔北台地一带延伸的深水陆棚相沉积中可能发育着优质烃源岩；西部巴楚-阿瓦提地区在早中寒武世发育台地内凹陷-蒸发潟湖相烃源岩，范围延伸到塔中地区，中奥陶世阿瓦提从台地内凹陷向盆地相过渡，发育萨尔干组和印干组烃源岩。上奥陶统良里塔格组发育台缘斜坡相烃源岩，主要分布在塔中和塔北。

表 2.1.3 塔里木盆地寒武系—奥陶系烃源岩特征与分布统计表

系	组	沉积相	岩性	TOC /%	厚度 /m	VRE /%	干酪根类型	分布
上奥陶统	良里塔格组 $O_3 l$	台缘斜坡 灰泥丘相	泥灰岩和泥质灰岩	0.2~2.2	22~300	0.8~1.3	主要为 Ⅰ 型，少数为 Ⅱ 型	巴楚 塔北 塔中
	印干组 $O_3 y$	欠补偿盆地相	黑色泥岩夹页岩	0.4~1.2	34	1.1~1.3		阿瓦提
中奥陶统	一间房组 $O_2 yj$	深水陆棚相	暗色泥岩	0.5~1.3	10	1.7		塔中 满西
	萨尔干组 $O_{2~3} s$	台地内凹陷-盆地相	黑色、棕灰色泥岩和页岩	1.2~5.5	10~30	1.5~1.6		阿瓦提
	却尔却克组 $O_2 q$	深水陆棚-盆地相	暗色泥岩	0.7~1.2	65~100	1.2~3.0		满加尔
寒武系 ｜ 下奥陶统	黑土凹组 $O_{1~2} h$	半深海欠补偿盆地相	碳质和硅质泥岩，富笔石和放射虫页岩	0.4~7.6	48~56	1.8~3.5	Ⅰ、Ⅱ型	满加尔
	中寒武统 ϵ_2	欠补偿盆地相	硅质泥岩与泥灰岩	0.4~5.5	57~370			满加尔
		蒸发潟湖相	硬石膏白云岩和泥质白云岩	0.5~2.9	10~195			巴楚 塔中
	下寒武统 ϵ_1	陆棚-深海相	灰质泥页岩	0.8~5.5	50~150			满加尔
		台地内凹陷相	碳质页岩	7~14	32			柯坪

四、海相烃源岩可溶有机质特征

（一）链烷烃分布特征

塔里木盆地海相烃源岩可溶有机质性质差异较大。烃源岩的族组分具有明显的分层性和分区性。寒武系—下奥陶统烃源岩普遍具有较高的饱和烃含量，均值为 49.4%，其中库南 1 井寒武系烃源岩饱和烃含量高达 68.9%，英东 2 井下奥陶统烃源岩为 60.5%；中上奥陶统烃源岩饱和烃含量均值为 30.5%。中下寒武统烃源岩饱和烃含量均值为 47.5%，但中上奥陶统均值只有 30.0%。观察到塔东和巴楚地区深水相烃源岩的"饱和烃＋芳烃"含量高，如塔东地区黑土凹组"饱和烃＋芳烃"含量要高于同区中上奥陶统的其他层系，而塔中地区台缘斜坡相烃源岩"非烃＋沥青质"含量较大，这与优质烃源岩成烃转化率较高不无关系。烃源岩族组分的差异总体反映母质类型及其成熟度的高低。

寒武系—奥陶系烃源岩饱和烃总离子流图差异显著，共有三种分布形式，分别是前峰型、后峰型和双峰型。塔中和巴楚地区不少寒武系—奥陶系烃源岩正构烷烃分布主要为前峰型，如塔中 12、塔中 6（图 2.1.4）；塔东地区主峰碳数分布范围较大，可为 $nC_{16} \sim nC_{27}$（表 2.1.4），主要分布在 $nC_{16} \sim nC_{18}$ 之间和 $nC_{22} \sim nC_{29}$ 之间，部分显示双峰型分布特征，如塔东 1（4496~4498m）、塔东 2（4527.5~4530.5m），部分显示单峰型分布特征，如塔东 1（4358.6~4361.62m）。值得提出的是，塔东地区烃源岩后峰型特征比较明显，即高分子量链烷烃相对富集。李景贵（2002）提出藻类在高温热解阶段产生蜡质烃，致使正构烷烃呈双峰型分布，并且在高碳数部位呈现奇碳优势，本次分析的高熟阶段海相烃源岩样品正构烷烃的双峰或后主峰分布（高分子量链烷烃相对富集）特征，应与某些特定的藻类富含蜡质烃有关。不同碳数脂肪链结构可能代表不同藻类输入，$nC_{25} \sim nC_{27}$ 的后峰优势很可能与底栖藻类有关，而 $nC_{15} \sim nC_{18}$ 的前峰优势则与黏球形藻有关。观察到寒武系烃源岩一般具有较低的 Pr/Ph 值，如塔东 1 井为 0.63

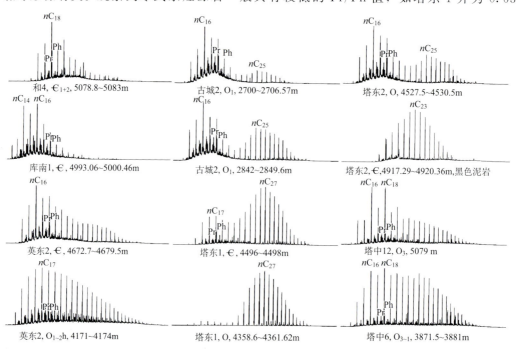

图 2.1.4　塔里木盆地部分海相烃源岩饱和烃总离子流图

（表 2.1.4），塔东 2 井有类似的特征，反映母源岩形成于偏还原性的原始沉积环境。链烷烃分布图及气相色谱参数的显著差异反映本次分析的烃源岩样品非均质性较强，特别是塔中隆起和某些斜坡的样品，某些样品不一定代表具有成烃贡献的烃源岩。

表 2.1.4 塔里木盆地部分海相烃源岩气相色谱参数

井号	井段/m	层位	岩性	CPI	OEP	$\sum nC_{21}^- / \sum nC_{22}^+$	$n(C_{21}+C_{22})/n(C_{28}+C_{29})$	Pr/nC_{17}	Ph/nC_{18}	Pr/Ph	主峰碳
英买 2	5599.77～5609.4	O_2	灰色泥岩	1.63	0.45	3.62	2.35	0.65	0.51	0.89	C_{16}
轮南 46	6072.9～6090.58	O	灰色泥岩	1.59	0.24	20.8	9.45	0.59	0.33	0.85	C_{16}
和 4	3149.8～3157.75	O_{2+3}	灰色泥岩	0.67	1.62	4.98	2.50	0.51	3.97	0.27	C_{17}
塔东 1	4358.6～4361.6	O	深灰色泥岩	1.07	1.04	0.02	0.04	0.47	0.62	0.87	C_{27}
塔东 1	4527.5～4530.5	O	黑色泥岩	1.16	0.70	1.39	0.58	0.63	0.61	1.23	C_{16}
塔中 58	4694.1～4700.2	O_3l	灰色泥岩	1.03	0.96	1.8	2.35	0.22	0.26	0.85	C_{16}
塔中 24	4134.4～4141.6	O_3s	灰色泥岩	1.40	0.24	4.37	2.92	0.70	0.28	0.85	C_{16}
塔中 6	3871.5～3881	O_{31}	深灰色泥岩	0.99	0.85	0.86	1.43	0.19	0.21	0.74	C_{18}
塔中 31	4822～4832	O_3s	深-灰褐色泥岩	1.44	0.74	12.96	4.90	0.79	1.11	0.66	C_{16}
塔中 31	5202～5211	O_3	深灰-灰色泥岩	1.64	0.34	23.63	5.45	0.56	0.28	0.99	C_{16}
塔中 11	4998～5007.1	O_3	灰色灰岩	1.05	0.97	0.93	1.52	0.40	0.19	0.99	C_{16}
塔中 11	4783.5～4788.8	O_3s	泥岩	1.22	0.61	5.86	3.13	0.54	0.50	0.94	C_{16}
塔中 35	5258.0	O_3s	深灰色泥岩	1.51	0.42	1.91	1.76	0.66	0.37	0.67	C_{18}
塔中 35	5663.0	O_3	深灰色泥岩	1.20	0.81	3.02	2.67	0.55	0.48	0.97	C_{18}
塔中 10	4915～4932.3	O_3s	灰色泥岩	1.42	0.49	5.94	2.66	0.58	0.43	1.21	C_{16}
英东 2	4171～4174	$O_{1～2}h$	黑色泥岩	1.02	0.97	1.58	2.55	0.18	0.20	0.97	C_{17}
古城 2	2700～2706.57	O_1	黑色泥岩	1.22	0.69	4.27	0.81	0.78	0.78	1.34	C_{16}
古城 2	2842～2849.6	O_1	黑色泥岩	1.14	0.76	1.07	0.23	0.70	0.54	1.50	C_{16}
塔中 162	5599.2～5607	O_1	泥岩	1.04	1.03	1.20	1.94	0.19	0.21	0.98	C_{17}
塔中 408	4413～4418.27	O_1	深灰色泥岩	1.03	1.03	0.78	1.07	0.21	0.33	0.74	C_{17}
和 4	5078.8～5083	ϵ_{1+2}	灰黑色泥岩	1.70	0.59	3.37	3.08	0.73	0.61	0.63	C_{18}
库南 1	4993.1～5000.46	ϵ	黑色泥岩	2.18	0.63	25.43	5.31	0.77	0.92	1.08	C_{14}
英东 2	4672.7～4679.5	ϵ	黑色泥岩	1.15	0.77	2.41	1.90	0.47	0.42	1.19	C_{16}
塔东 1	4496～4498	ϵ	深灰色泥岩	1.08	1.06	0.21	0.28	0.49	0.73	0.63	C_{27}
塔中 75	4822.5～4831.9	ϵ	深灰色灰岩	1.10	1.11	1.49	0.28	0.16	0.25	0.75	C_{17}
塔参 1	5771.9～5777.3	ϵ	泥岩	1.19	0.85	3.04	2.58	0.40	0.47	0.85	C_{16}
塔中 12	5599.77～5609.4	O	泥岩	1.02	0.38	2.12	1.73	0.37	0.22	0.77	C_{16}

Hughes 等（1995）得出的 Pr/Ph 与二苯并噻吩/菲的交汇图（图 2.1.5）可被用于区分原始沉积环境，依据该交汇图，塔中原油显示源自海相烃源岩。但是，本次研究分析的部分寒武系—下奥陶统烃源岩分布于湖相/咸盐相区域（图 2.1.5），反映本次分析样品形成于强还原性沉积环境（Li S M et al.，2005，2008）。实际上，寒武系—下奥

陶统烃源岩的 Pr/Ph 值（0.07～0.97，均值为 0.39）低于中上奥陶统（0.74～0.85，均值为 0.79）（表 2.1.5）。相对于中上奥陶统烃源岩，寒武系—下奥陶统烃源岩也具有高 $\delta^{13}C$ 特征，这可能与底水闭塞环境有关。图 2.1.5 中，下奥陶统原油异常（超出图版解释范围），推测为油气的热蚀变导致参数异常。

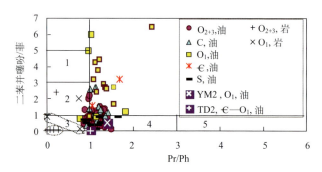

图 2.1.5　Pr/Ph 与二苯并噻吩/菲交汇图［分区图版据 Hughes 等（1995）］

1 区. 海相碳酸盐岩；2 区. 海相碳酸盐岩和泥灰岩；3 区. 咸水湖相；
4 区. 海相页岩和其他湖相区带；5 区. 河流-三角洲页岩和煤

表 2.1.5　塔里木盆地部分烃源岩地球化学参数

井号	层位	埋深/m	岩性	Pr/Ph	20S	ββ	Ts/(Ts+Tm)	Dia/Reg	$C_{27}-/C_{29}$-St	$C_{27}-/C_{29}$-αββ20(R, S)	G/C_{30}H	$C_{21\sim22}/C_{29}$	T/P
塔中 58	O_3	4697.2	深灰色泥岩	0.85	0.52	0.55	0.59	0.51	0.84	1.25	0.11	0.32	0.35
塔中 6	O_3	3876.3	深灰色泥岩	0.74	0.45	0.52	0.55	0.36	0.68	1.26	0.10	0.12	0.07
塔中 12	O_3	5070.0	深灰色泥岩	0.77	0.54	0.52	0.64	0.47	0.74	1.37	0.10	0.18	0.22
塔东 1	O_1	4369.5	黑色页岩	nd	0.49	0.42	0.43	0.19	0.56	0.43	0.23	0.08	0.17
塔东 2	$\in$	4918.8	黑色泥岩	0.27	0.49	0.43	0.43	0.23	0.61	0.48	0.24	0.17	0.34
库南 1	$\in$	5186.7	深灰色泥岩	0.15	0.54	0.50	0.21	0.25	0.31	0.24	0.26	0.05	0.71
米兰 1	$\in$	5657.3	泥晶灰岩	0.23	0.47	0.43	0.44	0.24	0.61	0.48	0.18	0.24	0.54
和 4	$\in$	5080.9	深灰色泥岩	0.07	0.50	0.42	0.46	0.23	0.63	0.51	0.22	0.24	0.52
英东 2	$O_{1\sim2}$	4172.5	黑色泥岩	0.97	0.49	0.45	0.29	0.76	0.80	0.24	0.60	1.08
英东 2	$\in$	4673.9	黑色页岩	0.64	0.51	0.49	0.36	0.24	0.54	0.49	0.19	0.33	0.85

注：20S. C_{29}-甾烷 ααα20S/(S+R)；ββ. C_{29}-甾烷 αββ/(ααα+αββ)；Ts/(Ts+Tm).18α(H)-/[18α(H)+17α(H)]-三降藿烷；Dia/Reg. 重排甾烷/规则甾烷；$C_{27}-/C_{29}$-St. $C_{27}-/C_{29}$-规则甾烷；$C_{27}-/C_{29}$-αββ20(R, S). C_{27}-αββ20(R, S)/C_{29}-αββ20(R, S)；G/C_{30}H. 伽马蜡烷/C_{30}-藿烷；$C_{21\sim22}/C_{29}$. ($C_{21}+C_{22}$)-孕甾烷/C_{29}-规则甾烷；T/P. 三环萜烷/五环萜烷。

（二）生物标志物分布特征

中上奥陶统烃源岩的 C_{27}、C_{28}、C_{29}-规则甾烷指纹显示 "V" 形分布，而寒武系—下奥陶统烃源岩显示线型或反 "L" 形，与 Zhang 等（2000）的报道基本一致（图 2.1.6）。C_{27}、C_{28}、C_{29}-规则甾烷三角图可用来反映母源岩沉积相的相似与非相似性。

如图 2.1.7 所示，塔中原油的甾烷显示绝大部分塔中原油是难以分辨的，反映原油成因有一定相似性。相对于寒武系—下奥陶统烃源岩，绝大部分原油似乎显示与中上奥陶统烃源岩有更好的相关性（图 2.1.6、图 2.1.7）。但是，英买 2（YM2）、塔东 2（TD2）井原油分别显示与中上奥陶统和寒武系—下奥陶统烃源岩有较好的相关性（表 1.1.5、表 1.1.7、表 2.1.5），表明它们之间有较好的成因联系。

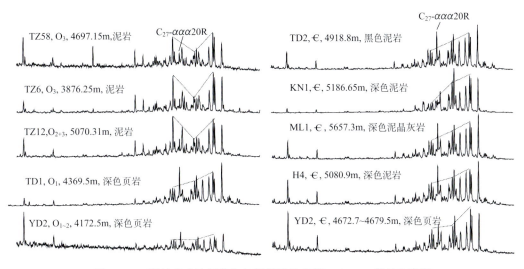

图 2.1.6　塔里木盆地部分海相烃源岩饱和烃 m/z 217 质量色谱图

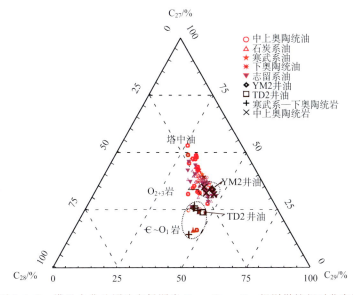

图 2.1.7　塔里木盆地原油和烃源岩 C_{27}、C_{28}、C_{29}-规则甾烷相对分布图

寒武系—下奥陶统烃源岩还具有低 C_{29}-重排甾烷/C_{29}-规则甾烷值（0.19～0.29）及较高伽马蜡烷/C_{30}-藿烷值（0.18～0.26）特征（表 2.1.5）。寒武系—下奥陶统烃源岩可

能具有相对高丰度 C_{27}-甾烷 $\alpha\alpha\alpha20R$（图 2.1.6）特征。相对低 C_{27}-$\alpha\beta\beta20$(R，S)/C_{29}-$\alpha\beta\beta20$ (R，S) 值也是该套烃源岩最重要的特征之一（表 2.1.5），分布范围为 0.31～0.76，远低于中上奥陶统烃源岩（1.25～1.37）（表 2.1.5）。此外，本次研究中也检测到了高丰度的年代指示生物标志物和三芳甲藻类，Zhang 等（2000）已经有所报道。

在多个岩石样品中观测到高丰度 DBTs，暗示 TSR 不一定是形成塔中隆起塔中 4 和塔中 1-6 井区异常高二苯并噻吩的唯一途径（Li et al.，2009），其有多种形成途径（参见第四章）。

第二节　陆相烃源岩地质地球化学特征

库车拗陷位于塔里木盆地北部的天山南麓，呈北东东向展布，东窄西宽，东浅西深，自西向东包括拜城凹陷和阳霞凹陷，总面积达 28500km^2（图 2.2.1）。库车拗陷中、新生界湖沼相沉积地层齐全，烃源岩层十分发育。库车拗陷油气资源丰富，且以产气为主。在库车拗陷内部的大北-克拉苏构造带上主要产干气，而在前缘隆起带上以产富凝析油的天然气为主。凝析油气田主要分布在前缘隆起带上，西部的羊塔克构造和英买 7 构造、中部的牙哈构造和东部的轮台-提尔根构造上均有分布（包建平等，2007）。天然气主要来自三叠系和侏罗系的腐殖型烃源岩；原油主要来自库车拗陷上三叠统黄山街组和中侏罗统恰克马克组。却勒 1 和大宛齐等油田的油都来自于恰克马克组烃源岩（李谦等，2007）。

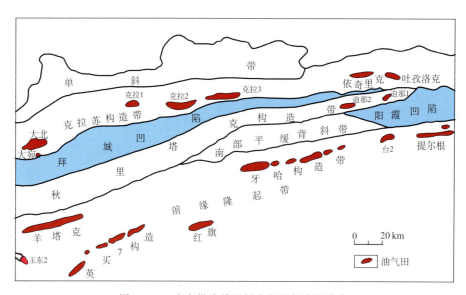

图 2.2.1　库车拗陷单元划分与油气藏的分布

一、烃源岩的形成环境与分布

库车拗陷的烃源岩主要发育在三叠系和中下侏罗统中。三叠系自下而上分别为俄霍布拉克组（T_1eh）、克拉玛依组（$T_{2\sim3}$k）、黄山街组（T_3h）和塔里奇克组（T_3t）。侏罗系自下而上分别为阳霞组（J_1y）、克孜勒努尔组（J_2k）、恰克马克组（J_2q）、齐古组（J_3q）和卡拉扎组（J_3k）。目前一致认为库车拗陷主要存在 3 套煤系烃源岩：塔里奇克组（T_3t）、阳霞组（J_1y）和克孜勒努尔组（J_2k）。一般认为库车拗陷存在两套湖相烃源岩，即黄山街组（T_3h）和恰克马克组（J_2q）（梁狄刚等，2004），有人把克拉玛依组标志层段（$T_{2\sim3}$k^3）也归为湖相烃源岩（杜治利等，2006）。库车拗陷三叠系、侏罗系泥岩的累计厚度平面分布如图 2.2.2 所示。各层系烃源岩的分布与发育特征如下（何光玉等，2002；包建平等，2007；王飞宇等，2009）。

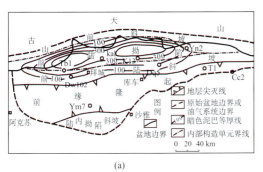
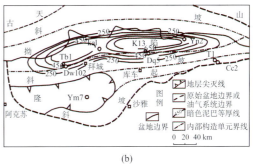

图 2.2.2　库车拗陷三叠纪、侏罗纪盆地原型及泥岩等厚图（何光玉等，2002）

(a) 三叠纪；(b) 侏罗纪

（1）克拉玛依组标志层段（$T_{2\sim3}$k^3）与黄山街组（T_3h）湖相烃源岩。这套烃源岩主要形成于湖相沉积环境，但有机质类型主体是腐殖型，间含有腐泥型烃源岩，总体而言，北厚南薄，在山前带较厚，为 $300\sim450$m，沉积中心位于北部的卡普沙良河剖面—库车河剖面一线。两剖面的烃源岩厚度居全拗陷之最，分别为 434m 和 444m，自此向北、向南均减薄，并呈现出北厚南薄、北陡南缓的特点。

（2）塔里奇克组（T_3t）湖沼交替相烃源岩。塔里奇克组（T_3t）烃源岩主体为腐殖型，厚度变化不大，如卡普沙良河、克拉苏河、库车河各剖面及依南 2 井的烃源岩厚度分别为 55m、46m、72m 和 44m。仅拗陷西段的塔克拉克、小台兰河剖面分别厚达 160m、210m，成为一个小的沉积中心。据地震相、沉积相预测，该沉积中心向东经大北 1 井延伸到拜城一带。

（3）阳霞组（J_1y）—克孜勒努尔组（J_2k）湖沼间互相烃源岩。烃源岩主体为煤系地层腐殖型烃源岩，形成于三角洲平原、前缘、河沼与滨浅湖、湖沼间互沉积环境中。在库车拗陷中这套地层厚 $200\sim500$m，呈现东、西两个沉积中心。总体上看，烃源岩沉积中心仍然偏北，但厚度变得基本南北对称。

（4）恰克马克组（J_2q）湖相烃源岩。中侏罗统恰克马克组（J_2q）烃源岩是库车拗陷中典型湖相腐泥型烃源岩，形成于浅湖与半深湖沉积环境，主要分布在中西部，厚度为 $50\sim150$m，烃源岩仍有东、西两个沉积中心，被克拉苏河水下隆起相隔。总体上呈中心厚、四周薄的"碟形"特征。

二、烃源岩有机质丰度与类型

(一) 有机质丰度

有机质丰度是衡量烃源岩生烃能力的重要因素,常用的评价指标包括有机碳含量 (TOC)、产油潜量 (S_1+S_2)、氯仿沥青 A 和总烃含量 (HC)。恰克马克组 (J_2q) 湖相烃源岩 (泥岩) TOC 多为 0.5%~5.5%,均值为 1.95% (表 2.2.1);氯仿沥青 A 含量均值为 1.151%、S_1+S_2 为 269mg/g (表 2.2.1),按照我国陆相生油岩有机质丰度的评价标准,恰克马克组 (J_2q) 属于好烃源岩。中上三叠统克拉玛依组 $T_{2\sim3}k$ 与黄山街组 T_3h 湖相泥岩 TOC 中等,普遍为 1.0%~1.5%,均值为 1.34%,属于中等偏差烃源岩;中下侏罗统阳霞组 (J_1y) 与克孜勒努尔组 (J_2k) 湖沼相泥岩 TOC 高,普遍在 1.5% 以上,最高可大于 2.5%,均值分别为 2.68% 和 2.25% (表 2.2.1),S_1+S_2 (均值分别为 2.48mg/g 和 25mg/g)、氯仿沥青 A 含量 (均值分别为 0.55% 和 0.40%)、HC (0.172%~0.221,%) 总体低于恰克马克组 (J_2q),属于中等偏好烃源岩。碳质泥岩 TOC 为 10.88%~20.80%,均值为 16.62%,属差烃源岩;煤岩 TOC 为 30.07%~83.94%,均值为 54.61%,属差烃源岩。平面上,三叠系泥岩的 TOC 总体低于侏罗系泥岩 (图 2.2.3)。

表 2.2.1　库车拗陷中生界五套主要烃源岩 (泥岩) 有机质丰度统计表 (据李谦等,2007)

层组	厚度/m	TOC/%	S_1+S_2/(mg/g)	I_H/(mg/g)	T_{max}/℃	氯仿沥青 A/%	HC/‰
J_2q	0~155	1.95 (95)	269	123	451	1.151 (10)	0.42
J_2k	32~320	2.25 (275)	25	81	453	0.401 (22)	0.172
J_1y	37~238	2.68 (219)	2.48	63	476	0.55 (23)	0.221
T_3t	6~210	2.26 (86)	1.27	37.9	496	0.148 (4)	0.063
T_3h	38~444	1.02 (395)	0.53	34	508	0.149 (21)	0.045

注:本表中以 TOC 大于 0.4% 的样品统计,各参数为平均值,括号中为样品数;TOC 和热解 (T_{max}) 样品数相同,氯仿沥青 A 含量和总烃含量 (HC) 样品数相同

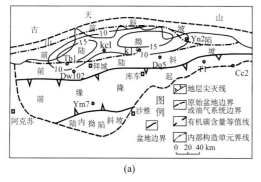
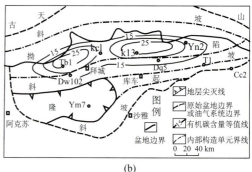

(a) (b)

图 2.2.3　库车盆地三叠纪、侏罗纪泥岩有机质丰度 (何光玉等,2002)

(a) 三叠纪;(b) 侏罗纪

（二）有机质类型

干酪根元素组成是烃源岩有机质平均化学成分的反映，是常用的划分烃源岩有机质类型的方法。库车拗陷三叠系—侏罗系干酪根元素分布反映的有机质类型如图2.2.4所示。中侏罗统恰克马克组烃源岩 H/C 原子比最高，绝大多数样品 H/C 原子比>1.0，O/C 原子比<0.1，属Ⅰ₂型或Ⅱ型有机质。干酪根碳同位素组成也能较好地反映有机质类型。恰克马克组烃源岩干酪根碳同位素 $\delta^{13}C$ 值最低，均低于−25‰。若仅以干酪根碳同位素划分有机质类型，恰克马克组烃源岩主要为Ⅰ型有机质。与干酪根元素分析类似，恰克马克组在侏罗系烃源岩中有机质类型相对较好（李谦等，2007）。

中下侏罗统阳霞组与克孜勒努尔组湖沼相泥岩热解氢指数为 9～174mg/g，均值分别为 63mg/g 和 81mg/g（表2.2.1），绝大部分样品小于 100mg/g，属Ⅱ₂-Ⅲ型有机质；中上三叠统克拉玛依组与黄山街组湖相泥岩热解氢指数为 7～77mg/g，属Ⅲ型有机质，明显比前者要差；侏罗系碳质泥岩热解氢指数为 7～279mg/g，67%以上的数据小于 200mg/g，主要属Ⅲ型有机质，部分为Ⅲ₂型有机质；侏罗系煤岩的热解氢指数为 24～280mg/g，93%以上小于 275mg/g，故以Ⅲ型有机质占绝对优势。绝大多数煤的镜质组与半镜质组含量在 50%～80%，惰质组和半惰质组含量在 20%～50%，而

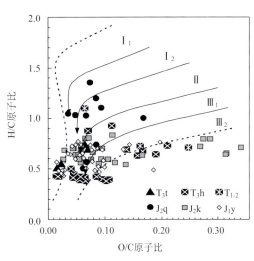

图 2.2.4 库车拗陷三叠系—侏罗系烃源岩元素组成分布图

壳质组与腐泥组总量一般低于 10%，也表明煤岩有机质类型较差（何光玉等，2002）。

三、烃源岩有机质成熟度

评价烃源岩成熟度最常用的两个指标是最高热解温度（T_{max}）和镜质体反射率（R_o）。库车拗陷三叠系—侏罗系烃源岩主体是含煤的陆源有机质烃源岩，其中含有丰富的镜质体，应用镜质体可准确标定烃源岩有机质成熟度。实测 R_o 表明，侏罗系烃源岩的 R_o 值为 0.55%～1.88%，均值为 0.93%（表2.2.2），烃源岩主体处于生油高峰期，部分处于生气状态；三叠系烃源岩 R_o 值的分布范围为 0.6%～2.59%，均值为1.1%（表2.2.2），烃源岩主体处于生油晚期，部分处于生气乃至过成熟状态。从 R_o 值与深度的关系来看，整体上 R_o 值与深度存在一定相关性，但逆冲断层对其分布构成显著影响，在相同深度上，逆冲断层层位的 R_o 值明显偏高（杨树春等，2005）。从平面分布来看，实测 R_o 显示烃源岩有机质成熟度总体上西高东低，北高南低（图2.2.5）（王飞宇等，1999）。在拜城凹陷—阳霞凹陷西部，烃源岩有机质目前已经过成熟，在山

101

前逆冲带上，由于晚期断层逆冲，将深部烃源岩推挤到浅部或地表，但即使埋藏很浅，实测 R_o 仍然较高（王飞宇等，2009）

表 2.2.2　库车前陆盆地及邻区中生界烃源岩样品镜质体反射率（R_o）测量值（据杨树春等，2005）

井号	层位	深度范围/m	R_o 范围/%	样品数	R_o 均值/%
草 2	J	4768.00~4866.00	0.55~0.58	3	0.57
克孜 1	J	3158~4285	1.19~1.88	14	1.48
库北 1	J	4246.4~4629.3	1.28~1.54	9	1.37
阳霞 1	J	6425~6502	0.81~0.91	8	0.87
依南 2	J	3945.6~4702.95	0.57~1.41	45	0.87
依南 2	T	5008.5~5350.5	0.92~1.45	14	1.07
依南 4	J	3172~4318	0.62~1.03	18	0.81
依深 4	J	945.7~3369	0.6~0.8	37	0.73
依西 1	J	2240~3962	0.7~1.3	33	1
英买 1	T	4716~4959	0.8~0.89	4	0.85
英买 1	J	4717~4957	0.77~1.14	4	1.02
明南 1	J	957.35~1148.07	0.61~0.64	2	0.63
黑英 1	T	335.5~4169.5	1.42~2.59	29	2.16
库南 1	T	4033~4074.5	0.66~0.81	7	0.74
塔河 1	T	3986.65~4152.0	0.67~0.86	3	0.74

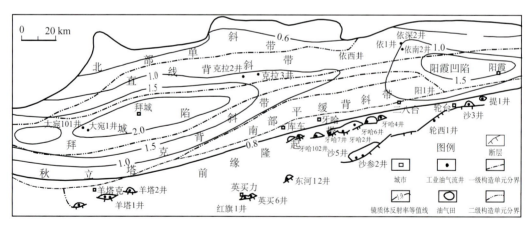

图 2.2.5　库车拗陷侏罗系底界镜质体反射率（R_o）分布（王飞宇等，1999）

四、烃源岩可溶有机质特征

　　库车前缘隆起带有多个与陆相成因相关的油气田（油气藏），主要分布在羊塔克、英买力北部地区、牙哈、沙雅等地区。为揭示英买力北部地区原油的特征与成因，本次研究对库车拗陷部分烃源岩进行了可溶有机质分析（表 2.2.3）。

表 2.2.3 库车拗陷、英买力地区烃源岩基本特征

井号	层位	样品性质	Sat /%	Ar /%	Resin /%	Asph /%	Pr /Ph	Pr /nC$_{17}$	Ph /nC$_{18}$	S/R	αββ	Dia/ Reg	S/H	Ts	T/P	G/ C$_{30}$H	C$_{29}$Ts/ C$_{30}$H
STM1-3	T	黑色泥岩	59.7	10.3	25.4	4.6	2.57	0.67	0.34	0.15	0.46	0.44	0.61	0.27	0.01	0.06	0.21
依西1	J$_2$k	深灰色碳质泥岩	33.6	10.1	39.5	16.8	1.61	0.78	0.38	0.45	0.39	0.15	0.86	0.34	0.40	0.24	0.17
依南2	J$_2$k	煤系泥岩	4.4	16.1	25.8	53.9	2.40	0.92	0.28	0.37	0.40	0.16	0.18	0.10	0.07	0.05	0.05
依南2	J$_2$k	碳质泥岩	6.4	17.0	23.4	53.2	3.94	1.05	0.24	0.40	0.45	0.17	0.10	0.06	0.05	0.03	0.04
依南2	J$_1$y	黑色泥岩	43.3	10.8	13.7	32.3	2.44	0.39	0.14	0.44	0.50	0.27	0.15	0.16	0.08	0.05	0.07
依南4	J$_1$y	灰黑色泥岩	21.2	16.6	35.1	27.2	3.82	0.72	0.18	0.50	0.44	0.34	0.09	0.26	0.03	0.03	0.10
依南4	J$_1$y	深灰色碳质泥岩	9.7	13.3	24.4	52.6	4.16	1.65	0.37	0.41	0.42	0.21	0.12	0.08	0.09	0.05	0.07
克孜1	J	碳质泥岩	8.5	12.2	63.0	16.3	0.90	0.48	0.49	0.46	0.40	0.14	0.59	0.35	0.27	0.40	0.15
克孜1	J	灰黑色泥岩	67.7	4.9	20.4	7.0	0.74	0.76	0.91	0.47	0.40	0.17	0.80	0.43	0.39	0.31	0.21
英买2	O	泥灰岩	46.6	6.2	42.5	4.8	1.61	0.72	0.54	0.46	0.39	0.16	0.86	0.29	1.19	0.29	0.16
英买2	O	泥灰岩	35.5	10.8	44.0	9.6	1.15	0.85	0.46	0.43	0.40	0.18	0.87	0.42	0.77	0.29	0.19

注:Sat. 饱和烃;Ar. 芳烃;Resin. 非烃;Asph. 沥青质;S/R. C$_{29}$甾烷 ααα20S/(S+R);αββ. C$_{29}$甾烷 αββ/(ααα+αββ);Dia Reg. 重排甾烷 规则甾烷;S/H. 甾烷/霍烷;Ts. Ts/(Ts+Tm);T/P. 三环萜 五环萜;G/C$_{30}$H. 伽马蜡烷/C$_{30}$霍烷;C$_{29}$Ts/C$_{30}$H. C$_{29}$Ts/C$_{30}$霍烷。

本次分析的库车拗陷陆相烃源岩族组分特征有显著差异，泥岩的饱和烃含量总体高于碳质泥岩与煤系泥岩，前者一般为 21.2%～67.7%，后者一般为 4.4%～9.7%（表2.2.3），而沥青质的含量具有相反的特征，表现为泥岩低、碳质泥岩高的特征。与之相比，英买力地区泥灰岩沥青质含量（4.8%～9.6%）远低于陆相烃源岩（表2.2.3），可能反映不同烃源岩母源岩结构及岩矿组成的差异。库车陆相烃源岩的另一显著特征是可溶有机质有较高的 Pr/Ph 值，多数大于 2，最高为 4.16（表2.2.3、图2.2.6），而英买力地区海相泥灰岩该参数相对较低（1.15～1.61）。Pr/Ph 能反映母源岩的原始沉积环境，高值反映偏氧化性环境，低值反映偏还原性环境。陆相烃源岩还具有相对较低的伽马蜡烷/C_{30}-藿烷值（一般小于 0.1）特征，与之相比，海相烃源岩相对较高，如英买2奥陶系泥灰岩该值为 0.29。伽马蜡烷含量一般用于反映水体分层与偏咸水的原始沉积环境。饱和烃 m/z217 质量色谱图显示，库车拗陷陆相烃源岩 C_{27}、C_{28}、C_{29}-规则甾烷呈典型的"V"字形分布（图2.2.7），不少烃源岩显示 C_{29}-规则甾烷有明显优势，如依南 2、依南 4 井，反映陆源高等植物生源输入量较大。

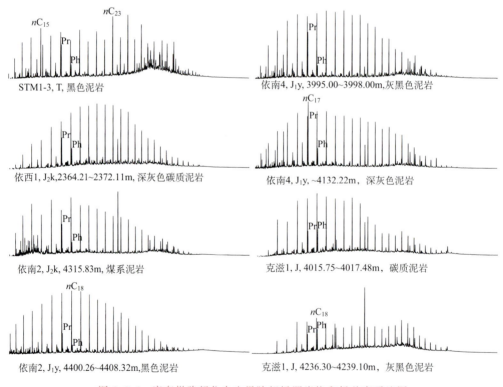

图 2.2.6　库车拗陷部分中生界陆相烃源岩饱和烃总离子流图

分析烃源岩生物标志物谱图及相关参数显示，本次分析样品接近成熟—中等成熟范畴，C_{29}-甾烷 $\alpha\alpha\alpha 20S/(S+R)$、$C_{29}$-甾烷 $\alpha\beta\beta/(\alpha\alpha\alpha+\alpha\beta\beta)$ 值分别为 0.15～0.47、0.39～0.46，尚未达到平衡终点值（分别为 0.52～0.55、0.67～0.71）（Peters and Moldowan，1993）。此外，低分子量甾烷（图2.2.7）、三环萜烷含量总体不高，三环萜烷/五环萜

烷值仅为 0.01~0.4，均值为 0.15（表 2.2.3），进一步反映其为中等成熟度烃源岩。

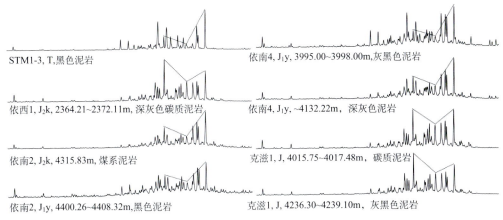

STM1-3, T,黑色泥岩

依南4, J₁y, 3995.00~3998.00m,灰黑色泥岩

依西1, J₂k, 2364.21~2372.11m,深灰色碳质泥岩

依南4, J₁y, ~4132.22m, 深灰色泥岩

依南2, J₂k, 4315.83m, 煤系泥岩

克滋1, J, 4015.75~4017.48m, 碳质泥岩

依南2, J₁y, 4400.26~4408.32m,黑色泥岩

克滋1, J, 4236.30~4239.10m, 灰黑色泥岩

图 2.2.7 库车拗陷部分中生界陆相烃源岩饱和烃 m/z 217 质量色谱图

第三章 叠合盆地油气的成因机制与运聚过程解析

第一节 油气来源与混源识别

叠合盆地具有多源、多次生排烃、多期构造运移、多次成藏与调整改造等特征,油气成因复杂。油气在形成与演化过程中所经历的次生改造、混源、热蚀变、有机-无机相互作用、气侵/气洗等作用加剧了油气源识别与定量评价、油气运聚过程研究的复杂性。叠合盆地油气源厘定、油气成因与成藏机理研究是深化油气勘探的重要依据。

塔里木盆地有多套烃源岩,其中,台盆区海相烃源岩主要有两个层系——寒武系、奥陶系。该区海相油气源已研究 20 余年(Graham et al.,1990;赵孟军等,1997;林壬子等,1999;梁狄刚等,2000;Zhang et al.,2000;张水昌等,2000,2001,2002,2004;孙永革等,2002;王铁冠等,2003;Sun et al.,2003;王招明和肖中尧,2004;Cai et al.,2007;Li S et al.,2010),尽管如此,目前仍有争议。争论的焦点是寒武系—下奥陶统、中上奥陶统哪个层位是主力烃源岩。概括而言,现有三种观点:①中上奥陶统烃源岩是主力烃源岩;②寒武系—下奥陶统烃源岩贡献较大;③普遍混源(塔中地区)。近期中深 1 井中寒武统(上覆厚层膏盐岩)高产工业油气流的发现,使海相油气源问题更令人费解,这是由于该井油气性质与以往确认的寒武系烃源岩及相关原油特征存在很大差异,与奥陶系成因原油具有相似性。塔里木盆地深部海相油气来源与成藏机制研究对于深层油气勘探意义重大。

一、油源识别指标的建立

依据本次及以往的研究结果,塔里木盆地台盆区海相油气源主要识别指标见表 3.1.1。针对叠合盆地深部油气高过成熟度的特点,其油源识别方法不仅需要参照传统的生物标志物指纹与相关参数,更需要借助国内外最新的分析测试技术,如通过包裹体成分的分析来恢复油气藏成藏过程中曾经充注过的石油成分;通过单体烃同位素的分析来弥补用常规 GC、GC-MS 检测的生物标志物油源对比指标受成熟度等影响较为显著的不足;通过高分辨率质谱(FT-ICR MS)的使用来识别深部油气经历的有机-无机相互作用等,从而鉴别油气组分变异及消除其对油气源研究的干扰等。本次油气源研究充分考虑复杂油气源形成与演化过程中经历的各种可能的物理-化学作用,如油气混源作用、运移与调整改造作用及 TSR 等多种成藏效应,在地质与地球化学、宏观与微观尺度、实测与模拟实验研究等相结合的基础上,从正演与反演角度,进行精细油气源识别与示踪研究。

表 3.1.1　塔里木台盆区海相油源识别指标

指标		寒武系—下奥陶统成因	中上奥陶统成因	文献/出处
生物标志物	甲藻甾烷、三芳甲藻甾烷	较丰富	较贫	—
	24-降胆甾烷	较丰富	较贫	—
	C_{27}、C_{28}、C_{29}-规则甾烷	"V"字形	反"L"形、线形	张水昌等（2002）
	重排甾烷、重排藿烷	较贫	较丰富	Zhang 等（2000）
	伽马蜡烷相对丰度	较丰富	较贫	
	生物标志物丰度（等同成熟度）	较高	较低	李素梅等（2008a，2008b，2010b）
	苯基类异戊二烯烃	较高	较低	Sun 等（2003）
碳同位素	全油、族组分同位素	较重	较轻	肖中尧等（2005）
	单体烃碳同位素	较重	较轻	Li 等（2010）
硫同位素	原油、抽提物"A"中硫	较重	较轻	Cai 等（2009a）
	单体硫同位素	较轻	—	李素梅等（未发表）
包裹体	储层包裹体（生物标志物）	同游离态生物标志物	同游离态生物标志物	李素梅等（2009）；朱东亚等（2007）
	储层包裹体（同位素）	较重	较轻	Li 等（2010）
连续抽提	生物标志物	同游离态生物标志物	同游离态生物标志物	王劲骥等（2010）
吸附法	同位素	较重	较轻	Pan 和 Liu（2009）

二、不同油源混源识别

（一）塔中地区

1. 生物标志物证据

大量研究表明，塔里木盆地寒武系、奥陶系烃源岩及相关原油具有显著的差异（梁狄刚等，2000；Zhang et al.，2000；张水昌等，2002，2004a；肖中尧等，2004a，2005）；寒武系或寒武系—下奥陶统（$\mathbb{C}$—O_1）烃源岩和相关原油生物标志物具有甲藻甾烷、三芳甲藻甾烷、4-甲基-24-乙基胆甾烷、24-降胆甾烷、伽马蜡烷丰度较高而重排甾烷丰度较低，以及 C_{27}、C_{28}、C_{29}-规则甾烷呈斜线型或反"L"形分布的特点；中上奥陶统烃源岩和相关原油一般具有相反的特征，C_{27}、C_{28}、C_{29}-规则甾烷呈"V"字形分布（$C_{27}>C_{28}<C_{29}$）。此外，较高丰度的苯基类异戊二烯烃被认为与寒武系烃源岩有关（孙永革等，2002；Sun et al.，2003）。

已有研究表明，中上奥陶统应该是塔里木盆地海相原油的主力烃源岩（Zhang et al.，2000），主要依据年代指示生物标志物，包括 24-异丙基胆甾烷、甲藻甾烷（4α，

23,24-三甲基胆甾烷)、三芳甲藻甾烷和24-降胆甾烷(Zhang et al., 2000)。经过精细识别,Zhang等(2000)发现几乎所有的寒武系烃源岩抽提物的 C_{27}、C_{28}、C_{29}-规则甾烷都呈线型或反"L"形分布,绝大部分中上奥陶统地层则呈"V"形分布。寒武系烃源岩具有相对丰度较高的三芳甲藻甾烷、甲藻甾烷和24-降胆甾烷,而中上奥陶统烃源岩具有相反的特征。唐友军和王铁冠(2007)报道了寒武系—下奥陶统成因原油富集伽马蜡烷和 C_{28}-甾烷,而胆甾烷含量较低。本次研究的结果进一步验证了以往的观点。在塔里木盆地发现的海相原油中,塔东2(TD2)(∈—O_1)、塔中62(TZ62)(S)井原油被认为是典型的寒武系—下奥陶统成因(肖中尧等,2005;唐友军和王铁冠,2007)。依据生物标志物分析,英买2(YM2)(O_1)原油与中上奥陶统烃源岩具有较好的相关性(图1.1.22、图1.1.23、图2.1.6、图2.1.7),该原油也被中国石油天然气集团公司(CNPC)内部的地质研究推断为中上奥陶统成因。因此,依据生物标志物,塔东2(∈—O_1)[及TZ62(S)]和英买2(O_1)井原油分别被认为是寒武系—下奥陶统和中上奥陶统烃源岩所生的代表性原油。

精细油-油对比显示,与英买2井原油一样,塔中绝大部分原油的 C_{27}、C_{28}、C_{29}-规则甾烷呈"V"形分布(图1.1.22)。仅在少数原油中检测到年代指示生物标志物甲藻甾烷、24-降胆甾烷(图1.1.24、图3.1.1)。如图3.1.2所示,似乎仅有用阴影标注的少部分原油具有典型的寒武系—下奥陶统烃源岩[如英东2(YD2)]及其相关原油特征(表2.1.5),具体包括线型或反"L"形 C_{27}、C_{28}、C_{29}-规则甾烷分布(图1.1.22、图2.1.6)、相对高伽马蜡烷/C_{30}-藿烷值[图3.1.2(b)、表1.1.7]、低 C_{29}-重排甾烷/C_{29}-规则甾烷值、低 C_{27}-/C_{29}-规则甾烷值(表1.1.7)、低 C_{27}/C_{29} αββ20(R,S)值[图3.1.2(a)]、低甾烷异构化程度[图3.1.2(d)、表1.1.7]、甲藻甾烷(图1.1.24)与24-降胆甾烷含量较高。特别地,我们发现相对较高丰度的 C_{27}-甾烷 ααα20R 构型似乎是寒武系—下奥陶统烃源岩及相关原油的普遍特征,在TD1、TD2、ML1、H4等井寒武系烃源岩中,该异构体丰度均高于相同埋深的中上奥陶统烃源岩,该特征与寒武系—下奥陶统烃源岩相对较低的 C_{29}-甾烷 αββ/(ααα+αββ) 值似乎吻合[图3.1.2(d)]。寒武系—下奥陶统烃源岩及其相关原油较低甾烷异构化程度可能并不完全与热演化程度有关,而是体现了母源输入、烃源岩古沉积环境的差异。在东营凹陷咸水相、淡水相烃源岩中观察到类似的异构化差异现象(李素梅等,2002)。生物标志物对比途径显示(图1.1.22、图2.1.6、图2.1.7、图3.1.1、图3.1.2),塔中地区包含寒武系—下奥陶统特征原油的井至少有14口,主要分布在Ⅰ号断裂带附近。绝大部分塔中原油似乎来自中上奥陶统,轮南原油有类似的对比结果。生物标志物的对比结果对于塔中、轮南地区油源的识别意义是显而易见的,但并不能由此得出仅中上奥陶统是主力烃源岩的结论,理由如下:

(1)甾、萜类生物标志物在塔里木盆地较高成熟度原油中的丰度很低(部分甚至缺失),油源对比结果不能充分反映原油主体成分的对比结果。甾、萜类化合物的丰度明显受成熟度控制(Li et al., 2003)。塔中原油中甾、萜类生物标志物与原油主体成分——链烷烃有时相差两个数量级(李素梅等,2008b)。利用生物标志物进行油源对比时,可能会强化甾、萜生物标志物浓度较高的端元油,削弱或疏漏生物标志物浓度低/缺失的端元油。

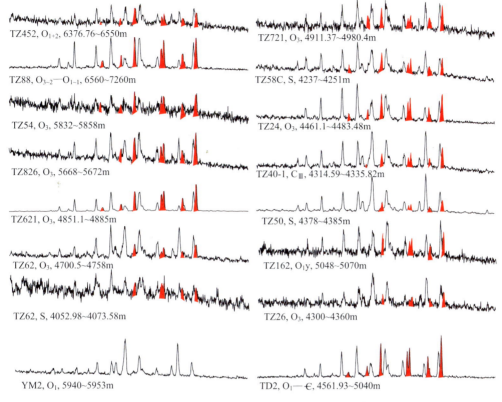

图 3.1.1　塔中部分原油芳烃 m/z 245 质量色谱图

红色标注化合物为甲藻甾烷，据保留时间和质谱

（2）原油是一种液态流体，密度驱动扩散混合时不可能是跳跃式局部性的，塔中寒武系—下奥陶统成因原油仅在局部少数井中零星分布（但几乎存在于各个构造带、各个层系）极可能只是一种假象，和非原地生成原油的油气充注模式与成藏机制并不太吻合（England and Mackenzie，1989）。

（3）寒武系—下奥陶统有一套公认的有利烃源岩（张水昌等，2005），尽管目前成熟度较高，但并不能排除其在地史演化过程中曾大量生排烃并异地聚集成藏的可能。通常情况下，原油在构造相对高部位的储层中聚集成藏后，热成熟作用将会终止，在塔里木盆地，原油的热演化至少会滞会后烃源岩（因后者埋藏更深）。很难想象这部分原油已经全部裂解成气，特别是在 TD2、TZ62 井中已发现存在纯寒武系—下奥陶统成因原油的情形下（肖中尧等，2005；唐友军和王铁冠，2007）。

2. 单体烃碳同位素证据

单体烃碳同位素可反映母源岩沉积环境与生源输入特征，受成熟度及运移分馏等的影响相对较小（张文正等，1992）。观察到东营凹陷未熟-低熟油/岩与相同成因的正常油/岩正构烷烃单体烃碳同位素差异很小（未发表数据）、塔中相同成因凝析油与正常成

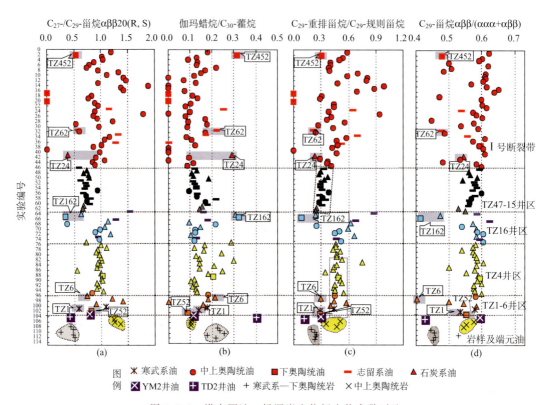

图 例　✖ 寒武系油　● 中上奥陶统油　■ 下奥陶统油　▬ 志留系油　▲ 石炭系油
　　　　⊠ YM2井油　✚ TD2井油　+ 寒武系—下奥陶统烃源岩　✕ 中上奥陶统烃源岩

图 3.1.2　塔中原油、烃源岩生物标志物参数对比
圆圈、正方形、短线和三角形分别代表中上奥陶统、下奥陶统、志留系和石炭系原油；充填色用来区分不同构造带

熟度原油碳同位素相差不大，说明在一定成熟度范围内，成熟度对碳同位素的影响相对较小，一般小于3‰（赵孟军和黄第藩，1995）。

TD2（塔东2）（Є+O_1）、TZ62（塔中62）（S）井（透镜体岩性油气藏）原油被认为源自寒武系—下奥陶统烃源岩（肖中尧等，2005；唐友军和王铁冠，2007）。依据正构烷烃单体烃碳同位素（$\delta^{13}C$），英东2（YD2）井寒武系烃源岩抽提物、TD2井寒武系成因原油（唐友军和王铁冠，2007）较其他原油富集^{13}C，而英买2（YM2）井原油最匮乏^{13}C（图3.1.3），这些分析结果显示 TD2 井原油可充当寒武系—下奥陶统成因原油（端元油 A）。TZ62（S）井原油具有类似的特征，其生物标志物分布及$\delta^{13}C$值与上述样品相近（图1.1.22、图3.1.2、图3.1.3），TZ62（S）井油藏是一隐蔽的透镜体油藏（王招明和肖中尧，2004）。YM2 井位于塔北隆起西侧（图2.1.1），该井原油（O_1）不仅生物标志物显示其源自中上奥陶统（图1.1.22、图1.1.23、图2.1.6、图2.1.7、图3.1.2），$\delta^{13}C$值也显示中上奥陶统成因的端元油（端元油 B）特征（图3.1.3）。以往研究中也已发现寒武系—下奥陶统、中上奥陶统烃源岩及相关原油存在族组分的碳同位素差异（王传刚等，2006；唐友军和王铁冠，2007）。

对塔中地区 31 个原油的分析表明，塔中原油正构烷烃单体烃碳同位素曲线介于上述两种成因的端元油之间（图3.1.3），说明塔中原油几乎全部为混源油。轮南原油

（12个样品）有类似塔中的单体烃碳同位素特征，δ¹³C值偏小于塔中，反映轮南原油主体也为混源油。分析还表明，塔河及其西部地区，原油正构烷烃单体烃碳同位素值有降低趋势，表明油源发生一定程度的变化。

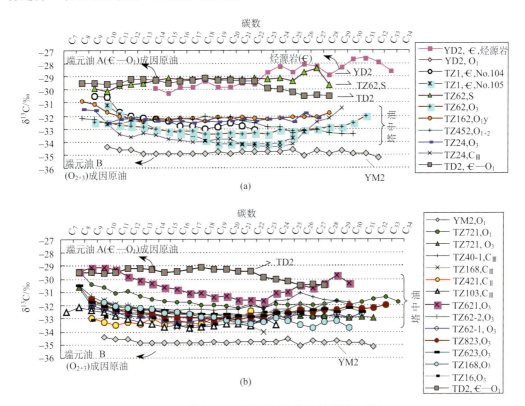

图 3.1.3　塔中原油正构烷烃单位体烃碳同位素特征

有趣的是，图3.1.2中标注阴影的原油，似乎为寒武系—下奥陶统成因（依据以往研究采用的生物标志物指标），但依据正构烷烃的δ¹³C值，实际上仍为混源油［图3.1.3(a)］。图3.1.2中阴影与非阴影部分原油的唯一差异是，部分阴影标注原油的正构烷烃单体烃碳同位素更重一些，这表明其所含的寒武系—下奥陶统成因原油相对较高。

塔中下奥陶统原油通常具有较高的成熟度，m/z217、m/z191质量色谱图显示明显的烃类热裂解现象［图1.1.22、图1.1.23、图3.1.4(a)］，常用的油源识别指标失效或效果不佳。分析认为，单体烃碳同位素是有效的缺少生物标志物的高-过成熟原油油源识别指标，其受成熟度的影响相对较小，塔中不少深部原油，如ZG501、ZG13井原油，尽管成熟度相对较高，但单体烃碳同位素相对较低，与YM2(O₁)井原油接近（图3.1.4）。

研究表明，成熟度对原油碳同位素的影响一般小于3‰（Clayton and Bjorøy，1994）。塔中、塔北有不少原油与公认的中上奥陶统成因YM2(O₁)井原油的碳同位素差异超过3‰（图3.1.5），表明成熟度以外的因素明显控制了塔中、塔北原油的碳同位素，即母源的控制作用更为显著。

111

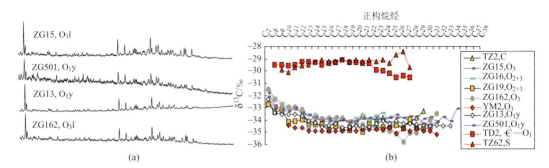

图 3.1.4　塔中部分原油生物标志物与单体烃碳同位素特征

（a）原油饱和烃 $m/z217$ 质量色谱图指示烃裂解；（b）原油单体烃碳同位素指示塔中含有
类似 YM2(O₁) 井的中上奥陶统成因端元油

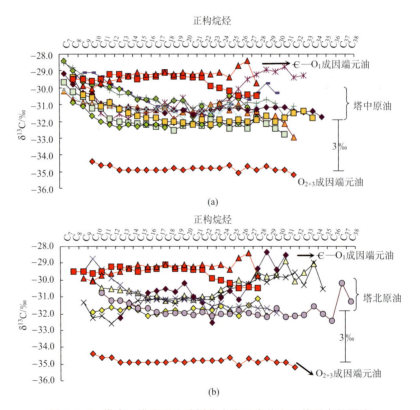

图 3.1.5　塔中、塔北原油碳同位素指示成熟度以外因素的影响

3. 流体包裹体证据

流体包裹体不仅可用于分析复杂的油气充注史（Karlsen et al.，1993；George et al.，1997，1999b），还可提供重要的早期古油藏的油源与成熟度信息（Isaksen et al.，1998；George et al.，1997a；Gong et al.，2007）。本次研究对塔中多个储层方解石脉样品的包裹

烃成分进行了分析。结果显示，TZ45、TZ825、TZ11 和 TZ4 井储层包裹烃富集 C$_{27}$-甾烷 ααα20R 异构体，C$_{27}$ααα20R/αββ20R 值在 1.28～2.88（表 3.1.2、图 3.1.6）。以上特征不同于储层原油（图 1.1.22），但与寒武系—下奥陶统烃源岩特征相近（图 2.1.6），表明其有成因联系。有趣的是，包裹油具有较高丰度的 C$_{27}$20Rααα 特征，同样富集甾类和萜类（图 3.1.6），低熟烃源岩抽提物也有该特征（Li et al.，2003）。具有线型、反 "L" 形 C$_{27}$、C$_{28}$、C$_{29}$-规则甾烷分布的包裹油具有相对高的 C$_{27}$20Rααα 丰度，反映甾烷异构化程度低及继承了早期寒武系—下奥陶统烃源岩的特征（图 3.1.6）。包裹油的 C$_{29}$ααα20S/（S＋R）、C$_{29}$αββ/（ααα＋αββ）值分布范围分别为 0.42～0.49、0.4～0.45（TZ45 井原油例外，对应值分别为 0.52、0.50），总体低于绝大部分储层原油（表 1.1.7、表 2.1.5、表 3.1.2）。因此，这些包裹油主要源自寒武系—下奥陶统烃源岩，鉴于其具有寒武系—下奥陶统烃源岩的标志性特征及相对较低的成熟度，指示其为早期包裹体捕集油。与之相反，在 TZ825（O$_3$，5292m）、TZ104（C$_{II}$）井的储层包裹烃中观察到 "V" 形甾烷分布（图 3.1.6），揭示塔中原油具有中上奥陶统的成烃贡献。鉴于同井和（或）邻井包裹油与游离油存在显著差异（如 TZ4 井区 TZ4-7-38 井原油不同于 TZ4、TZ408 井的包裹油），笔者确信本次研究中采用流体包裹烃识别油源的分析途径是有效的。

表 3.1.2　塔中储层方解石脉流体包裹烃地球化学参数表

井号	井深/m	层位	C$_{27}$20Rααα/C$_{27}$20Rαββ	20S	ββ	C$_{21\sim22}$-/C$_{29}$-甾烷	Dia/Reg	C$_{27}$-/C$_{29}$-甾烷	甾烷/藿烷	Ts/(Ts+Tm)	三环萜/五环萜	伽马蜡烷/C$_{30}$-藿烷
TZ45	6093.88	O$_3$	1.82	0.52	0.50	0.30	0.20	1.01	0.63	0.53	0.70	0.17
TZ825	5292	O$_3$	0.48	0.48	0.57	0.43	0.37	0.90	0.72	0.49	1.22	0.12
TZ825	5299.4	O$_3$	2.88	0.47	0.40	0.11	0.18	1.00	0.49	0.56	0.26	0.19
TZ62-1	4958	O$_3$	0.78	0.48	0.54	0.35		0.93	0.71		1.08	0.11
TZ243	4406.93	O$_3$	0.40	0.49	0.58	0.43	0.31	0.77	1.23	0.57	1.36	0.14
TZ74	4658.85	O$_3$	1.34	0.53	0.47	0.31	0.29	1.22	1.06	0.53	0.97	0.11
TZ11	4668.8	O$_3$	0.62	0.50	0.55	0.24		0.72	0.42	0.36	0.16	0.16
TZ11	4929.14	O$_3$	1.28	0.46	0.45	0.17		0.67	0.26	0.47	0.16	0.16
TZ4	3921.71	O$_{1(P)}$	2.58	0.42	0.41	0.21		1.10	0.11	0.28	0.09	0.09
TZ408	4279.49	O$_{1(P)}$	2.26	0.49	0.44	0.18	0.27	1.26	0.34	0.39	0.27	0.14

注：C$_{27}$20Rααα/C$_{27}$20Rαββ. C$_{27}$-甾烷 20Rααα/C$_{27}$-甾烷 20Rαββ；20S. C$_{29}$-甾烷 ααα20S/（S＋R）；ββ. C$_{29}$-甾烷 αββ/（ααα＋αββ）；Dia/Reg. 重排甾烷/规则甾烷。

选用多个包裹烃进行单体烃碳同位素分析，遗憾的是，仅三个样品分析成功（图 3.1.7）。分析结果支持储层油分析结论。其中，TZ825（O$_3$）井包裹油的碳同位素分析结果指示其与中上奥陶统烃源岩有亲缘关系，另外两个样品［TZ62-1（O$_3$）井、TZ824（O$_3$）井］显示混源特征（图 3.1.7）。

朱东亚等（2007）从塔中志留系沥青砂中也检测到寒武系—下奥陶统烃源岩的成烃贡献（图 3.1.8）。依据王劲骥等（2010）、Pan 和 Liu（2009）采用连续抽提吸附法对塔中石炭系储层吸附烃、包裹烃碳同位素与生物标志物的分析结果（图 3.1.9），可以

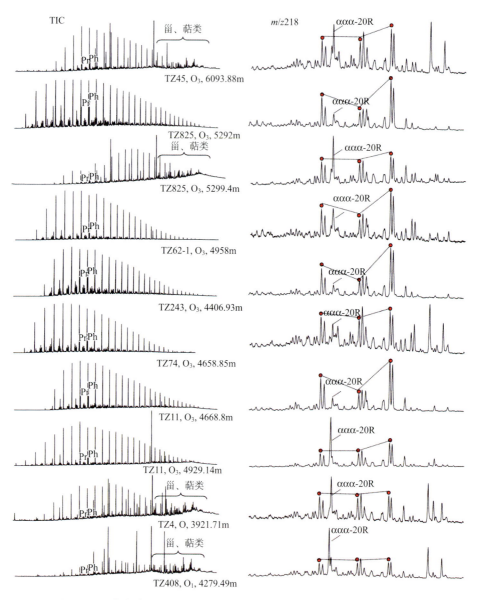

图 3.1.6　塔中碳酸盐岩储层包裹烃的总离子流图和 $m/z218$ 质量色谱图

识别塔中 4 油田油藏地史中充注过寒武系—下奥陶统成因烃。以上分析表明，塔中混源客观存在。

（二）塔北地区

塔北多数原油生物标志物显示中上奥陶统成因原油特征，仅少数井显示出寒武系—下奥陶统成因特征，包括哈得 10（HD10）、哈得 401（HD401）、哈得 18C（HD18C）、羊屋 2（YW2）、草湖 2（CH2）、轮古 1（LG1）井（图 3.1.10）。

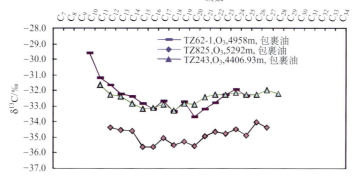

图 3.1.7　流体包裹体中原油的单体正构烷烃 $\delta^{13}C$ 值

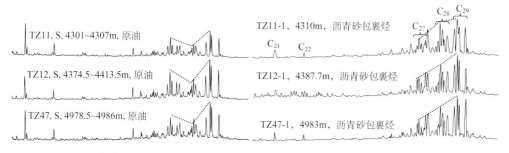

图 3.1.8　塔中 47—15 井区原油与储层包裹烃 m/z 217 质量色谱图（指示油源不同）
包裹烃资料据朱东亚等，2007

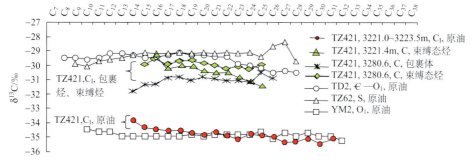

图 3.1.9　塔中 4 油田石炭系原油、吸附烃、包裹烃单体烃碳同位素（指示混源与多期充注）
TZ421 吸附烃、包裹烃数据据王劲骥等，2010

从原油单体烃碳同位素看，塔北轮南地区原油碳同位素相对重于西部塔河、英买力等井，轮南以西地区仅少数原油单体烃碳同位素偏高，指示主要为中上奥陶统成因。塔北目前深层尚未真正揭示，从塔深 1 井 8406.4m 深处储层保存有很好的寒武系—下奥陶统成因生物标志物的液态烃（翟晓先等，2007）、该井及 T904 井原油较重的族组分碳同位素来看（图 3.1.11），不排除深层保存有寒武系—下奥陶统相关的油气。

115

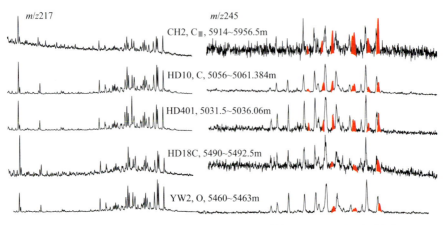

图 3.1.10　塔北部分原油饱和烃 $m/z217$、芳烃 $m/z245$ 质量色谱图

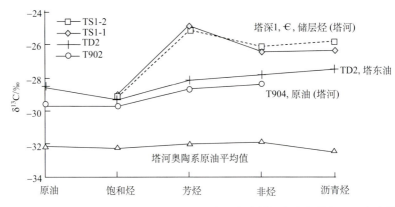

图 3.1.11　塔深 1 井（Є）储层烃、T904 井原油族组分碳同位素分布特征（翟晓先等，2007）

（三）塔中—塔北外围

对塔中外围的多口井，包括群 6(5603.5～5606.5m)、玛 401(C)、玛 4(O₁)、龙口 1(Є)、英南 2(J)、塔东 2(Є—O₁)井原油成因进行了分析。结果显示，群 6 井生物标志物和同位素与 YM2 井相近，为中上奥陶统成因；玛 401、玛 4 井包含显著的寒武系—下奥陶统生物标志物特征并且同位素也相对较重，甾、萜类生物标志物显示海相成因，可确信主要为寒武系—下奥陶统成因原油；塔东 2 井寒武系成因最为明显。据卢玉红等（2008）的研究，乌鲁桥油苗也具有显著的寒武系—下奥陶统成因特征。龙口 1(Є)、英南 2(J)井甾、萜类未显现陆相油特征，含有三芳甲藻甾烷，其单体烃碳同位素虽然相对偏重，但与陆相油碳同位素曲线（下斜的斜线形）有些相似，是否混有陆相油有待进一步验证。

（四）中深 1 井油气来源浅析

中深 1 井位于塔中隆起东侧构造高部位。中深 1 井寒武系原油生物标志物裂解特征明显，$m/z191$ 质量色谱图中五环三萜类藿烷系列已全部裂解，$m/z217$ 质量色谱图显示甾类化合物分布与塔中其他不少深部原油较为相似，近似呈"V"形。中深 1 井正构烷烃单体烃碳同位素相对较轻，与 YM2(O_1) 井相近甚至略微偏轻。以上特征显示中深 1 井部分中、轻质馏分与塔中绝大部分原油相似，来源统一，主要为中上奥陶统烃源岩所生。然而，单体烃硫同位素显示，中深 1 井硫同位素与相邻的中古 6、中古 7、塔中 83、中古 501 井下奥陶统原油及 I 号断裂带东侧的 TZ242、243 井中上奥陶统原油也较为接近，与塔中西部的 ZG8、ZG19、ZG21 井原油及塔中 4 井区原油有明显的差异。中深 1 井硫同位素与 ZG6、ZG7、ZG501 及 TZ83 井下奥陶统原油等原油相近，反映两者成因有关联。由于 TZ83 等井具有寒武系—下奥陶统的成烃贡献，反推中深 1 井可能有类似特征，即中深 1 井的重质馏分（如芳香硫）可能具有寒武系—下奥陶统的成烃贡献。综合分析认为，中深 1 井的重质馏分（热稳定性相对较低）主要为中上奥陶统来源，不排除重质馏分（热稳定性较高）包含寒武系的贡献。从地质角度，只要塔中周边存在埋深低于中深 1 井的中上奥陶统烃源岩（且有断层上下沟通），就不排除中上奥陶统烃源岩对中深 1 井的成烃贡献。中深 1 井位于塔中构造高部位，处于寒武系膏盐岩体的边缘，自身可能没有有利烃源岩（主要为异地源），但离 I 号断裂构造带较近，其油气成因与成藏条件与其他油井（如下奥陶统）有相似之处。

值得提出的是，塔里木盆地海相油气的来源目前还存在主力烃源岩是碳酸盐岩还是泥页岩的争议。关于海相碳酸盐岩是否可作为有效烃源岩的讨论已持续多年。国内外统计分析显示，泥质含量较多的碳酸盐岩有效性增强。国内 973 等专项课题研究显示，纯碳酸盐岩基本不能作为有效烃源岩。在塔里木盆地，一般认为碳酸盐岩相关烃源岩的生烃潜能不及泥页岩。但近期有人提出，塔里木海相碳酸盐岩作为烃源岩的重要性[1]。近年来，有人提出加拿大、美国 Williston 盆地 Madison 组油藏中碳酸盐岩烃源岩具有成烃贡献；Bakken 组原油则一直认为系海相页岩所生。本次研究将塔里木盆地原油和烃源岩与之进行了对比，发现两区存在不少差异。依据有关烃类指示三点内容。①塔里木盆地海相原油性质相对较稳定，没有出现 Williston 盆地那样的两种显著不同的原油族群。塔里木盆地原油与 Williston 盆地 Madison 组原油更为接近，后者早期被认为主要来自页岩，近年认为有碳酸盐岩的贡献。Pr/nC_{17}—Ph/nC_{18}、C_{29}-重排甾烷/C_{29}-规则甾烷—C_{29}-规则甾烷/C_{30}-藿烷、Pr/Ph—伽马蜡烷/C_{31}-藿烷相关图（图略）反映，塔里木盆地原油及烃源岩与 Williston 盆地 Madison 组原油更具相关性。②塔里木盆地泥页岩与泥灰岩等碳酸盐岩相关烃源岩性质差异不太明显（本次至少分析了 9 个泥灰岩、泥质云岩样品）（泥灰岩样品与泥质页岩样品位置相邻），有关参数包括 C_{29}-重排甾烷/C_{29}-规则甾烷、C_{29}-规则甾烷/C_{30}-藿烷、C_{35}-/C_{34}-藿烷等。塔里木盆地没有发现与 Williston 盆地 Bakken 组原油的母源岩（页岩）有相似性的泥页岩。③塔里木盆地原油与烃源岩具有较好的可比性。以上分析表明，北美的海相烃源岩与塔里木盆地的海相烃源岩存在差异，相关原油也有差异。一般认为，国外碳酸盐岩相关原油具有较高的 C_{35}-/C_{34}-藿烷和伽马蜡烷/

---

① Li et al.，2013 年第六届油气成藏与资源评价国际大会交流材料；刘文汇等，2013 年全国有机地球化学会交流材料。

C_{31}-藿烷值、较低的 Pr/Ph 值和 C_{29}-重排甾烷/C_{29}-规则甾烷值等特征，但塔里木盆地泥页岩也有类似特征，没有发现类似生成北美 Bakken 组原油那样的页岩。

三、混源油气形成的地质条件及其机制

（一）混源油气形成的地质条件

混源油气的形成是在多种油气形成地质条件与成藏地质要素的耦合下、包含热动力学与化学动力学机制的一个复杂的过程。多套烃源岩、多期生烃是混源油形成的物质基础；多期构造活动与盆地内的差异流体势是混源油气形成的动力学基础；纵横交错的各类输导层是混源油形成的必备条件。

塔里木盆地寒武系、奥陶系烃源岩可进一步划分为下寒武统（$\in_1$）、中寒武统（$\in_2$）、黑土凹组（O_{1-2}）、一间房组（包括却尔却克组—萨尔干组）（O_2）、良里塔格组（O_3）多套烃源岩。寒武系深海-浅海泥岩相烃源岩主要发现于满加尔凹陷、塔东和柯坪地区，TOC 分布范围为 1.2%～3.3%、最高达 7.6%（Cai et al.，2009a），主要为Ⅰ-Ⅱ干酪根类型，净厚度达 400m，面积为 $30×10^4 km^2$。寒武系烃源岩在晚加里东—早海西期进入生油高峰期（赵孟军等，2008），目前已达到较高的热成熟度。黑土凹组为欠补偿盆地相，岩性为碳质与硅质泥岩、笔石与放射虫页岩，在满东和塔东地区 TD1、TD2 井均钻遇。TD1 井黑土凹组烃源岩厚 48m，TOC 为 0.5%～2.7%，折算镜质体反射率为 1.7%～2.2%（张水昌等，2005）。中上奥陶统一间房组烃源岩为罗西 1（LX1）和古城 4（GC4）井钻遇，其生烃高峰期为晚海西期，二叠系达到过成熟（赵孟军等，2008）。良里塔格组烃源岩发现于塔中、塔北和巴楚一带。在塔中地区，上奥陶统烃源岩为陆缘陆棚相—斜坡相，TOC 一般为 0.49%～0.84%，有机质类型为Ⅰ型和Ⅱ-Ⅲ型（Cai et al.，2009a），折算镜质体反射率为 0.81%～1.3%，在晚燕山—喜马拉雅期进入生油高峰期。上述烃源岩在空间分布上有上下叠置关系，在生烃时间上也有重叠时期，海西期为寒武系、奥陶系烃源岩重要的液态烃生成时期。塔里木盆地具有油气混源的物质条件。

塔中、轮南地区深切油源断层、多个风化壳层不整合面，裂缝-孔洞体系极其发育，为油气成藏前后发生混源提供了充分条件，如塔中Ⅰ号断层切割基底至上奥陶统地层，活跃于加里东期并在此后的构造活动中再度活化，而横切Ⅰ号断层的多个北东—南西向转换断层（形成于晚奥陶世）及其相关的微断裂、裂缝体系已被证实是重要的油气垂向运移通道（图 3.1.12），对混源油气的形成发挥了至关重要的作用。塔中Ⅰ号断裂等一些主干运移通道（与Ⅰ号断层斜交的北东—南西向走滑断层），显然承担了多期成藏阶段油气的输导任务。这种与多套烃源岩相沟通的多期有效的优势运移通道，为油气在二次运移途中发生混源提供了有利条件。塔里木盆地至少有加里东期、海西期、喜马拉雅期多期构造运动，其导致的油气藏的破坏、油气的调整与重新分配，是调整型混源油气形成的主要机制。在塔中绝大多数原油中都检测到了降解油与未降解油混合的证据（参见第四章），表明其为混源油的主要类型之一。幕式构造运动、快速成藏可能也是碳酸盐岩区原生型混源油气藏形成的重要机制，否则似乎无法解释具有强非均质性的碳酸

岩储层中油气的广泛混源现象。

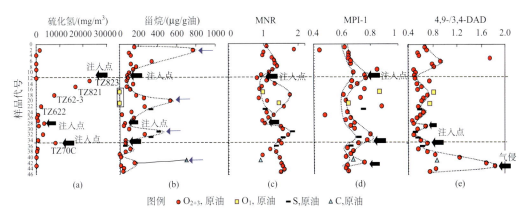

图 3.1.12 塔中Ⅰ号构造带东西向原油基本地球化学参数（指示油气运移特征）

纵坐标样品代号按地理位置从左向右排列；MNR. 甲基萘指数；MPI-1. 甲基菲指数 1；

4,9-/3,4-DAD. 4,9-/3,4-二甲基金刚烷；黑箭头指示油气注入点，一般在转换断层发育附近

（二）油气混合特性与机制

油气发生混合后，通常表现出明显的化学成分非均质性（识别油气混合的重要依据），其取决于原油混合时间的长短、成藏要素的配置、供油条件的优劣等多种因素。例如，渤海湾盆地东营凹陷南部缓斜坡从生油洼陷至斜坡带，存在不同成因类型、不同混合尺度与不同性质的混源油（李素梅等，2005b，2005c），混源油的形成与分布具有显著的侧向差异性、纵向层次性与形成时间的先后有序性。塔里木盆地台盆区海相油的混合也有明显的非均质性，因构造带、层系而异。

物理与化学性质不同的两种或多种原油混合后，势必表现出某些异常的特征，表现为某些指标/参数出现反常，这种反常现象可称为"混合效应"。例如，塔北东部轮南地区凝析油是天然气与正常油混合（气侵）的一种混合效应；塔中不少原油中完整系列的链烷烃与25-降藿烷的共生是一种严重降解油与未降解油/轻质降解油的混合效应。认识各种混合效应对于解剖油气成因与成藏机制至关重要。

混源油气之所以表现出很强的非均质性，主要取决于混合机制，并受油源差异、混合时间、通道与隔层等多种因素的控制（Later and Aplin，1995）。目前相关研究仍很薄弱。密度驱动的混合作用和分子扩散作用是油气混合的重要机制（England and Mackenzie，1989），热对流可能不是重要机理（Horstad et al.，1990）。依据 England 和 Mackenzie（1989）对上述混合机制的时间尺度的估算，单个石油柱内，垂向上的扩散混合作用是快速进行的，在 10Ma 时间尺度内可建立约 100m 规模的重力分异浓度梯度；横向上穿越大油田的石油柱扩散混合作用是缓慢的，成分的非均质性可保持数十百万年。石油柱的密度驱动混合还因储层质量而异，高渗透性储层混合速度是快速的（$10^4 \sim 10^6$ 年时间尺度）。塔中非均质性较强的碳酸盐储层中油气的混合作用应是缓慢的。依据油气混合程度（成分非均质性程度）可估算油气成藏的时间；反之，可由油气

成藏的时间估算油气的混合程度。油气宏观与微观尺度的混合机制研究是混源定量研究的重要内容之一，在以往的研究中尚未得到充分重视，其为混源定量预测提供理论指导并反过来验证预测的可信度。

综上所述（第三章第一节），可总结以下认识。

（1）多源和多期充注及次生改造是导致塔中地区发育多种成因类型原油的主要原因。完整系列正构烷烃与25-降藿烷的共生、芳烃馏分的未分辨基线鼓包揭示绝大部分原油是降解油与晚期充注的新鲜原油的混合物。塔中Ⅰ号构造带大量凝析油气的分布指示晚期大量油气充注以及Ⅰ号带通源断层发育，其在塔中隆起油气运移过程中发挥了重要作用。

（2）单体同位素、包裹体成分等精细油-油、油-岩对比表明，塔里木盆地塔中、轮南地区为广泛的寒武系—下奥陶统、中上奥陶统成因原油的混源油。依据生物标志物分析，绝大部分原油显示与中上奥陶统成因端元油有较好的亲缘关系，但正构烷烃单体烃碳同位素显示，大部分原油具有介于寒武系—下奥陶统、中上奥陶统成因端元油之间的特征，为混源成因。成熟度对碳同位素有所影响，但本次研究中不少原油的碳同位素差异已超过 3‰（成熟度最高影响范围），指示母源外的影响更为重要。生物标志物和 $\delta^{13}C$ 值的不一致反映多期油气充注的发生及其中的一期或多期油气化学成分有所差异，可导致油源指标对比结果的不一致。

（3）从定量角度进行精细油源对比是主力烃源岩确定与油气资源评价的关键和依据。复杂油气区油源研究，必须建立在对油气成藏过程、烃类演化特征充分了解的基础上，采用多馏分、多参数综合研究方法。不同油源对比指标的不一致暗示油气的混源特征。

（4）塔里木盆地油气混源模式多样、具备油气混合的地质地球化学条件。混源模式包括"次生调整型"混源、"异源多期充注型"混源、发生于运移途径中的"原生型"混源等多种模式。鉴于塔里木盆地储层较强的非均质性和油气的广泛混源，构造活动中的幕式充注、快速混源成藏可能是塔中碳酸盐岩油气藏混源油形成的主要机制。多源多期生排烃、烃源岩空间分布叠加、优势运移通道共用、多期构造运移与油气藏多次调整，是研究区发生油气混源的基本条件。

第二节　混源相对贡献评价

通过计算塔里木盆地海相烃源岩不同层系、不同时期的排烃量，可以从正演角度大致反馈台盆区海相烃源岩相对贡献。

一、基于各烃源岩层生排油气量计算并评价各自贡献——正演

（一）塔里木盆地中下寒武统排烃量

根据不同学者关于烃源岩产烃的研究成果，依据生烃潜力法得到的排烃曲线拟合公式进行计算，可获得烃源岩在每一个地质时期对应的排烃强度和排烃量。通过计算（图3.2.1、图3.2.2），到目前为止中下寒武统烃源岩总排烃量为 3587 亿 t，排油量为 1233

亿 t，排气量为 2354 亿 t。从图 3.2.2 排烃量的分布可以看到，中晚奥陶世—志留纪和石炭纪—三叠纪是中下寒武统烃源岩的两个主要排烃阶段，排烃量分别为 2133 亿 t 和 1112 亿 t，分别占总排烃量的 59.5% 和 31%。这两个阶段的排油量、排气量分别为 723 亿 t、400 亿 t 和 1410 亿 t、712 亿 t，分别占总排油量、总排气量的 58.6%、32.4% 和 59.9%、30.2%。由此可见，中下寒武统烃源岩排烃时间早，排烃高峰期在中晚奥陶世—志留纪，石炭纪—三叠纪排烃量也很大。从各个地质时期的排烃强度分布可以看到排烃中心的变迁即供烃灶在不同地质时期的分布。

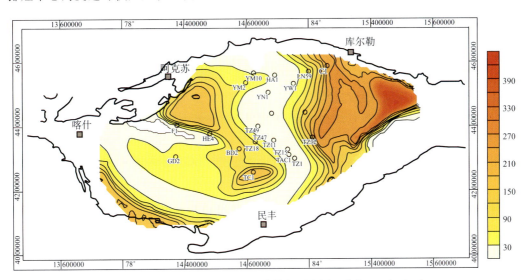

图 3.2.1 中下寒武统烃源岩累计排烃强度图（单位：10^4 t/km²）

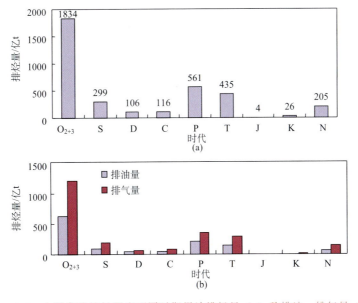

图 3.2.2 中下寒武统烃源岩不同时期累计排烃量（a）及排油、排气量（b）

中晚奥陶世—志留纪东部占主导，排烃中心主要分布在满加尔凹陷满西 1（MX1）井以东地区、英吉苏凹陷、孔雀河斜坡和塔东低凸起，唐古孜巴斯凹陷、阿瓦提凹陷和草湖凹陷也有排烃；石炭纪—三叠纪西部占主导，排烃中心主要分布在阿瓦提凹陷、巴楚凸起—麦盖提斜坡、塔中低凸起和叶城凹陷；白垩纪至今，排烃中心主要分布在塔北隆起凹陷地区和塔东低凸起的部分地区。

（二）塔里木盆地中上奥陶统排烃量

计算表明，到目前为止中上奥陶统烃源岩累计排烃量为 714 亿 t，排油量为 437 亿 t，排气量为 277 亿 t。从图 3.2.3、图 3.2.4 排烃量的分布可以看到，石炭纪—三叠纪和白垩纪至今是中上奥陶统烃源岩的两个主要排烃阶段，排烃量分别为 253 亿 t 和 449 亿 t，分别占总排烃量的 35.5％和 63％。排油量、排气量分别为 161 亿 t、269 亿 t 和 92 亿 t、181 亿 t，分别占总排油量、总排气量的 36.9％、61.5％和 33.2％、65.3％。由此可见，中上奥陶统烃源岩以排油为主，排烃时间晚，排烃高峰期在白垩纪之后，三叠纪排烃量也较大。从中上奥陶统烃源岩在各个地质时期的排烃强度分布可以看到，中上奥陶统烃源岩排烃中心的变迁即供烃灶在不同地质时期的分布。中上奥陶统烃源岩在石炭纪达到排烃门限开始大量排烃，排烃中心分布在满参 1（MC1）井以东的满加尔凹陷地区；二叠纪—三叠纪排烃中心主要分布在阿瓦提凹陷、MC1 井以东满加尔凹陷、塔中低凸起西北部分地区和麦盖提斜坡；白垩纪至今，排烃中心主要分布在满加尔凹陷的中西部地区和塔中低凸起，阿瓦提凹陷及塔北隆起的部分地区也有排烃。

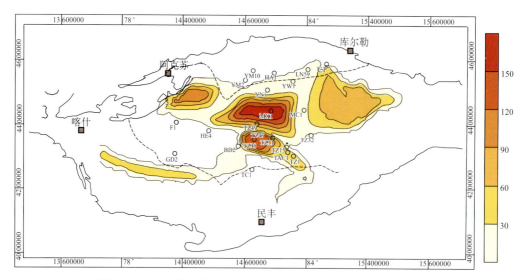

图 3.2.3　中上奥陶统烃源岩累计排烃强度图（单位：10⁴t/km²）

根据不同烃源岩不同时期的排烃量计算结果，可见寒武系排烃中心主要位于满东，中上奥陶统排烃中心主要位于满加尔凹陷的中西部地区和塔中低凸起，与目前的主要油气分布区紧密相邻，说明了烃源岩排烃量对油气分布的控制作用。寒武系与奥陶系的总排油量比是 2.822，结合两套烃源岩的排烃时期及烃类分布，可判定塔里木台盆区完全

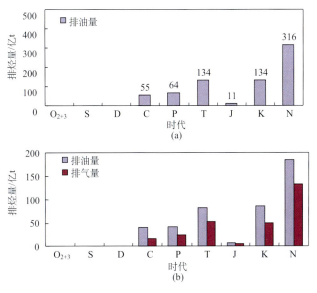

图 3.2.4　中上奥陶统烃源岩不同时期累计排烃量（a）及排油、排气量（b）

存在混源的可能性。

油气运移研究也揭示，满加尔凹陷东部地区是油气的主要来源区（参见第三章第五节）。结合原油成熟度参数及相关油气运移参数的分析，认为轮古东原油主要来自相邻的生油洼陷，轮古东侧原油成熟度高于西侧，满东地区应该是轮古东油气的主要油源区，西侧另有油源，为邻近塔河油田的满加尔凹陷西侧的烃源岩提供油气。轮古东油气可沿奥陶系古岩溶、潜山不整合面、碳酸盐岩裂缝与孔洞进行侧向运移，深切断层在沟通油源和油气垂向运移中发挥了重要作用。

二、基于油气组成评价各烃源岩层相对贡献——反演

（一）端元油厘定

以往研究认为，塔东 2（TD2）（∈—O_1）、塔中 62（TZ62）（S）、英买 1（YM1）（O_1）井原油可作为寒武系—下奥陶统、中上奥陶统成因的端元油，两种原油碳同位素与生物标志物有显著的差异。依据有：①塔东等地区钻遇的寒武系烃源岩的生物标志物特征与 TD2（∈—O_1）、TZ62（S）井相似（图 3.2.5）；②英东 2（YD2）井寒武系烃源岩的碳同位素与 TD2（∈—O_1）、TZ62（S）井极其相似（Li et al.，2010）（图 3.2.6）；③塔中 4 石炭系储层、TZ47-15 井区志留系储层包裹体中均检测出生物标志物与碳同位素特征类似 TD2（∈—O_1）、TZ62（S）井原油的烃类（图 3.1.8），反映 TD2（∈—O_1）、TZ62（S）井原油是迄今发现的较适合作为寒武系—下奥陶统成因端元油的原油。至于中上奥陶统成因端元油，除 YM2（O_1）井外，包括塔中的 TZ2（C）、ZG13（O_1）、ZG501（O_1）、ZG15（O_3）、ZG19（O_{2+3}）井，至少有 7 口井（含深部高成熟原油）（图 3.1.4）以及塔北的至少 19 口井（TK401，YM202 井等）

都具有类似 YM2(O$_1$)井的碳同位素与生物标志物特征(图3.2.7)。特别地,塔中与塔北等大量原油的碳同位素分析表明,无论成熟度高低,几乎所有原油都分布于上述两个端元油之间,表明 TD2(€—O$_1$)、TZ62(S)及 YM1(O$_1$)井原油作为两类端元油,具有较好的适用性。

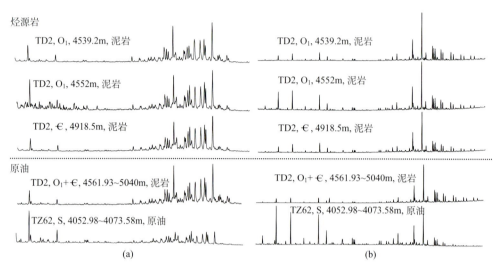

图 3.2.5　下奥陶统烃源岩及相关原油生物标志物对比

(a) $m/z217$;(b) $m/z191$

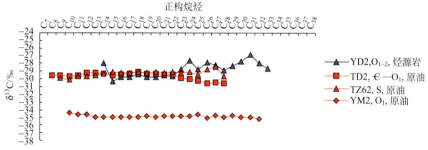

图 3.2.6　英东2井寒武系烃源岩正构烷烃碳同位素特征

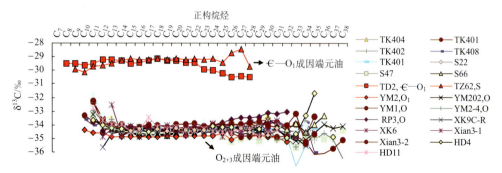

图 3.2.7　台盆区可作为中上奥陶统成因原油的端元油碳同位素特征

相关性分析表明，塔里木台盆区原油碳同位素与成熟度的相关性较差（图3.2.8），本次研究暂不考虑在利用碳同位素进行混源定量预测时的校正。

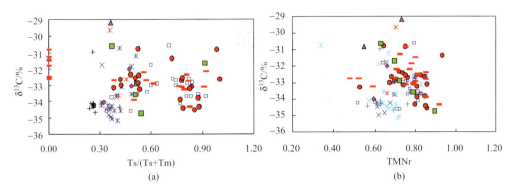

图 3.2.8 原油碳同位素 (nC_{30}) 与成熟度相关图指示成熟度的影响相对较小

（二）台盆区不同油源混源相对贡献预测

在确定端元油的基础上，可利用以下公式进行混源定量计算

$$m(\%) = (C_i \times \delta C_i - C_{Emb} \times \delta C_{Emb})/(C_{Ema} \times \delta C_{Ema} - C_{Emb} \times \delta C_{Emb}) \times 100$$

式中，δC_i 为原油 i 同位素；δC_{Ema} 为端元油 A 同位素；δC_{Emb} 为端元油 B 同位素；C_i、C_{Ema}、C_{Emb} 为原油、端元油的浓度；m 为端元油 a 的比例。

计算结果如图3.2.9～图3.2.11所示。塔中地区深部，如下奥陶统原油，与中浅层原油一样来自塔里木盆地两套主力烃源岩，本次研究所调查的塔中 16 口井下奥陶统原油中寒武系—下奥陶统烃源岩的贡献量为 7.76%～78.93%；塔中寒武系—下奥陶统与中上奥陶统的相对比例约为 42%：58%（加权平均）（图 3.2.10）。塔中地区混源的分布具有以下特征。

（1）寒武系—下奥陶统成因原油含量较高的井主要分布在断层，特别是深切断层附近，如Ⅰ号断裂带，此类油井包括 ZG17（74%）、ZG20（62%）、ZG6（54%）、ZG7（43%）、TZ83（64%）、TZ721（50%）、TZ162（48%）井等。

（2）塔中东侧原油中寒武系—下奥陶统成因原油的含量高于西侧（图 3.2.11）。

（3）观察到 H_2S 含量较高的井寒武系—下奥陶统成因的原油含量相对较高，如 ZG6、ZG7、ZG8、TZ721 井（图 3.2.11），塔中 H_2S 气体主要来自深部（参见第四章），H_2S 气体含量与寒武系—下奥陶统成因原油含量间的正相关性指示后者相当部分来自深部地层，这与该区烃源岩的空间分布格局相吻合。

（4）随埋深增加，塔中原油中寒武系—下奥陶统的贡献量有增加趋势，但塔中西部某些井及浅层部分层系原油例外（图 3.2.12）。部分石炭系和志留系原油中寒武系—下奥陶统的贡献量相对较大与寒武系—下奥陶统供烃时间较早有关；西侧部分深层原油中寒武系—下奥陶统的贡献量较小被认为与烃源灶位置（阿瓦提）有关。

125

塔中混源油的以上分布特征表明烃源岩的生排烃时间、灶源灶位置、油源沟通条件等多种地质地球化学作用控制混源油的形成与分布。

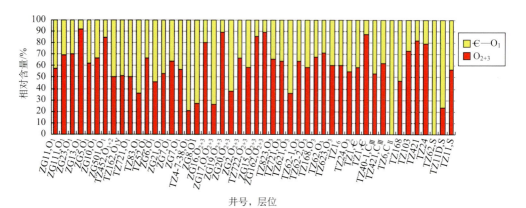

图 3.2.9　塔中地区不同油井混源相对贡献

图 3.2.10　塔中原油混源相对贡献比例（加权平均）

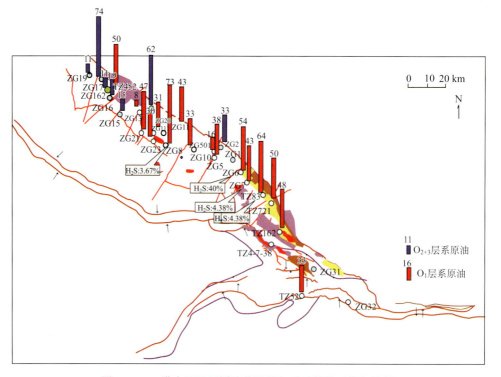

图 3.2.11　塔中地区不同油井混源相对贡献平面分布特征

塔北原油的预测结果如图 3.2.13~图 3.2.15所示，不同构造带原油的混源量不等，寒武系—下奥陶统的含量大致为12％~30％（加权平均）（图 3.2.13）。总体表现出以下特征。

（1）塔北东侧原油中寒武系—下奥陶统成因原油的含量高于西侧，由东向西沿轮南—哈得逊—塔河—哈拉哈塘—新垦—英买力方向有逐渐降低的趋势（图 3.2.13~图 3.2.15）；

（2）随埋深增加，塔北原油中寒武系—下奥陶统的贡献量也有类似的增加趋势。

（3）塔北原油中寒武系—下奥陶统原油的贡献量小于塔中（图 3.2.15）。

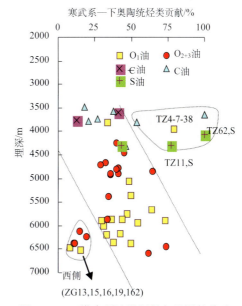

图 3.2.12 塔中原油混源量与埋深的关系

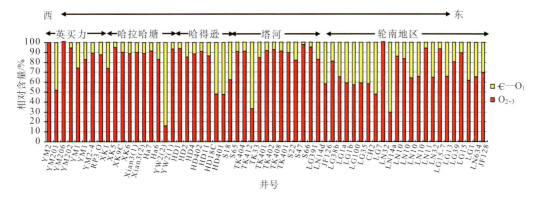

图 3.2.13 塔北不同构造带混源相对贡献

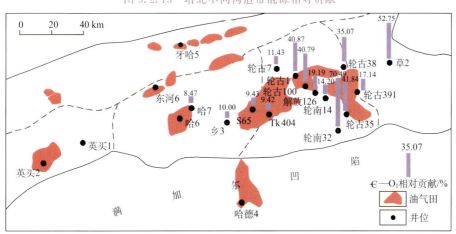

图 3.2.14 塔北隆起原油寒武系—下奥陶统混源相对贡献图

127

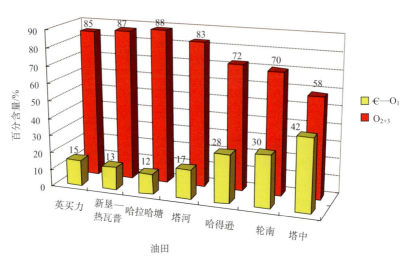

图 3.2.15　塔北隆起原油寒武系—下奥陶统混源相对贡献图

第三节　混源模拟实验研究

一、不同油源原油混源物理模拟实验

塔中 47-15 井区上构造层原油（O_3—$\in$）特征较为接近，包裹体等分析表明其主要为海西期成因（赵靖舟和李启明，2003）。该区带原油具有混源油特征（Li et al.，2010），为反演该区混源油是如何形成的，设计了两组物理模拟实验，一组的端元油为英买 2（O_1）、塔中 1（$\in$）井原油，代表成熟度相近、油源有异的两类原油的混合。英买 2 井被认为是典型的中上奥陶统成因原油，主要在晚海西期形成（李启明等，2009）。塔中 1 井（$\in$）生物标志物具有寒武系—下奥陶统的某些特征，如 C_{27}-规则甾烷丰度相对较低（24.06%），而 C_{27}、C_{28}、C_{29}-规则甾烷相对分布呈反 "L" 形或近线形分布（图 3.3.1）；链烷烃单体烃碳同位素也相对偏重，反映寒武系—下奥陶统烃源岩贡献较多。塔中 1 井（$\in$）原油 C_{29}-甾烷 $\alpha\alpha\alpha20S/(S+R)$、$C_{29}$-甾烷 $\alpha\beta\beta/(\alpha\alpha\alpha+\alpha\beta\beta)$ 值分别为 0.52、0.50，与英买 2 井非常接近（分别为 0.51、0.56）（表 3.3.1），为同期产物。混源物理模拟实验结果表明，塔中 47-15 井区上构造层原油可以为成熟度相似的两种不同成因原油混合形成，两者混合比例可以均当，代表寒武系—下奥陶统成因的端元油 A（塔中 1，$\in$）的混合比例可占 10%～50%（图 3.3.1），在该比例下混合配比油的生物标志物特征与实际检测的原油较为接近，如塔中 35 井(S，C)（表 3.3.1、表 1.1.7）。

第二组物理模拟实验选用塔中 622（O_3）、塔中 11（S）井原油作为端元油（分别为端元油 C、D），代表成熟度与油源均有异的两类油的混合，来检验塔中 47-15 井区上构造层中是否保存有相当量的加里东期寒武系—下奥陶统成因残留油。塔中 622 井（O_3）原油为成熟度相对较高的正常油，C_{29}-甾烷 $\alpha\alpha\alpha20S/(S+R)$、$C_{29}$-甾烷 $\alpha\beta\beta/(\alpha\alpha\alpha+\alpha\beta\beta)$ 值分别为 0.56、0.59；TZ11(a)井（S）原油成熟度相对低于 TZ622 井，C_{29}-甾烷 $\alpha\alpha\alpha20S/$

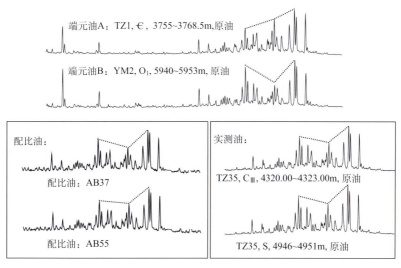

端元油A：TZ1，∈，3755~3768.5m，原油

端元油B：YM2，O₁，5940~5953m，原油

配比油：

配比油：AB37

配比油：AB55

实测油：

TZ35，C_III，4320.00~4323.00m，原油

TZ35，S，4946~4951m，原油

图 3.3.1 混源物理模拟实验一组中端元油与配比油的 $m/z217$ 质量色谱图

(S＋R)、C_{29}-甾烷 $\alpha\beta\beta/(\alpha\alpha\alpha+\alpha\beta\beta)$ 值分别为 0.47、0.41（表 3.3.1），该原油孕甾烷/规则甾烷(0.02)、三环萜烷/五环萜烷值(0.2)也远低于 TZ622 井(O_3)原油(对应参数分别为 0.11、1.46)(表 3.3.1)，进一步反映两井原油成熟度的差异。TZ11(a)井(S)开发早期所采的原油(后期采集的同井原油成熟度较高，可能由于压裂等作用，增加了油藏间的连通性，导致最初油藏原油与其他成熟度较高的原油相混合)寒武系—下奥陶统特征明显，包括反"L"形甾烷分布型式和链烷烃碳同位素相对较重等(图 3.3.2)。由于 TZ11(a)井(S)原油与塔中志留系沥青砂包裹体中的烃类生物标志物(晚加里东期成因)较为接近(图 3.3.2、图 3.1.8)，该井原油代表加里东晚期寒武系—下奥陶统残留油。混源物理模拟实验结果表明，当端元油 C[TZ11(a)井(S)]混入比例大于 10%，配比油的特征就会与实测油，如 TZ35 井(C、S)原油表现特征不吻合(图 3.3.2)，反映塔中 47-15 井区早期残留的寒武系—下奥陶统成因原油贡献量相对较低。结合第一组混源物理模拟实验结果，认为塔中 47-15 井区上构造层原油主要为海西期同期不同油源的混合产物。当不同成熟度原油混合时，由于生物标志物浓度差异显著(成熟度越低生物标志物含量越高)，即使有少量的成熟度较低的原油混入，混合油也往往表现出成熟度较低的端元油的面貌特征，故塔中 47-15 井区早期残留的成熟度较低原油的量相对较少。

二、混源油气分布地质模式

图 3.2.12 显示，塔中地区油气的混源量与埋深的关系并非固定模式，少数埋藏较浅的原油中寒武系—下奥陶统成因原油的贡献量相对较大，如塔中 11 [TZ11(S)]、塔中 62 [TZ62(S)]、塔中 4-7-38 [TZ4-7-38(O)] 井，反映寒武系—下奥陶统烃源岩对某些早期残留古油藏有较大的贡献，这与寒武系—下奥陶统烃源岩成烃时间相对较早因而

表3.3.1 混源物理模拟实验端元油与配比油基本色谱—质谱参数表

实验组	端元组分	井号	层位	井段	C29αααS/(S+R)	C29αββ/(αββ+ααα)	重排甾烷/规则甾烷	孕甾烷/规则甾烷	C27-/C29-规则甾烷	C27/%	C28/%	C29/%	甾烷/萜烷	Ts/(Ts+Tm)	三环萜/五环萜	C29Ts/C30-藿烷	C30-重排藿烷/C30-藿烷	伽马蜡烷/C30-藿烷
一组 端元油	A	TZ1	∈	3755~3768.5	0.52	0.50	0.23	0.09	0.53	24.06	27.42	45.35	0.62	0.41	0.56	0.23	0.09	0.14
端元油	B	YM2	O₁	5940~5953	0.51	0.56	0.26	0.12	0.75	34.03	16.82	45.32	0.54	0.35	0.61	0.20	0.07	0.12
二组 端元油	C	TZ622	O₃	4913.52~4925	0.56	0.59	0.33	0.11	0.99	39.09	17.19	39.45	1.10	0.73	1.46	0.55	0.18	0.08
端元油	D	TZ11(a)	S	4301~4307	0.47	0.41	0.09	0.02	0.39	19.78	29.81	50.41	0.56	0.30	0.20	0.11	0.05	0.35
三组 端元油	E	TZ15	S	4300~4306.5	0.53	0.53	0.24	0.09	0.76	33.12	20.17	43.56	0.69	0.41	0.74	0.25	0.11	0.18
端元油	F	TZ16	C_III	3812.5~3819.5	0.51	0.54	0.44	0.33	1.12	39.66	19.51	35.35	1.74	0.53	2.31	0.43	0.18	0.09
四组 端元油	G	TZ168	O₃	4670~4686	0.54	0.58	0.37	0.16	0.87	36.70	16.53	42.11	0.61	0.42	0.87	0.26	0.09	0.12
端元油	H	TZ4	C_II	3532~3548	0.47	0.51	0.37	0.27	0.98	39.38	15.62	40.13	0.91	0.49	1.72	0.3	0.15	0.12
	I	ZG5	O₁	6351.64~6460	—	—	—	—	—	—	—	—	—	—	—	—	—	—
配比油		AB37			0.49	0.54	0.25	0.11	0.65	30.58	19.11	47.09	0.55	0.38	0.63	0.19	0.06	0.11
		AB55			0.49	0.54	0.25	0.10	0.60	28.17	21.57	46.95	0.56	0.40	0.62	0.20	0.07	0.12
		CD82			0.46	0.44	0.15	0.06	0.52	25.19	26.55	48.26	0.65	0.45	0.43	0.13	0.06	0.40
		CD91			0.46	0.47	0.19	0.08	0.60	27.97	25.25	46.78	0.71	0.55	0.63	0.18	0.06	0.30
		EF28			0.54	0.53	0.32	0.20	0.83	34.67	18.98	41.69	1.02	0.49	1.26	0.25	0.08	0.16
		EF55			0.50	0.51	0.27	0.13	0.76	33.35	19.46	43.96	0.76	0.46	0.87	0.24	0.09	0.19
		EF64			0.51	0.52	0.24	0.13	0.79	34.12	18.79	43.42	0.73	0.43	0.88	0.24	0.09	0.20
		EF73			0.51	0.52	0.26	0.12	0.80	34.7	18.37	43.46	0.73	0.43	0.86	0.22	0.10	0.18
		GHI557			0.48	0.56	0.36	0.23	0.87	36.47	15.11	41.71	0.73	0.47	1.34	0.27	0.19	0.12
		GHI556			0.47	0.54	0.39	0.23	1.02	39.14	16.16	38.48	0.76	0.47	1.22	0.27	0.09	0.14
		GHI555			0.48	0.55	0.41	0.25	1.01	39.49	15.16	39.13	0.75	0.49	1.42	0.29	0.13	0.17
		GHI554			0.48	0.57	0.36	0.23	1.10	42.43	13.4	38.65	0.73	0.50	1.20	0.28	0.11	0.14

注：C_{27}、C_{28}、C_{29}为C_{27}、C_{28}、C_{29}规则甾烷在C_{27}、C_{28}、C_{29}规则甾烷中的百分含量。

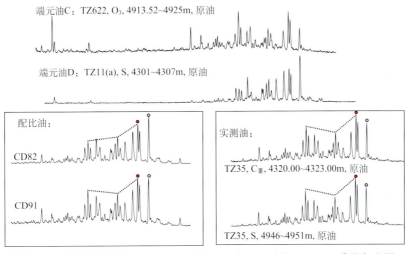

图 3.3.2　混源物理模拟实验二组中端元油与配比油的 $m/z217$ 质量色谱图

运聚时间也相对较早有一定关系；部分原油表现出随埋深增加，寒武系—下奥陶统成因原油的贡献比例有增加趋势，这与两套烃源岩的空间分布不无关系，靠近油源的油藏有优先聚集相关烃类的趋势；塔中西侧部分原油，如中古 13、中古 15、中古 16、中古 19、中古 162 等井中上奥陶统烃源岩的成烃贡献量较大，预测与这些井油气主要来自相邻的西部凹陷（阿瓦提断陷）及断层作为优势通道直接连接圈闭与烃源岩有关。Ⅰ号断层可使北侧满加尔凹陷中上奥陶统烃源岩与塔中隆起深部层系（含下奥陶统）对接，与Ⅰ号断层斜交的转换断层进一步增加了满加尔凹陷油气向塔中隆起运输的效率。最近在塔中的中深 1 井寒武系发现的油气性质不同于典型的寒武系烃源岩及相关原油，而与中上奥陶统特征较为接近，预测与断层沟通中上奥陶统油源有关。某些深部圈闭可能为晚期成藏（残留古油藏除外），从烃源岩生烃史角度，中上奥陶统烃源岩提供液态烃也比较现实。综合不同成因油气的分布规律、烃源岩的生排烃与圈闭发育史，初步概括出塔中混源油气分布的地质模式，如图 3.3.3 所示。纯寒武系—下奥陶统油气只保存在受后期构造影响较小、保存条件较好的区带，如塔中 62 志留系油气藏；纯中上奥陶统油气主要分布在油气输导条件较好的靠近断层的区带，断层作为优势运移通道，在油气充注过程中不断将早先聚集的油气向前驱赶，留下相对单一成因的某期充注油气；如果古油藏被破坏，则深切断层附近也将聚集含有寒武系—下奥陶统成因的油气；鉴于多期构造运动和油气藏调整，塔中多数油气藏应为混源成因。

三、不同成熟度原油混源识别与相对贡献量评价

（一）台盆区原油组分热稳定性与组分变异临界点识别

塔中原油物性及成熟度差异显著，在不同油源油气混合的同时，也伴随着不同成熟度油气的混合。观察到塔中、塔北轮南地区原油有一共同的特征，埋深小于 5000m 时原油中烃类生物标志物性质相对稳定、分布集中，埋深大于 5000m 时生物标志物相对

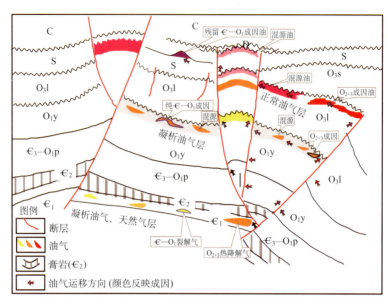

图 3.3.3　塔中混源油气分布模式示意图

分散（图 3.3.4、图 4.2.1）。原油物性具有类似的特征（图 1.1.1）。观察到塔北西侧哈拉哈塘新垦—热普地区生物标志物显著变化的临界点约为 6500m（图 4.2.4）。按照地面温度 21℃、塔里木盆地地温梯度 2.0℃/100m 计算，5000m 深度处储层的温度约

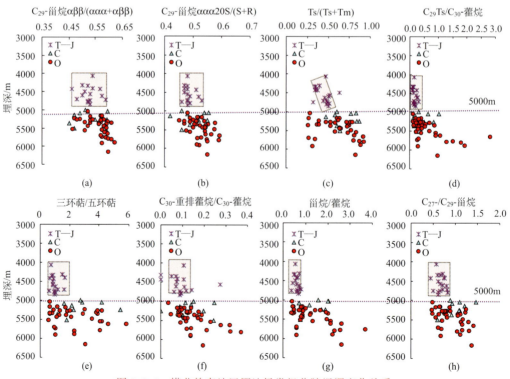

图 3.3.4　塔北轮南地区原油烃类组分随埋深变化关系

为 121℃；6500m 深度处的地层温度约为 151℃。按照通常情况下温度高于 150℃ 时原油性质便表现出明显的热不稳定性的特点，塔里木台盆区 6000～6500m 应存在一重要的热蚀变临界点；塔中及轮南原油 5000m 左右生物标志物也有显著变化，可能受断层沟通的深部油气的影响。总而言之，研究区中浅层油气（如埋深<5000m）受油气藏破坏时导致的生物降解等次生改造作用的影响较明显；深部油气（埋深>6000m）受热蚀变影响较显著。以上特征表明，讨论不同成熟度/不同期次原油的混合需要考虑油藏的深度，相关定量研究考虑成藏后组分不再发生明显变异方有意义。

依据芳烃成熟度等参数，塔中原油随埋深变化规律性较明显、变化特征较一致，表明油气成藏环境、油气来源具有某些相似性（图 1.1.50）。塔北原油则表现出明显的分异性，轮古东与轮古西及其以西地区不尽相同（图 4.2.3、图 4.2.4），反映油气成藏环境和（或）油气来源本质性的差别（参见第四章第二节）。

（二）台盆区不同成熟度原油混合识别与相对贡献预测

1. 塔中北斜坡塔中 47-15 井区上构造层多期混合数值模拟

为反演塔中北斜坡塔中 47-15 井区上构造层混源油(O_3—C)的形成过程，查明混源油是不同成藏期原油混合形成还是同期相同/相近成熟度原油混合形成，设计了下面的混源数值模拟实验：端元油 A 用中等成熟度(海西期)中上奥陶统成因 YM2 井(O_1)原油；端元油 B_1 用较低成熟度(晚加里东期)寒武系—下奥陶统成因 TZ11 井(S)原油，其与志留系储层包裹烃——加里东期寒武系—下奥陶统成因原油生物标志物相近；端元油 B_2 用较高成熟度(海西期/喜山期)寒武系—下奥陶统成因 TZ62 井(S)原油。

（1）混源方案一［A＝TZ11(S)；B_1＝YM2(O_1)］：代表两个成藏期/两种不同成熟度原油的混合。混合模型如图 3.3.5 所示，结果如图 3.3.6 所示。混源数值模拟实验表明，塔中 47-15 井区混入早期较低成熟度原油［如 TZ11 井(S)原油］的量小于 10%。早期残留原油（加里东期）混合的可能性较小。

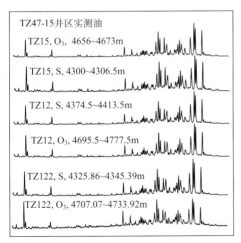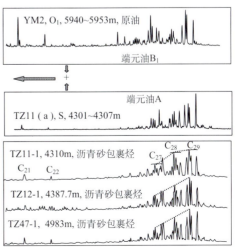

图 3.3.5　塔中 47-15 井区混源方案一

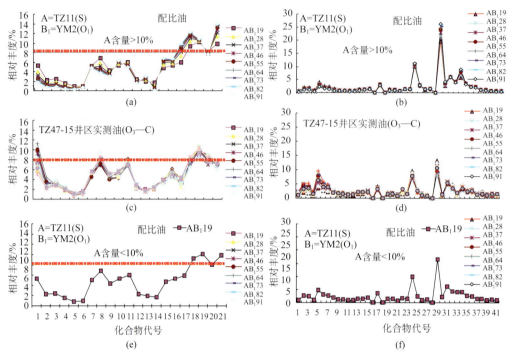

图 3.3.6 塔中 47-15 井区混源方案一的数值模拟实验结果
化合物代号 1~21 为甾烷系列；化合物代号 1~41 为三环萜和五环萜系列；
AB₁28 代表 A：B₁=2：8，其他类推

（2）混源方案二［A＝TZ62(S)；B₂＝YM2(O)］：代表成藏期/成熟度相近原油的混合。混合模型如图 3.3.7 所示，结果如图 3.3.8、图 3.3.9 所示。利用单体烃碳同位素途径所计算的寒武系—下奥陶统与中上奥陶统的混源量之比为 46：54（图 3.3.9）；利用生物标志物所计算的寒武系—下奥陶统的贡献量最高可为 40%～50%（图 3.3.8），两种计算途径结果相近。以上结果表明，塔中 47-15 井区中浅层原油主要是海西期成熟度相近的原油混合所形成。以上数值模拟实验在某种程度上进一步验证了前面的物理模拟实验结果。

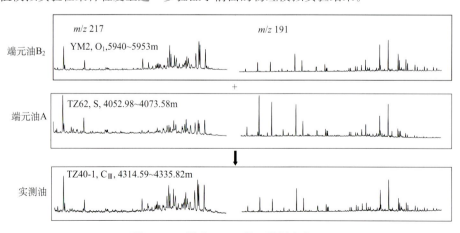

图 3.3.7 塔中 47-15 井区混源方案二

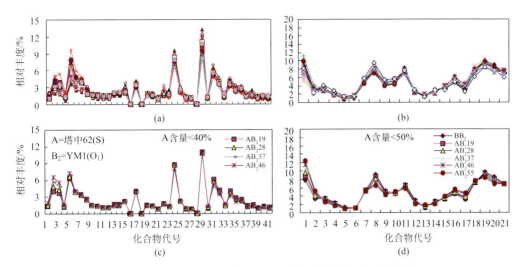

图 3.3.8　塔中 47-15 井区混源方案二数值模拟实验结果

化合物代号 1~21 为甾烷系列；化合物代号 1~41 为三环萜和五环萜系列；

AB₁28 代表 A：B₁=2：8，其他类推。

(a) 实测原油（*m/z* 191）（O₃—C）；(b) 实测原油（*m/z* 217）（O₃—C）；

(c) 配比油（*m/z* 191）；(d) 配比油（*m/z* 217）

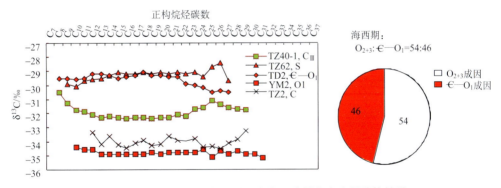

图 3.3.9　塔中 47-15 井区混源方案二碳同位素途径计算结果

2. 塔中 16 井区多期混合物理模拟实验

塔中 16 井区有两种类型原油，一种为以中上奥陶统及部分志留系储层原油为主的原油，如 TZ168(O₃)、TZ161(O₃、S)井原油；另一种为产自石炭系的部分原油，如 TZ16 井(C)原油(图 3.3.10)。塔中 16 井区原油成熟度总体高于 TZ47-15 井区上构造层原油(Li S M et al.，2010)(表 1.1.7)。因塔中 16 井区与塔中 47-15 井区构造位置相邻(地质背景有继承性)、油气成因也有继承性，塔中 16 井区应包含与塔中 47-15 井区上构造层类似的原油，前者成熟度高于后者，预测与后期充注了成熟度较高的原油[如 TZ16 井(C)原油]有关。为揭示塔中 16 井区油气的多期形成过程，拟定了一组物理模拟实验，端元油分别为 TZ15（S）、TZ16（C）井原油（表 3.3.1、图 3.3.10），代表两期（海西期、喜马拉雅期）不同成熟度原油的混合。混源物理模拟实验结果表明，不同成熟度原油混合后的原油面貌主要取决于成熟度较低的原油，在塔中 16 井区，当成熟度较高的端元油 F［TZ16 井（C）原油］混入量高达 80% 时，配比油的生物标志物面貌才接近实测油（图 3.3.10），反之则说明，塔中 16 井区早期储存的与塔中 47-15 井区类似的成熟度相对较低的原油的含量应低于 20%，即塔中 16 井区主要为后期充注的成熟度较高的原油。以上结果反映晚期成藏（原油成熟度较高）对于塔里木盆地台盆区海相油气的形成可能至关重要。

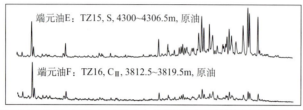

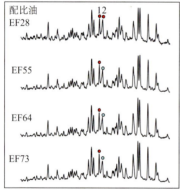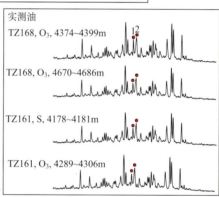

图 3.3.10　塔中 47-15 井区混源物理模拟实验结果

3. 塔中 4 井区多期混合物理模拟实验

塔中 4 井区原油特征显著，主体为黑色凝析油气。原油中不仅检测到类似塔中 47-15、塔中 16 井区的降解油成分（含 25-降藿烷等），还具有显著的高芳香硫特征，该特征与塔中地区下奥陶统，如 ZG5 等井原油相似。综合研究认为塔中 4 井区为多期混合油，可为三类原油混合形成，一类为塔中 16 井区的原油，如 TZ168 井（O_3）原油；第二类为保存在东河砂 C_{II} 油组的轻质油，如 TZ4 井（C_{II}）原油；第三类为下奥陶统 ZG5 井（O_1）原油。以上述三类原油为端元油（分别为 G、H、I）进行了混源物理模拟实验（表 3.3.1、图 3.3.11）。由于端元油 I 成熟度较高，原油中生物标志物含量甚微，因此，该原油混入量的高低几乎不影响混合油的生物面貌特征，如图 3.3.11 所示，该原油混入量为 40%～70% 而其他端元油的混入比例不变时，混合油的生物标志物面貌基本一致。该混源物理模拟实验进一步解释了塔中 4 井区原油的异常特征，即原油颜色较深而油质较轻为早期成熟度较低的非烃、沥青质（决定原油的颜色）含量相对较高的原油被晚期成熟度较高的轻质油（可导致油质变质）充注混合所致。以上实验可能还反映，塔中地区上、下构造层原油物性显示较大的差异并不一定指示上、下构造层为相互独立的成藏体系。

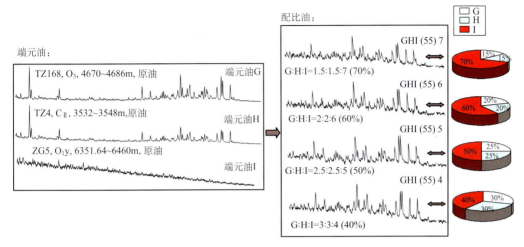

图 3.3.11　塔中 4 井区混源物理模拟实验结果

第四节　油气成藏期次判别与关键时间确定

一、基于烃源岩层大量生排油气时间确定成藏期次——正演

考虑到盆地构造演化过程中发生过多次剧烈的构造运动，结合盆地油气成藏多期旋回性以及中下寒武统和中上奥陶统在不同时期排烃强度的变化，塔里木盆地台盆区多套烃源灶具有向上叠置、平面上重叠或交叉的特征，油气的生成、运移和聚散过程表现为多期。

塔里木盆地主要的烃源岩有两套，分别是中下寒武统烃源岩和中上奥陶统烃源岩。中下寒武统烃源岩生烃时间早，在早奥陶世开始生烃，一直持续到现今，现今主要是生干气阶段；而中上奥陶统烃源岩生烃时间大概在石炭纪早期，一直持续到现今，现今主要是生油阶段。根据两者的排烃量可知，中下寒武统烃源岩主要有三个排烃周期（图3.4.1）：奥陶纪中期—志留纪晚期；二叠纪早期—三叠纪晚期；白垩纪早期至今。中上奥陶统烃源岩主要存在两个排烃周期：二叠纪早期—三叠纪晚期；白垩纪早期—现今。从排烃总量来看，主要存在三或四个排烃周期：奥陶纪—志留纪（也可划为两期，分别为寒武纪—奥陶纪、志留纪—泥盆纪）；石炭纪—三叠纪；白垩纪至今。

从图3.4.2可以看出，塔里木盆地台盆区成藏期受烃源岩生排烃时间及排烃量的影响，四次大量生排烃期分别对应着四个成藏的关键时刻：加里东早期、加里东晚期、晚海西期和燕山—喜马拉雅期（以下喜马拉雅期简称喜山期）。由于奥陶系、志留系、石炭系各层系储集层、盖层、圈闭形成时间不同，不同层系油气成藏时间和期次存在明显差异：奥陶系储盖组合主要形成于晚奥陶世末期，可能存在三期成藏及多期油气调整；志留系储盖组合主要形成于志留纪末期，可能存在两期或三期成藏及多期油气调整；石

137

时代
€1+2排烃量/亿t
€2-3排烃量/亿t
€1-O排烃量/亿t
排烃阶段
0 500 1000 1500 2000
0 100 200 300 400
油
气
N—Q
K
J
T
P
C
D
S
O2+3
K—Q
C—T
O—S

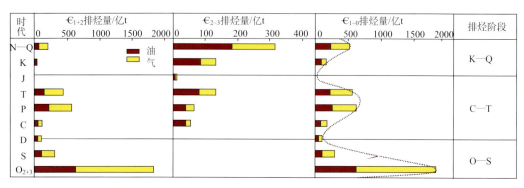

图 3.4.1 塔里木盆地主要烃源岩最重要的生排烃时期

炭系储盖组合主要形成于二叠纪初期，可能存在两期成藏并可能存在多期下伏油气的调整成藏。其中喜马拉雅期是形成现今油气藏最重要的时期，其次是晚海西—印支期，加里东晚期和加里东早期形成的油气藏由于受构造调整破坏的影响，现在大部分都以沥青砂的形式存在。

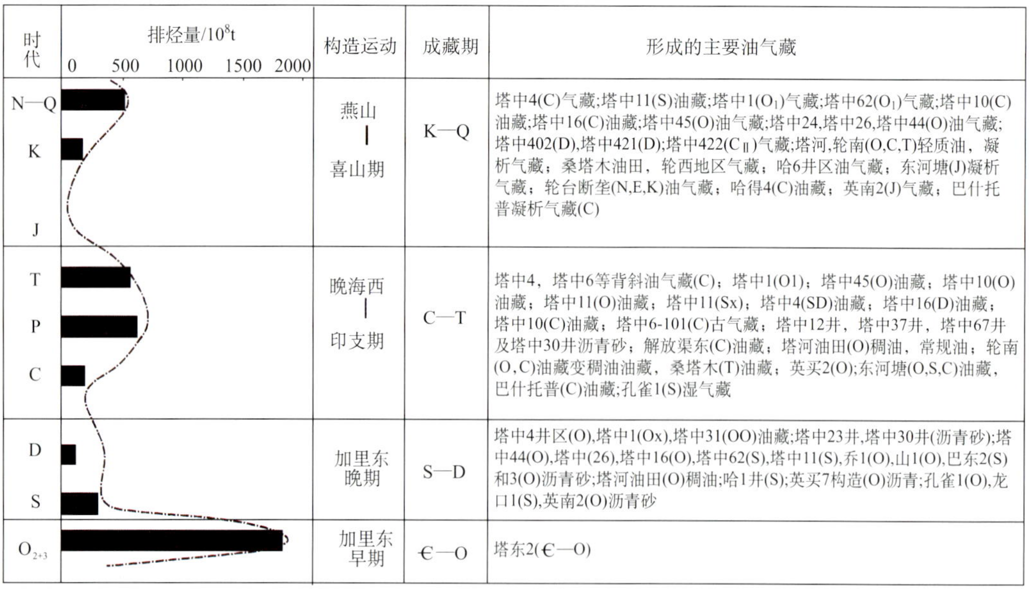

时代
排烃量/10⁸t
0 500 1000 1500 2000
构造运动
成藏期
形成的主要油气藏
N—Q
K
J
燕山—喜山期
K—Q
塔中4(C)气藏;塔中11(S)油藏;塔中1(O1)气藏;塔中62(O1)气藏;塔中10(C)油藏;塔中16(C)油藏;塔中45(O)油气藏;塔中24,塔中26,塔中44(O)油气藏;塔中402(D),塔中421(D);塔中422(CⅡ)气藏;塔河,轮南(O,C,T)轻质油，凝析气藏；桑塔木油田，轮西地区气藏；哈6井区油气藏；东河塘(J)凝析气藏；轮台断垒(N,E,K)油气藏；哈得4(C)油藏；英南2(J)气藏；巴什托普凝析气藏(C)
T
P
C
晚海西—印支期
C—T
塔中4，塔中6等背斜油气藏(C)；塔中1(O1)；塔中45(O)油藏；塔中10(O)油藏；塔中11(O)油藏；塔中11(Sx)；塔中4(SD)油藏；塔中16(D)油藏；塔中10(C)油藏；塔中6-101(C)古气藏；塔中12井，塔中37井，塔中67井及塔中30井沥青砂；解放渠东(C)油藏；塔河油田(O)稠油，常规油；轮南(O,C)油藏变稠油油藏，桑塔木(T)油藏；英买2(O);东河塘(O,S,C)油藏，巴什托普(C)油藏;孔雀1(S)湿气藏
D
S
加里东晚期
S—D
塔中4井区(O),塔中1(Ox),塔中31(OO)油藏;塔中23井,塔中30井(沥青砂);塔中44(O),塔中(26),塔中16(O),塔中62(S),塔中11(S),乔1(O),山1(O),巴东2(S)和3(O)沥青砂;塔河油田(O)稠油;哈1井(S);英买7构造(O)沥青;孔雀1(O),龙口1(S),英南2(O)沥青砂
O2+3
加里东早期
€—O
塔东2(€—O)

图 3.4.2 塔里木盆地海相烃源岩生排油气高峰期对应油气大量成藏期

二、基于含油气包裹体均一化温度确定成藏期次——反演

（一）塔中地区

很多学者都对塔中地区油气成藏期次进行过研究（金之钧，2006；张鼐等，2011；杨海军等，2011；刘可禹等，2013），存在不少分歧，多数学者认为主要有三期成藏。

塔中地区经历过多期油气充注，这使得经历过多期油气充注的区域含油气性好，同时晚期形成的油气藏由于经历的构造变动期次少，使得这些油气藏易于保存。

通过油气成藏过程的分析，杨海军等（2011）等提出塔中地区曾存在三个主要成藏期（图 3.4.3），第一个成藏期为加里东晚期成藏，油气来自于寒武系—下奥陶统烃源岩，但早海西期的构造运动对该期油气破坏严重，造成油藏大范围破坏。第二个成藏期是晚海西期，也是塔中地区最重要的油气充注成藏期，油气来自于中上奥陶统烃源岩。第三个成藏期是晚喜山期，受库车前陆冲断影响，台盆区快速沉降，埋深急速增大，寒武系原油裂解气形成，沿深部断裂向浅部奥陶系充注，对油藏进行气洗改造，从而形成大面积分布的凝析气藏。金之钧（2006）提出塔中地区有三期油气成藏：①第一期成藏为晚加里东期，寒武系和下奥陶统烃源岩成熟，油气运移到志留系中成藏，并形成 I 类有机包裹体，之后在加里东晚期—早海西期，古油藏遭受破坏，志留系油藏被抬升到地表附近，遭受严重的生物降解和氧化淋滤；②第二期成藏为海西中晚期，盆地再次沉降，海西晚期火山-岩浆作用强烈，一方面形成后期高（过）熟烃类，另一方面引起流体运移调整、轻质烃类在次生孔隙再次成藏，同时部分烃类被捕获在包裹体中；③第三期成藏为中、新生代，随着中、新生代的不断沉积，促使烃源岩最后一次生烃，或者使早期烃类进一步裂解，形成更高成熟度的轻质烃，充注到沥青砂岩中。刘可禹等（2013）通过对包裹体荧光光谱与均一化温度、包裹体丰度与岩相学等的研究，认为塔中地区奥陶系储集层至少存在两期油充注。

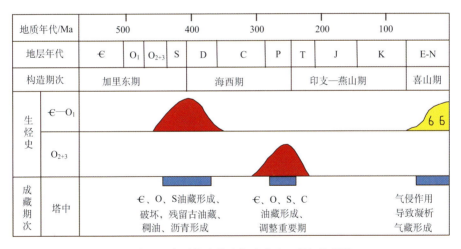

图 3.4.3 塔中 I 号断裂构造带油气成藏史（据杨海军等，2011）

通过对塔中多个构造带不同层系储层大量样品的分析，张鼐等（2011）认为塔中地区存在五期烃包裹体组分的记录（表 3.4.1），提出第 I 期烃包裹体来源于满加尔凹陷的寒武系海相碳酸盐岩烃源岩；第 II 期烃包裹体来源于满加尔凹陷的中奥陶统烃源岩；第 III 期烃包裹体来源于塔中地区下部寒武系海相碳酸盐岩烃源岩；第 IV 期烃包裹体是由寒武系海相碳酸盐岩原油分解而成；第 V 期烃包裹体来源于塔中地区上奥陶统良里塔格组烃源岩。五期烃包裹体的形成时间分别为：早海西期（约 383Ma）、晚海西期（240～260Ma）、燕山—早喜山期早期、喜山运动二幕（23Ma）、晚喜山期至今。塔中地区奥陶系储层中并非每一个圈闭都含有以上五期烃包裹体，有的圈闭只含其中的一期或两期或三期。第Ⅰ期主要是油气运移的"足迹"，仅路过奥陶系，未成藏。第Ⅱ、Ⅳ、Ⅴ期普遍影响塔中奥陶系，是油气成藏的"历史"，使奥陶系的原油具有中奥陶统油源（第Ⅱ期）、上奥陶统油源（第Ⅴ期）和寒武系油源（第Ⅳ期）混源特征，第Ⅱ、Ⅳ期烃包裹体大量存在是塔中Ⅰ号坡折带凝析油气高产的"标志"。第Ⅲ期烃包裹体的发育可能预示在塔中东部地区中下奥陶统及寒武系形成大油藏，塔中东部地区是寻找原生大型油藏的重要靶区。

表 3.4.1   塔中地区部分奥陶系烃包裹体分布及含量（据张鼐等，2011）

地 层				O₃l		O₁y				O₁p		
构造带				83区块		83区块			10号构造带	中央断垒带		
井 号				TZ83	TZ84	TZ83	TZ84	ZG7	TZ162	TZ162	TZ4-7-38	TZ4
产油气				高产	显示	高产	显示	高产	高产	高产	高产	高产
Ⅰ	中-重	低	早海西	5～10	5～10	5～10	>10	<5	—	—	—	—
Ⅱ	中质	成熟	晚海西（P）	<5	>10	—	—	—	—	—	—	<5
Ⅲ	中质	高成熟	早喜山期早期	—	—	—	—	—	—	—	>10	—
Ⅳ	凝析油气	过成熟	早喜山晚期	>10	<5	>10	5～10	>10	>10	>10	>10	>10
Ⅴ	中-稠	中-高	晚喜山期	—	—	—	—	—	—	—	—	—
油藏性质				正常油	—	凝析气	—	凝析气	凝析油	凝析油	稠油	稠油

尽管张鼐等（2011）提出的烃包裹体期次较多，但主要油气的成藏期与以往研究有相似之处，即海西期、喜山期是重要成藏期；不同之处在于，以往研究一般认为喜山期是气藏形成期，而张鼐等（2011）认为喜山期也可形成液态凝析油。

通过对塔中油气化学成分、包裹体的分析，本研究认为塔中地区油气应为多期成藏及调整的产物，至少存在三期油气成藏和调整，即加里东期寒武系—下奥陶统成因油气的成藏、早/晚海西期油气藏的形成与调整、喜马拉雅期凝析油气藏的形成。然而，仍存在的疑问是，深部寒武系—下奥陶统是否残存有加里东期的古油气藏（虽然运移至志留系的油气大多被破坏）？目前塔中和塔北广泛存在的凝析油到底是喜山期的产物，古油藏的热蚀变所致，还是喜山期天然气对常规油藏的气侵所致？喜山期的凝析油气是古油藏的演化及调整的产物（如果这样，如何定性该类油气的成藏期？）还是高-过成熟烃源岩晚期生排烃的产物？特别地，如何理解寒武系—下奥陶统烃源岩在晚加里东期成藏后，在海西期却未发现相关油气而到喜山期却能再次生成凝析油气（表3.4.1）？相关研究有待深入。

（二）塔北地区

不少学者对塔北地区油气成藏期次进行过研究（王铁冠等，2004；金之钧，2006；

赵文智等，2012；王招明等，2013；朱光有等，2013），相关成果存在一定分歧，多数学者认为塔北西侧成藏期次少，东侧成藏期次多；部分学者认为东、西部成藏期次较统一，有三个成藏期。

根据塔河油田奥陶系油藏 73 口油井 75 件原油样品的分析结果，塔河油田奥陶系原油为同源两期油藏（王铁冠等，2004）。塔河原油类型与物理性质不一，包含轻质油、黑油、重稠油和超重油等，其中重稠油和超重油都遭受过强烈的生物降解作用。尽管原油类型与物性差别较大，但是，无论原油的饱和烃或芳烃馏分的化学组成还是全油与馏分的稳定碳同位素组成，均表现出高度的均一性，从而表明这些原油应隶属于相同的石油族群，即源自相同的烃源层（或烃源灶），具有相似的成藏历史。然而，根据全油气相色谱中 "UCM" 鼓包与正构烷烃的共生、饱和烃色谱-质谱检测中 25-降霍烷与链烷烃的共生，塔河原油各馏分之间 $\delta^{13}C$ 差值较小，且在绝大多数分析数据中出现非烃和（或）沥青质馏分的 $\delta^{13}C$ 值递减、碳同位素变轻的反常现象，认为塔河奥陶系原油为经历过早、晚两次充注成藏过程的混合油。

轮南地区早古生代碳酸盐岩储层中发育三期烃包裹体（金之钧，2006），分别形成于晚志留世—早泥盆世、晚白垩世及新近纪，与区域性油气充注事件有关。平面上，奥陶系三期有机包裹体在东部均有发现，而在西部仅发现有第Ⅱ期。从三期有机包裹体丰度来看，分布最广的是第Ⅱ期与第Ⅲ期，第Ⅰ期最少，仅在东部地区的 LN10、LN14 等井样品中发现，暗示了轮南低隆起成藏历史东、西有别，东部成藏期次多，西部成藏期次少（金之钧，2006）。类似地，赵文智等（2012）提出轮古东地区油气成藏期为晚加里东期、晚海西期和晚喜山期三期。

采用包裹体荧光和红外光谱分析途径，王招明等（2013）对英买力-哈拉哈塘地区18 口井近 1000 个烃包裹体薄片进行了分析，发现英买力-哈拉哈塘地区奥陶系共有三期烃包裹体。认为三期烃包裹体应分别形成于晚加里东期、晚海西期、燕山—喜马拉雅期（王招明等，2013）。朱光有等（2013）对哈拉哈塘地区单井包裹体资料进行了分析，认为奥陶系储层流体包裹体具有单主峰特点，均一温度主要分布范围为 85～105℃，结合热史、埋藏史分析，认为其对应的成藏时间在晚海西期。奥陶系油藏具有统一的温压系统，属于同一个油气系统，认为流体的性质主要取决于晚海西期上覆盖层的厚度。潜山区油藏为稠油油藏，原油遭受生物降解严重，密度大，颜色深；斜坡区油藏生物降解程度较轻，为正常原油到稠油的过渡区；深埋区油藏基本未遭受生物降解，为正常原油。

依据本次研究及以往研究，笔者认为，塔北原油具有不同的油源灶，轮古东原油应主要有三期成藏（晚加里东期、晚海西期、喜山期），油气主要来自满加尔凹陷东侧的生油凹陷；轮古西-塔河-哈得逊-哈拉哈塘-英买力原油主要来自西侧的生油凹陷（参见第三章第五节），油气成藏期次具有非统一性，多数原油至少经历两期成藏或调整（依据降解油与非降解油共生等），目前在塔北西侧发现的喜山期油气量非常有限，预测分布在斜坡下倾部位及尚未钻遇的深部层位。这是基于既然满加尔西部存在中上奥陶统烃源岩且在晚海西期已生排烃，在热演化程度更高的满东生油凹陷在喜山期仍具有生排烃能力的条件下，满西生油凹陷应更具有生排烃能力，只是生排烃量多少的问题。即使塔北西部地区具有统一的温压系统、属同一含油气体系，但这似乎并不能排除两个不同的演化时期可共用同一套运聚体系的可能性。在使用包裹体等分析测试途径进行成藏期分析时，需要注意分析样品的代表性、深部高温高压成藏体系对包裹体中烃类光学与光谱特征的影响的评价、烃源岩可连续排烃的时间跨度、油气成藏是构造运动驱动下的快速成藏还是缓慢渗流成藏或者两者兼而有之、古油藏中油气性质的变化及其后期构造运动中的调整的识别等诸多问题。

第五节　油气运移路径示踪与富集模式建立

塔里木盆地具有多套烃源层、多期生排烃、多期构造运动与油气成藏、油气藏多次改造破坏等特点，成藏研究始终是海相油气勘探的难点，特别是有效成藏期的确定、成藏过程的刻画与成藏机制的揭示等（赵文智等，2012），相关研究具有重要的油气勘探指导意义。很多人都对塔里木台盆区海相油气的成藏模式进行过研究（周新源等，2009；张水昌等，2011b；韩剑发等，2012），张水昌等（2011b）论述了三大重大构造变革期（早古生代末、晚古生代—早中生代和晚新生代）塔里木盆地海相油气运聚成藏和调整改造的整个过程；朱光有等（2010）提出塔里木台盆区为多期成藏模式，即在晚加里东期，来源于寒武系—下奥陶统的原油沿中下奥陶统岩溶区横向输导，形成古油藏；晚海西期，来源于中上奥陶统的原油沿奥陶系岩溶层横向充注并大范围成藏；喜山期发生气侵作用，形成裂缝-孔洞型凝析气藏。康玉柱（2010）从油源岩、成油期与储集层时空组合角度提出塔里木寒武系—奥陶系为主的油源岩生成的油气聚集在多时代储层中，形成了多种模式，包括：①古生古储型——古生代生成的油气储集在古生代地层中；②后生古储型——喜山期生成的油气储集在古生代地层中；③后生中储型——喜山期生成的油气储集在中生代地层中；④后生新储型——喜山期生成的油气储集在新生代地层中。周新源等（2009）提出轮南油田是受潜山背斜控制的大型准层状缝洞型油气成藏模式。

现有油气成藏模式的研究主要侧重在两个方面，一是揭示盆地范围大尺度的多期充注与调整改造过程（朱光有等，2010；赵文智等，2012）；二是剖析油气藏范围内的小尺度的油气运聚与成藏模式（李民祥等，2005）。介于二者之间的建立在含油气系统范围内的成藏模式研究相对薄弱。广义的成藏模式研究包含烃源层（烃源灶）—运移通道—圈闭/聚集场—油气藏调整改造等全部过程。本次研究从油区范围内油气的运移示踪着手，结合油源灶的分析，探讨塔里木台盆区海相油气的成藏模式。

一、油气运移路径示踪与成藏模式

（一）油气运移分馏效应指标筛选

通常情况下，可用作油气运移示踪的方法主要有如下几种。

1. 含氮化合物的运移效应

吡咯类含氮化合物是近年常用的油气运移指标（Li et al.，1995；刘洛夫和康永尚，1998；王铁冠等，2000；李素梅等，2000），在苏北盆地金湖凹陷、渤海湾盆地东营凹陷南斜坡取得了较好的应用效果（李素梅等，2001a，2001b）。含氮化合物通过吡咯官能团上的氢原子与周围环境中负电性的氧原子或氮原子形成氢键，从而与地层和矿物表面发生相互作用（Dorbon et al.，1984），作用力的大小与含氮化合物的化学活性有关，而化学活性受相对于氮官能团的烷基取代位和取代程度的影响。含氮化合物的运移分馏效应主要表现在随着油气运移距离的增加，吡咯类含氮化合物丰度降低；烷基咔唑相对于烷基苯并咔唑、烷基二苯并咔唑富集；邻位异构体相对于非邻位异构体富集；烷基咔唑、苯并咔唑中高分子量异构体相对于低分子量异构体富集；苯并[a]咔唑可能相对于苯并[c]F咔唑丰度降低（李素梅，1999）。利用吡咯类化合物在油气运移中显著的分馏效应，可对油气运移过程进行评价。

2. 含硫、氧杂环化合物的运移效应

与含氮化合物结构与化学性质相似的氧芴、硫芴，特别是氧芴对于油气运移研究也具有潜在的意义。分析表明，随着油气运移距离的增加，金湖凹陷原油中氧芴、硫芴的绝对丰度显著降低，结构相似的芴系列绝对丰度也显著降低，三芴系列绝对丰度被认为可作为油气运移评价的辅助指标（李素梅等，2001a，2001b）。从吡咯类、氧芴、硫芴系列在油、岩中的绝对丰度差异来看，吡咯类化合物的吸附性最强，其次为氧芴系列，硫芴系列在油、岩中绝对丰度差异最小，推测硫芴系列的极性相对小于前两类，其作为油气运移指标的有效性可能不及吡咯类及氧芴（李素梅等，2001b）。原油、烃源岩中三类杂原子化合物相对分布的差异，与其结构及相关化学性质的差异有关。噻吩环相对比较稳定，与噻吩环中∠SCC、∠CCC比呋喃、吡咯环中相应的键角大，因此张力也较小有关（邢其毅等，1994）。三类化合物形成氢键的几率也各不相同。

3. 正异构烷烃的运移效应

在油气运移过程中，低碳数正烷烃相对富集；类异戊间二烯烷烃中 Pr/Ph、i 轻/i 重、$(iC_{15}+iC_{16}+iC_{18})/(Pr+Ph)$ 等比值有时也随油气运移而变化（曾宪章等，1989）。

4. 甾、萜类生物标志物的运移效应

甾、萜类化合物系列中常用的运移指标包括低、高分子量同系物的比值，如三环萜/五环萜、孕甾烷/规则甾烷。Seifert 和 Moldowan（1980）提出，萜烷中的三环组分比五环藿烷易于运移，所以远距离运移的油富含三环组分；$5\alpha(H)14\beta(H)17\beta(H)$异构体比 $5\alpha(H)14\alpha(H)17\alpha(H)$ 异构体运移得更快。有学者曾用 C_{29}-异胆甾烷 20R/胆甾烷 20R 与 $C_{29}\alpha\alpha\alpha$20S/20R 关系图反映油气的成熟作用与运移效应、应用三环萜/藿烷与 $C_{29}\alpha\alpha\alpha$20S/20R 关系图区分油气热成熟度及其运移和降解（曾宪章等，1989）。重排甾烷/规则甾烷等也可作为油气运移指标。

5. 芳烃运移分馏效应

油气运移过程中，单芳甾类相对于三芳甾类富集，单芳甾与三芳甾在运移过程中的分异作用较烷烃更明显，这是由于它们之间的极性差异明显大于甾烷立体异构体之间的极性差异，因而是更有效的运移指标（曾宪章等，1989）。

本次研究对塔中部分原油进行了含氮化合物运移示踪分析，选用的含氮化合物运移指标主要包括含氮化合物的丰度、[a]/[c]（苯并[a]咔唑/苯并[c]咔唑）、1,8-/NPE's-DMC（氮部分暴露二甲基咔唑）等；选用的烃类和生物标志物油气运移指标主要包括 $(nC_{21}+nC_{22})/(nC_{28}+nC_{29})$、三环萜烷/五环萜烷、$C_{21\sim22}$-/$C_{27\sim29}$-甾烷；芳烃指标包括三芴系列（芴、氧芴、硫芴）丰度。除上述指标外，本次研究还考虑从油气的成熟度高低角度分析晚期油气的主要充注点及油气的充注方向，相关指标包括原油族组分、多项金刚烷类成熟度参数和甾、萜类生物标志物参数等。

（二）塔中油气运移示踪与成藏模式

1. 塔中Ⅰ号断裂构造带

塔中Ⅰ号断裂构造带总体具有西油东气、南油北气、东西分段的特征。油气主要分布在上奥陶统良里塔格组礁滩复合体中，个别井在下奥陶统风化壳岩溶中获得工业油流（塔中Ⅰ号带南侧该层系油气资源丰富），志留系和石炭系油气仅零星分布。塔中Ⅰ号断裂构造带油气分布呈准层状、不规则状；油气分异不明显，油气比变化大；地层水分布复杂、变化大，未发现明显底水。溶蚀孔洞和构造裂缝是主要储集空间，岩溶和裂缝控制着礁滩复合体的储集性能。

塔中Ⅰ号断裂构造带油气成因较为复杂，存在混源、多期充注等复杂的油气成藏过程，很难用常规油气运移指标、传统的油气运移研究思路进行油气运移示踪研究。鉴于成熟度（与油气的成藏期次密切相关）是控制塔中Ⅰ号断裂构造带原油性质差异的重要因素，其次是油气源，本次研究采用地质地球化学相结合的途径，充分运用成熟度指标识别塔中Ⅰ号断裂构造带的主要油气充注点，适当结合传统的油气运移指标，分析结果表明以下五点。

1）塔中Ⅰ号断裂构造带是塔中隆起最重要的油气运聚带

塔中Ⅰ号断裂构造带油气富集且与内带原油有很大差异，反映油气运移与聚集条件优越。甾、萜类化合物丰度与分布和甾、萜类化合物异构化程度反映塔中Ⅰ号断裂构造带原油具有较高的成熟度。侧向上，原油中轻质组分，如正构烷烃、类异戊二烯烃含量远高于内带原油（图1.1.12），甾、萜类生物标志物丰度多数较低，个别偏高［图1.1.19(c)］等，反映塔中Ⅰ号断裂构造带是受晚期油气充注最为显著的区带，导致塔中Ⅰ号断裂构造带油气的成熟度总体高于内侧的塔中47-15井区、塔中4油田及塔中16井区等（图1.1.19）。塔中Ⅰ号断裂构造带相同层系、不同油井甚至邻井原油甾、萜类化合物组成与分布具有显著的差异，反映原油化学成分较强的非均质性。纵向上，塔中地区下奥陶统与上奥陶统原油、志留系与石炭系原油与奥陶系原油有别，反映油气成因和（或）成藏条件的差异。塔中721井下奥陶统原油为高蜡油，甾、萜类生物标志物由于热裂解等作用已很难定性识别，而同井的上奥陶统泥灰岩与泥质条带灰岩中的原油仍呈正常甾烷分布（图 1.1.22、图 1.1.23）；塔中 83 井下奥陶统原油同样为高蜡油，其与同井上奥陶统原油的差异也很明显。地球化学分析表明，塔中I号断裂构造带原油气主要为混源油，寒武系—下奥陶统、中上奥陶统烃源岩均有较多的贡献（Li S M et al.，2010）。

2）塔中I号断裂构造带东侧强气侵注入点识别——金刚烷

金刚烷为具有类似于金刚石结构的一类刚性聚合环状烃类化合物，这种碳骨架结构特性决定了它在地质演化过程中比其他烃类稳定，具有很强的抗热能力和抗生物降解能力（Wei et al.，2007）。现已提出多项金刚烷类成熟度指标，如 4-/(1+3+4)-MAD（甲基双金刚烷）、4,9-/3,4-DAD（二甲基双金刚烷）（Chen et al.，1996），被指出具有成熟度指示作用。塔中I号断裂构造带原油中检测到丰富的金刚烷类化合物，丰度分布范围为 $75.5 \sim 2606.6 \mu g/g$。东侧原油丰度总体高于西侧，如东侧 TZ24 井石炭系、奥陶系原油中的金刚烷类化合物的丰度分别高达 $1526.3 \mu g/g$、$2606.6 \mu g/g$，而西侧 TZ86 井仅为 $75.5 \mu g/g$。塔中I号断裂构造带原油中高丰度此类化合物的检出，无疑反映该构造带原油的高成熟性。特别地，塔中I号断裂构造带东侧原油的 4-/(1+3+4)-MAD、4,9-/3,4-DAD 均出现异常高值［图 3.5.1(c)、图 3.5.1(d)］，最高值点位于 TZ24 至 TZ261 井附近。分析表明，TZ24 井原油成熟度并非最高，甾、萜类化合物基本呈正常分布，与相邻的 TZ243 井完全不同（图 3.5.1），而双金刚烷参数值的偏高显然与主体原油的性质关系不大，金刚烷系列的高丰度与相应参数的高异常被认为与高—过成熟油气的侵入有关，反映该井区为一重要的油气注入区。原油密度、链烷烃参数 $(nC_{21}+nC_{22})/(nC_{28}+nC_{29})$ 的值也偏高［图 3.5.1(a)、图 3.5.1(d)］，进一步说明在塔中I号断裂构造带东端存在一明显的强气侵注入点，其导致原油轻质馏分异常而重质馏分无异，如 TZ24、TZ263 井。

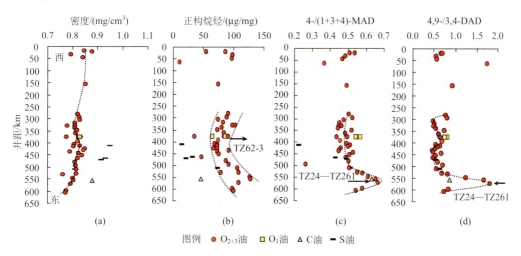

图 3.5.1 塔中Ⅰ号断裂构造带原油中金刚烷类等参数指示气侵注入点（井距自西向东排）

3）塔中Ⅰ号断裂构造带侧向油气运移分馏效应分析——含氮化合物

含氮化合物分析表明，塔中I号断裂构造带含氮化合物丰度具有自西向东逐渐降低的趋势［图 3.5.2(a)］，由于含氮化合物在油气运移中易于被吸附，其丰度将不断降低。原油

145

中苯并[a]咔唑/苯并[c]咔唑也有自西向东降低的趋势[图3.5.2(c)]。接近线状的苯并[a]咔唑比半球状的苯并[c]咔唑更易从油中被吸附到黏土或运载层中的固体有机质上，故在油气运移中苯并[a]咔唑/苯并[c]咔唑值有随运移距离增大而降低的趋势。在油气成因相同的情况下，塔中Ⅰ号断裂构造带原油中含氮化合物的丰度、苯并[a]咔唑/苯并[c]咔唑值的变化似乎暗示存在自西向东的运移趋势，反映塔中Ⅰ号断裂构造带西侧的阿瓦提凹陷是重要油源区，可为塔中隆起提供部分油气。然而，成熟度对含氮化合物也有明显的影响。其他含氮化合物指标如1,8-/NPE's-DMC的运移分馏效应不太明显[图3.5.2(b)]。塔中Ⅰ号断裂构造带原油密度有从西向东降低的趋势[图3.5.1(a)]，暗示东侧油气成熟度更高。综合分析认为，塔中Ⅰ号断裂构造带东侧的油气充注特征强于西侧，地史过程中东侧也是重要的油气充注区[图3.5.2(d)]，塔中Ⅰ号断裂构造带的油气不仅来自Ⅰ号断层的下降盘，同时东西两侧的生油凹陷——塔东凹陷、阿瓦提凹陷也应为重要的供油区。

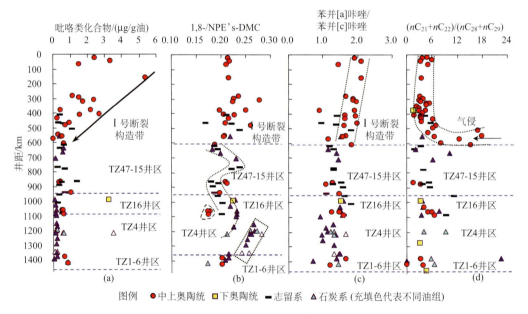

图3.5.2　塔中隆起原油非烃参数特征对比

井距方向指以塔中西侧井点为起始点，自西向东排列

4）塔中Ⅰ号断裂构造带垂向油气充注点识别——成熟度及其相关参数

对塔中Ⅰ号断裂构造带油气的来源、原油伴生气中 H_2S 的丰度 [图3.5.3(b)]、甾、萜类生物标志物的丰度 [图3.5.3(c)]、饱和烃和芳烃成熟度 [图3.5.3(a)] 等指标进行了详细分析，发现塔中Ⅰ号断裂构造带的走滑断层发育处中上奥陶统油气物性与油气成熟度发生异常，TZ45走滑断层、ZG5走滑断层、ZG82"X"走滑断层发育区、塔中东侧强气侵点油气成熟度偏高（图3.5.4~图3.5.6），暗示塔中Ⅰ号断裂构造带存在多个注入点，塔中Ⅰ号断层和与Ⅰ号断层交汇的走滑断层是油气的主要注入点（东侧气侵除外），具有沿断层交汇点进行垂向运移的迹象。主要依据如下。

塔中Ⅰ号断裂构造带包含早期充注的成熟度不太高的显示寒武系—下奥陶统成因的

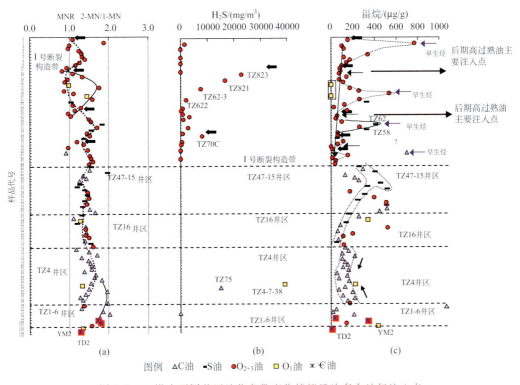

图 3.5.3　塔中不同井区地化参数变化特征反映多个油气注入点
样品代号见表 1.1.6

原油，多数为中上奥陶统成因原油，显示混源特征，但是具有寒武系—下奥陶统成因的原油主要分布在偏离交汇断层之处，如 TZ88、TZ721、TZ621 井（图 3.5.4、图 3.5.7），显示受晚期充注的影响相对较小。早期充注原油（携带更多的寒武系—下奥陶统成因油气）中甾、萜类生物标志物丰度相对较高，原油成熟度相对较低，这些原油主要分布在走滑断层之间的区带，如 TZ88 井甾烷、藿烷的丰度分别为 $1075\mu g/g$、$1838\mu g/g$，而处于 TZ49 走滑断层带的 TZ86 井仅为 $159\mu g/g$、$114.98\mu g/g$ ［图 3.5.3(c)、图 3.5.6(a)］，其他走滑断裂带有类似的特征 ［图 3.5.6(a)、图 3.5.6(b)］。

甾、萜类化合物的指纹显示塔中 I 号断裂构造带油气性质具有明显的分段性，TZ49 走滑断层附近的 TZ86、TZ451、TZ45 井原油相对于邻井（TZ88、ZG20、TZ85 井）有更高丰度的低分子量孕甾烷发育 ［图 3.5.4、图 3.5.6(c)］，Ts/(Ts＋Tm)、C_{27}^{-}/C_{29}-规则甾烷及 C_{29}-重排甾烷/C_{29}-规则甾烷值偏高 ［图 3.5.6(d)～图 3.5.6(f)］，前者甾类与藿烷类的丰度更低 ［图 3.5.6(a)、图 3.5.6(b)］，似乎指示更高的成熟度。然而，从 $m/z191$ 质量色谱图来看，ZG20、TZ85 井 $m/z191$ 质量色谱图中藿烷系列降解更为明显（图 3.5.5），这两口井埋藏相对较深，芳烃成熟度参数 TMNr、TeMNr 值更高 ［图 3.5.6(i)、图 3.5.6(j)］，可推断 TZ49 走滑断层发育处的 TZ86、TZ451、TZ45 井受到了后期一定程度的气侵作用，气侵效应导致一些指标偏高，如孕甾烷系列、C_{27}-规则甾烷、三环萜烷相对富集等（图 3.5.4、图 3.5.5）。甾、萜类指纹及相关参数一致显示 ZG5 走滑断层发育处的 ZG2 井相对于邻井具有相对较高的成熟度特征 [图 3.5.6(a) ~图 3.5.6(g)]，芳烃成熟度参数 TMNr、TeMNr 值显示成熟度稍低 [图 3.5.6(i)、图 3.5.6(j)]，认为该走滑断层也为油气充注（导致成熟度偏高）/气侵（导致指标间不一致）点，其可导致指标异常。各项指标基本一致显示，ZG82 "X" 走滑断层发育处的 TZ824 至 TZ83 井区油气显示较高的成熟度（图 3.5.4~图 3.5.6），其两侧油气成熟度相对较低，如右侧的 TZ62-3 至 TZ621 井区，反映 ZG82 "X" 走滑断层是一重要的油气充注区。可见，走滑断层是导致塔中I号断裂构造带油气性质分段性的重要原因。

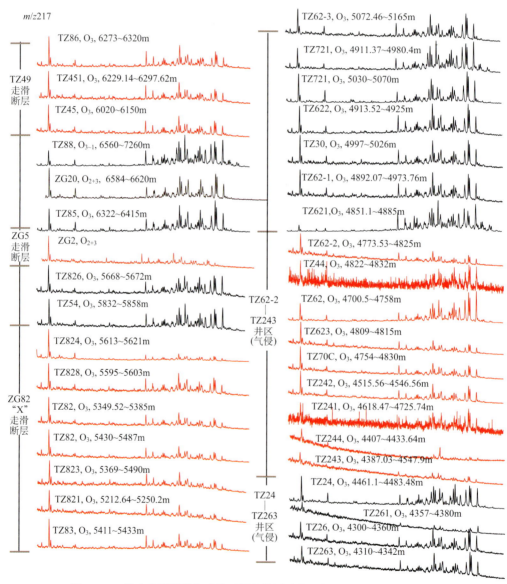

图 3.5.4　塔中 I 号断裂构造带不同部位原油饱和烃 $m/z217$ 质量色谱图

原油饱和烃 $m/z217$、$m/z191$ 质量色谱图显示，TZ623 至 TZ263 井区原油谱图基线有明显抬升现象（仅个别原油例外，可能与储层连通性较差有关），特别是 TZ244、TZ243、TZ261 井原油（图 3.5.4、图 3.5.5），结合原油中链烷烃与金刚烷丰度等，认为与该井区较强的气侵作用有关。如图 3.5.5 所示，相对于塔中西侧埋藏较深的原油（TZ451 等井）而言，东侧 TZ623 至 TZ263 井区部分原油藿烷系列热裂解程度相对较低，反映成熟度相对不高，然而，金刚烷丰度与指标、$(nC_{21}+nC_{22})/(nC_{28}+nC_{29})$ 显示相关值偏高 [图 3.5.1(c)、图 3.5.1(d)、图 3.5.2(d)]，这种反常现象应是一种气侵效应的结果，气侵作用一般难以导致生物标志物缺乏（但强气侵可能导致生物标志物浓度低而难以检测，如 TZ261 井），而热蚀变则可以做到。塔中Ⅰ号断裂构造带 TZ83 井及其以西地区，$m/z191$ 质量色谱图显示五环三萜类化合物明显裂解，C_{30}-藿烷缺失或痕量分布，但 TZ83 井东侧 TZ62-3 至 TZ263 井区原油五环三萜类分布一般仍很完整（少数强气侵油气例外），C_{30}-藿烷仍为主峰（图 3.5.5），反映原油性质的非均质性及油气的多期充注。

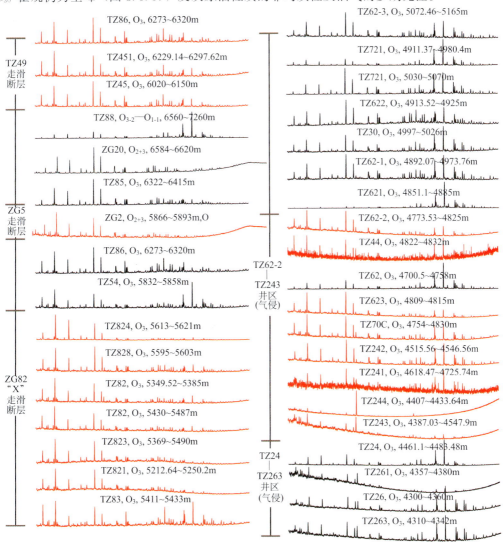

图 3.5.5　塔中Ⅰ号断裂构造带原油饱和烃 $m/z191$ 质量色谱图

塔中Ⅰ号断裂构造带 H_2S 气体含量较高的井为 TZ823、TZ821、TZ62-3、TZ622、TZ70C 井，H_2S 气体含量较高的井位于 ZG82 "X" 走滑断层带 [图 3.5.3（b）]，TZ823 井天然气 H_2S 含量高达 22800mg/m³，指示 ZG82 "X" 走滑断层带是重要的油气垂向充注点，H_2S 气体是断层垂向运移的结果，应来自深层。塔中Ⅰ号断裂构造带东侧的 TZ261 至 TZ263 井区 H_2S 气体含量并不高，反映天然气的来源部位不同，指示塔中Ⅰ号断裂构造带乃至塔中全区油气的充注是多方位的，存在多个烃源灶。

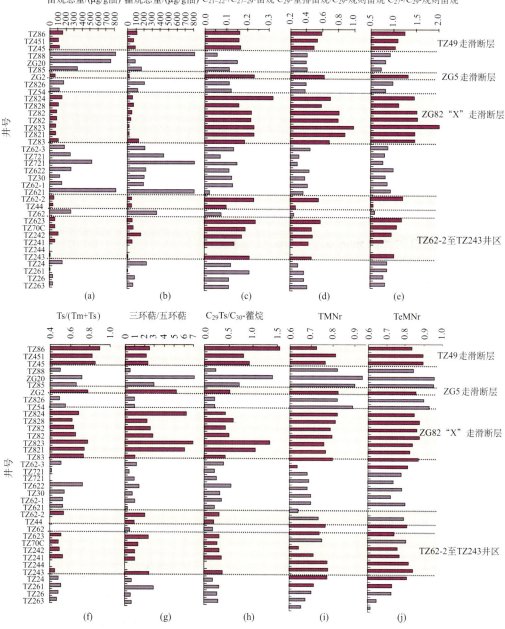

图 3.5.6　塔中Ⅰ号断裂构造带原油成熟度及其相关参数指示油气充注特征

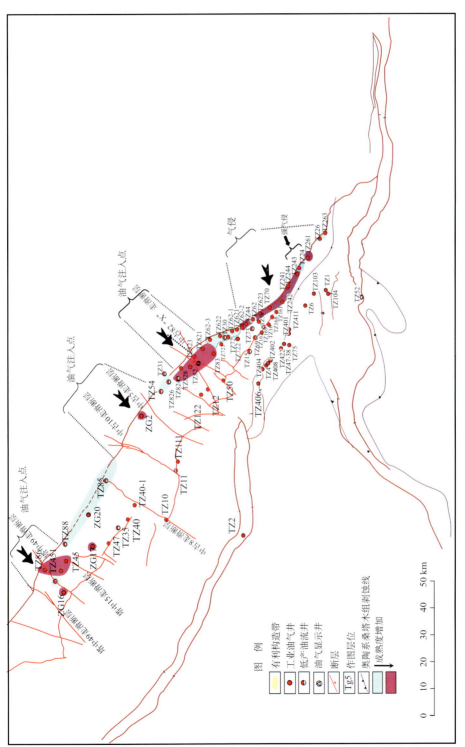

图 3.5.7 塔中 I 号断裂构造带主要油气注入点分布

5）塔中Ⅰ号断裂构造带油气成藏模式

塔中Ⅰ号断裂构造带以轻质凝析油为主，油质总体好于内侧（如 TZ47-15 井区及中央断叠带），油气成熟度相对较高，反映塔中Ⅰ号断裂构造带是重要的油气运聚场所，受油气晚期充注的影响较为明显，不同区块气油比与油气产量不尽相同，反映储层的强非均质性。塔中Ⅰ号断裂构造带主要为奥陶系碳酸盐岩储层，连通性差，油气运移取决于断裂、裂缝和溶蚀孔洞等的发育情况。多项油气运移示踪显示，切割塔中Ⅰ号断层的转换断层在油气运移中也发挥了重要作用，可充当多个油气垂向运移的注入点（图 3.5.7 和图 3.5.8）。塔中Ⅰ号断裂构造带本身是一个大型的通源断裂通道；深部油气通过塔中Ⅰ号断层和不整合面运移到塔中隆起后聚集在塔中Ⅰ号断裂构造带礁滩体等储层中，在构造活动期通过塔中Ⅰ号断层和走滑断层进行垂向运移或调整。综合分析认为，塔中地区有多个油源灶，分别包括东部的塔东凹陷、西部的阿瓦提凹陷和塔中Ⅰ号断层下降盘附近的满加尔凹陷。

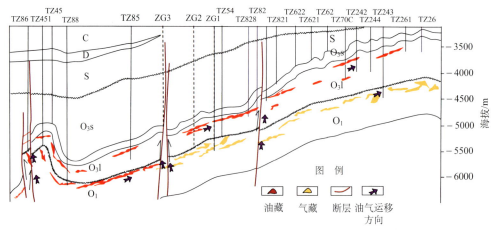

图 3.5.8　塔中Ⅰ号断裂构造带油气运移模式图

2. 塔中北斜坡带

1）塔中 47-15 井区上构造层

塔中 47-15 井区上构造层主要包括志留系、石炭系和奥陶系三个层系的原油。原油物性、族组分、生物标志物组成与分布较为相似，成熟度较为接近，应为相同或相似成因原油（Li et al.，2010）。精细分析显示，左右侧、上下层系原油间仍有差异，主要表现在原油遭受生物降解等次生改造的程度以及成藏期次方面。

塔中 47-15 井区顺构造上倾方向，原油生物降解程度有增加趋势（参见第四章第一节），构造高部位原油可检测出 25-降霍烷系列、芳烃"UCM"鼓包也更明显。原油中均可检测出丰富的链烷烃，表明该区原油经历过多期充注。不同层系正构烷烃、霍烷等生物标志物丰度有一定差异（图 1.1.12、图 1.1.20），TZ35 井石炭系正构烷烃的丰度高于志留系；TZ122、TZ12 井奥陶系原油中正构烷烃的丰度高于志留系（图 1.1.12），反映志留系生物降解最严重，石炭系在后期经历下部奥陶系油气的向上调整过程，其油气充注时间不完全等同于志留系。塔中 47-15 井区上、下三大层系油气性质的总体相似

性表明 [图 1.1.22(b)]，该区油区范围内原油主要在侧向运移的同时具有明显的垂向运移、聚集成藏特征。该井区油气性质与其他井区有所区别（图 1.1.22、图 1.1.23），表明其主要形成于成藏早期，受晚期油气充注影响相对较小。包裹烃成分分析表明，塔中 47-15 井区存在多期成藏，不同井区油气以垂向运移为主、侧向调整为辅。TZ12 井区志留系与奥陶系包裹烃的性质稍有别于 TZ10、TZ11 井区（图 3.5.9），指示油气成藏时间的差异与可能的油气充注模式的不同。

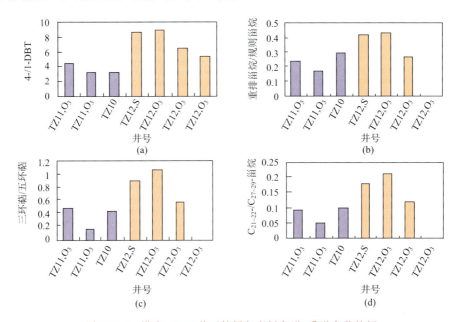

图 3.5.9　塔中 47-15 井区储层包裹烃色谱-质谱参数特征

参数 4-/1-DBT（二苯并噻吩）、三环萜/五环萜、重排甾烷/规则甾烷、$C_{21\sim22}$-/$C_{27\sim29}$-甾烷值显示 TZ12 井区奥陶系储层包裹体中烃类成熟度高于 TZ10、TZ11 井区奥陶系原油的特征（图 3.5.9、表 3.5.1），反映该区油气的多次充注和调整。

表 3.5.1　塔中 47-15 井区包裹体成分色谱-质谱分析

井号	埋深/m	层位	链烷烃/$(\mu g/g)$	重排甾烷/规则甾烷	$C_{21\sim22}$-/$C_{27\sim29}$-甾烷	甾烷/藿烷	C_{29}-甾烷20S/(S+R)	Ts/(Ts+Tm)	三环萜/五环萜	G/C_{30}-藿烷	SF/OF	TMNr	4-/1-DBT
TZ11	4668.8	O_3	4.62	0.24	0.09	0.42	0.50	0.36	0.50	0.12	20.0	0.55	4.51
TZ11	4929.1	O_3	0.35	0.17	0.05	0.26	0.46	0.47	0.16	0.16	3.3	0.54	3.14
TZ10	5261.3	O_3	1.73	0.29	0.10	0.32	0.49	0.40	0.45	0.09	3.3	0.32	3.24
TZ12	4411.6	S	6.36	0.41	0.18	0.69	0.50	0.56	0.91	0.09	18.3	0.71	8.63
TZ12	4700.5	O_3	17.60	0.43	0.21	0.78	0.50	0.58	1.10	0.09	17.6	0.72	8.94
TZ12	4808.3	O_3	7.14	0.27	0.12	0.43	0.48	0.36	0.59	0.10	13.9	0.69	6.53
TZ12	5239.9	O_3p	—	—	—	—	—	—	—	—	18.3	0.74	5.35

注：G. 伽马蜡烷；SF/OF. 硫芴/氧芴；TMNr. 三甲基萘指数；4-/1-DBT. 4-/1-二苯并噻吩。

153

对 TZ11 井 3 个采集时间不同、层段相同的志留系原油做了分析测试，发现原油性质表现出了一定差异且有一定的变化规律，即从寒武系—下奥陶统特征较明显逐渐变为与中上奥陶统成因原油特征较为相近（图 3.5.10）。研究认为，这与油气开发过程中古油藏受破坏而与其他油气层的油气混合有关，这从另一面证实塔中 47-15 井区某些油气区上、下层油气是相通的。图 3.5.11 指示 TZ11 井区断层较为发育，上、下层油气具有一定的连通性。

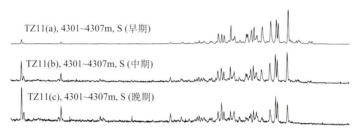

图 3.5.10　TZ11 井区不同采集时间的志留系原油特征
不同指示开采过程中油气的混源现象

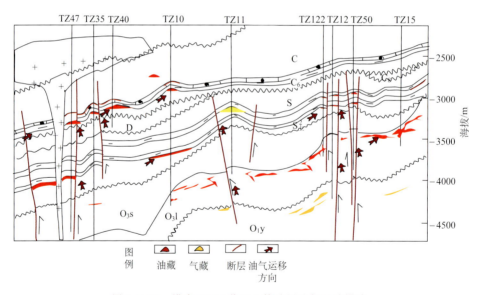

图 3.5.11　塔中 47-15 井区上构造层油气运移模式

2）塔中 16 井区

塔中 16 井区也包含奥陶系、志留系、石炭系三个产层。由于处在塔中Ⅰ号断裂构造带与内侧构造带的汇聚地带，该井区油气性质相对于内带其他原油较为复杂。除个别原油，如 TZ162 井（O_1y）原油外，塔中 16 井区其他奥陶系原油，如 TZ168、TZ161、TZ16 井原油都保存有类似塔中 47-15 井区奥陶系原油那样的遭受过生物降解的特征（可检测 25-降藿烷、芳烃显示"UCM"鼓包）（图 4.1.10~图 4.1.12），说明其混有与塔中 47-15 井区相同或相似成因的原油，即在地史演化过程中，塔中 16 井区与塔中 47-15 井区奥陶系原油曾有相同或相似的成藏条件。但上述井的奥陶系原油也不完全等同于塔中 47-15 井区，其受后期充注油气的影响，特别是塔中 16 井区东侧原油，多项指标发生变化（图 1.1.19、图 1.1.49、图 3.5.12），反映东侧受后期油气充注的影响更为严重。

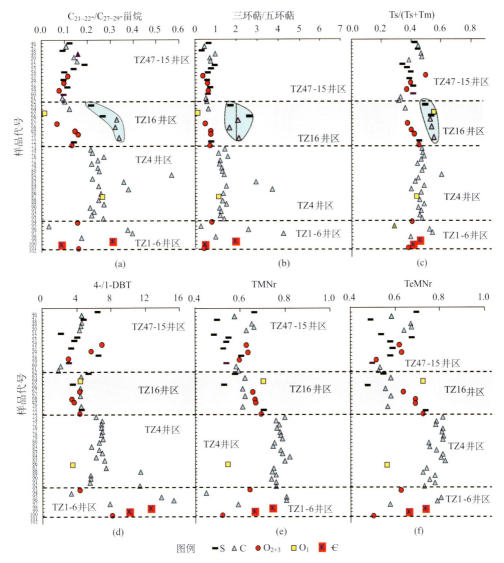

图 3.5.12　塔中 16 井区不同层系原油特征及其与邻区对比

塔中 16 井区上部的志留系和石炭系原油轻质组分含量更多，原油的低分子量甾烷/规则甾烷、三环萜/五环萜、Ts/（Ts＋Tm）值均偏高［图 3.5.12(a) ～图 3.5.12(c)、图 1.1.22、图 1.1.23］，但芳烃成熟度参数 4-/1-DBT、TMNr、TeMNr 值未显示石炭系、志留系有更高的成熟度［图 3.5.12(d) ～图 3.5.12(f)］，石炭系等原油孕甾烷、三环萜烷系列相对于高分子量同系物富集可能与气侵有关（图 3.5.12）。塔中 16 井区个别原油保存了更多的寒武系—下奥陶统成因特征，如 TZ162 井下奥陶统原油（图 3.5.13），这与储层的

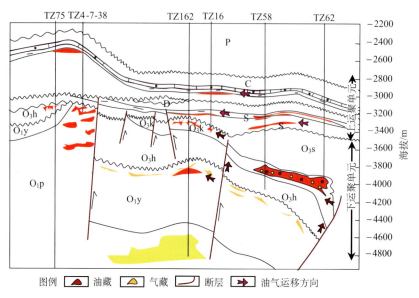

图 3.5.13 塔中 16 井区油气藏剖面

非均质性导致的不同期次充注原油保存程度不等、该井区下奥陶统受后期油气充注影响相对较小有关。塔中 16 井区部分断层切割了寒武系、奥陶系及其上部的志留系产层（图3.5.13），为上部层系油气的晚期充注创造了条件。深部油气可顺断层直接向上运移进入志留系或经志留系—奥陶系不整合面进入上部层系，该井区志留系与石炭系原油有一定相似性，表明两产层有一定连通性。奥陶系碳酸盐岩非均质性较强，天然气充注对碎屑岩油气藏的影响远大于碳酸盐岩，这可能是塔中 16 井区石炭系、志留系原油与奥陶系原油既有成因相似性又不完全相同的原因。塔中 16 井区油气成藏模式如图 3.5.13 所示，近似为双层（O 与 C—S）充注运移模式。

3. 塔中中央隆起带——塔中 4 井区

塔中 4 井区石炭系原油性质总体极为相似，反映油气成因较为相似（参见第一章）。塔中 4 井区主体油密度低于塔中 16 井区，表明塔中 4 井区与塔中 16 井区石炭系后期油气充注方式不同。结合烃类分析，认为塔中 4 井区相对晚期充注的油气并非从塔中 16 井区石炭系运移而来，主要通过断层垂直运移上来。

原油芳烃总离子流图分布表明，与志留系原油一样，石炭系原油也普遍遭受过次生改造，多数原油呈现生物降解油常表现出的特征——芳烃总离子流图含

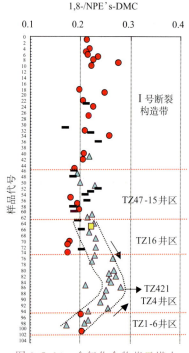

图 3.5.14 含氮化合物指示塔中
4 井区油气运移趋势

"UCM"鼓包，塔中4井区原油芳烃总离子流图"UCM"鼓包似乎比塔中16井区明显（图4.1.11），但从饱和烃m/z177质量色谱图看，塔中4井区原油的25-降藿烷系列分布显示生物降解似乎更为严重（图4.1.12），指示塔中4井区原油芳烃"UCM"鼓包不明显是被后期充注油气掩盖所致。塔中4井区原油具有明显的二苯并噻吩相对高丰度特征，而塔中47-15、塔中16井区原油不具备该特征（Li et al.，2012），表明其油气成因与成藏条件与邻区塔中16及塔中47-15井区有所差别，断层垂向运移至关重要。

含氮化合物油气运移指标1,8-/NPE's-DMC等指示，塔中4井区石炭系原油具有由两侧向中间构造高点运移的趋势（图3.5.14）。结合烃类化学成分的分析，认为塔中4井区的油气既有侧向运移也有垂向运移，侧向运移主要是通过运载层和不整合面；垂向运移主要是通过断层。后者对油气的晚期成藏和聚集（特别是高芳香硫原油）发挥了重要作用。塔中4井区垂向断层（切割寒武系）极其发育（图3.5.15），可为油气的垂向运移提供优越的条件。

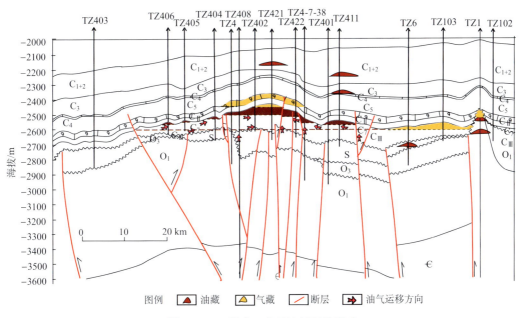

图3.5.15 塔中4井区油气运移模式

（三）塔北油气运移示踪与成藏模式

塔北原油成因主体极其相似，主要来自中上奥陶统，塔北东部地区混有寒武系—下奥陶统成因原油，导致塔北原油物性和化学组成显著差异的主要因素是油气的次生改造（生物降解和热成熟作用）与充注期次。处于构造高部位的原油可遭受较强的生物降解，如塔河油田；受晚期充注影响程度较大的原油物性会变好，成熟度会相对增加并伴随有气侵导致的烃类组分相对分布的变化，如轮古东地区；哈拉哈塘凹陷（新恳-热瓦堡）地区原油成熟度相对较高，可能与其为烃源岩相对晚期所生和（或）油藏埋藏较深进一步发生热成熟作用有关。塔北轮古西-英买力地区主要有两期原油，早期原油普通降解；轮古东地区有两到三期原油（金之钧，2006）。成熟度分析表明，塔北有两种热演化体

157

系原油，一类为轮古东原油；一类为轮古西及其以西地区（英买力-哈拉哈塘-哈得逊-塔河）原油，它们沿不同的热演化趋势线分布，反映其来自不同演化速率的烃源岩和（或）不同储集条件的成藏体系。成熟度差异是塔北原油的一大重要特征。按照 England 和 Mackenzie（1989）的油气充注模型，靠近生油灶的为烃源岩相对晚期生成的成熟度相对较高的油气，远离生油灶的为烃源岩相对早期生成的成熟度相对较低的油气。依据该油气充注模型，可推断主要生油灶的大致位置和油气运移趋势，结合原油成因类型及油气运移分馏效应、油气成藏趋势，可分析塔北油气的成藏模式。

1. 塔北区域性油气运移示踪与成藏模式

油气成藏模式受控于生油灶、油气运移通道、流体势、储集体等。塔里木盆地海相烃源岩、生油中心主要分布在塔里木盆地东、西两侧特别是塔东地区，塔北全区油气的分布也体现了围绕烃源灶分布的规律性。下面主要以奥陶系地层为主，分析塔北区域范围内油气的运移与成藏模式。

饱/芳比平面分布图显示（图 3.5.16），处于古构造高部位（下古生界顶面）的原油，如塔河油田的饱/芳比最低，其次是哈拉哈塘凹陷东侧的原油，如 Xian3、H9-7、H7、RP4 等井，这些原油因处于古构造高部位，早期油气藏的破坏程度相对严重。哈拉哈塘西侧的新垦-热瓦堡油田、南侧的哈得逊油田，饱/芳比相对较高，一方面与处于构造相对低部位的油气藏破坏程度相对较低有关，另一方面与油气更接近西侧烃源灶中心、原油成熟度偏高有关。在哈得逊油田，可观察到石炭系原油由西南—东北饱/芳比稍有增高趋势，反映石炭系油气运移方向应是西南—东北，而不是相反的方向，此时油气运移分馏效应对饱/芳比的影响似乎比成熟度更为敏感。在轮南地区，轮古东原油具有高饱/芳比特征，最高值达 27.1，如 JF126 井，暗示以相对晚期充注的油气为主，油源灶主要位于东侧，油气成熟度相对较高。下古生界构造图显示（图 3.5.19），东侧哈拉哈塘-塔河-哈得逊-轮南地区是一个构造整体，同属一个统一的古隆起，英买力地区英买 2 古潜山与东侧古隆起之间有一个分隔槽，可划为独立的成藏体系。

三环萜/五环萜值显示，塔河油田原油对应值最低，分布范围为 0.639～1.308，哈得逊、哈拉哈塘原油三环萜/五环萜值稍高于塔河原油（图 3.5.17），预测与此类原油更接近油源灶有关，由于英买 2 古潜山-塔河油田原油三环萜/五环萜值大致相近，应仍为同一含油气系统原油。轮古东原油三环萜/五环萜值显著高于塔北其他原油，最高值为 15.74（LG391 井），反映油气整体较高的成熟度、较强的晚期充注及气侵效应。

重排甾烷/规则甾烷具有类似于三环萜/五环萜的分布特征，最低值位于塔河地区，一般小于 0.201；最高值位于轮古东，最高达 0.49（图 3.5.18）。重排甾烷/规则甾烷分布显示，哈得逊地区存在西南—东北方向的运移分馏效应，下倾方向的 HD401、HD4 井重排甾烷/规则甾烷值分别为 0.197、0.221，上倾方向的 HD10、HD18C 井原油重排甾烷/规则甾烷值分别为 0.272、0.329。在哈拉哈塘地区，沿下古生界顶面构造上倾方向，存在相反的变化趋势，即越靠近南侧的烃源灶，重排甾烷/规则甾烷值越高，这也可能与哈拉哈塘西侧南、北向断层的发育有关。断层易沟通深部油源（导致原油显示高成熟度的控制作用）。

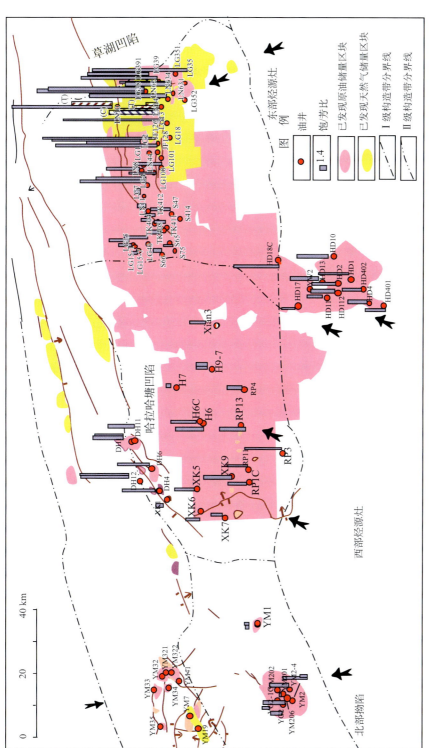

图 3.5.16 塔北原油饱/芳比平面分布特征

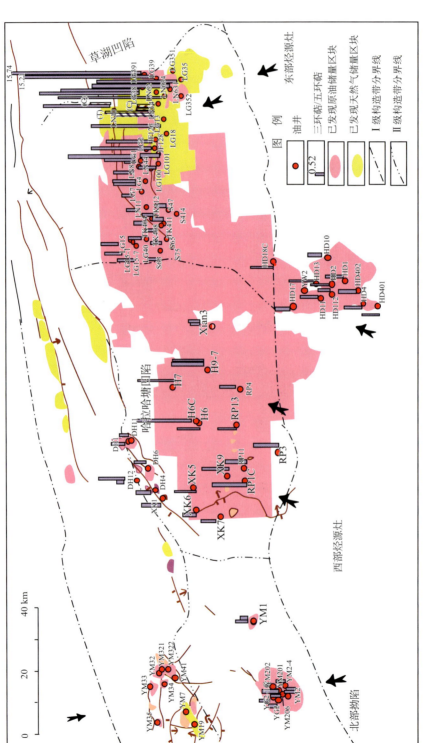

图 3.5.17　塔北原油三环萜/五环萜平面分布特征

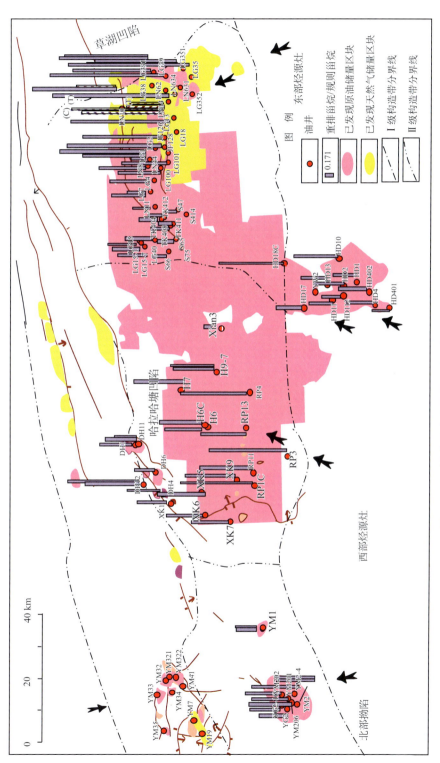

图 3.5.18 塔北原油重排藿烷/规则藿烷平面分布特征

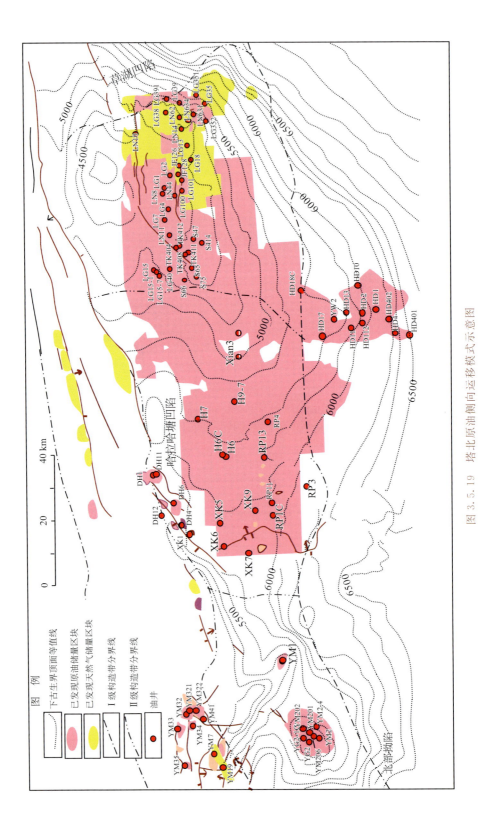

图 3.5.19　塔北原油侧向运移模式示意图

值得提出的是，哈得逊油田原油主要产自石炭系，目前地层倾向（北倾）与盆倾方向相反（图3.5.20）。构造演化史分析表明，哈得逊地区在前侏罗纪属于轮南古隆起的一部分，二者统一为一向西南倾伏、向北东抬升的大型古隆起构造，与现今哈得逊隆起的倾伏方向恰好相反。三叠纪末印支运动后，南抬北倾的哈得逊隆起开始形成。新近纪以来，满西地区石炭系地层也由区域南倾反转为区域北倾，并形成石炭系鼻状隆起（赵靖舟等，2002）。米敬奎等（2006）认为哈得逊油田的原油主要是在喜马拉雅期充注成藏的；孙龙德等（2009）认为哈得逊油田原油为调整油藏，油藏是在海西晚期—印支早期形成的古油藏，经晚喜马拉雅期的构造调整迁移而形成，油气在浮力的作用下向南南东方向运移。本次研究中，油气运移参数饱/芳比、三环萜/五环萜、重排甾烷/规则甾烷显示，哈得逊油田原油具有由南向北的运移分馏效应，指示油气运移方向为北向。然而，含氮化合物分析表明，哈得逊油田原油油气运移较为复杂，可定性含氮化合物丰度指示该油田似乎存在由北向南的运移分馏效应，而其他含氮化合物油气运移指示，如1,8-/NEX's-DMC（氮屏蔽与暴露二甲基咔唑异构体比值）、(C_3+C_4)-/(C_0+C_1)-苯并咔唑（长链与短链异构体比值）、1,8-/NPE's-DMC等指标，指示可能同时存在南北双向及垂向运移。此外，哈得逊油田原油含氮化合物指标与其他油田原油稍有差别，与该油田所分析原油主要为石炭系碎屑岩而其他油田为碳酸盐岩不无关系，含氮化合物在这两类储层中的运移分馏效应有所差异，前者富含黏土矿物，对含氮化合物的吸附能力较强，原油中含氮化合物可表现出较强的分馏效应。

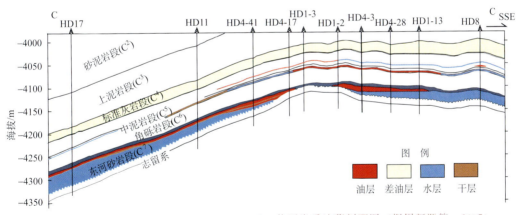

图3.5.20 哈得逊油田HD17—HD1-13—HD8井石炭系油藏剖面图（据周新源等，2007）
剖面位置如图3.5.19所示

从油气物理与化学成分来看，塔北地区主要有东部、西部两大成藏体系，分别是东部的轮古东地区、西部的轮古西-哈得逊-哈拉哈塘（含新垦-热瓦堡）-东河塘地区，英买力南部潜山从大构造格局讲，可划归西部第二成藏体系，其油气性质与邻区也较为接近。从含油气系统角度来说，上述不同区块原油也可划归为受两大生油灶、古构造格局控制的两大含油气系统。综合地质地球化学研究，塔北地区成藏模式如图3.5.19所示。塔北地区各个含油气区块尽管大的构造背景相同，但由于构造演化的不平衡及其所控制的沉积作用的差异，各含油气区（油田）不同层系的油气成藏过程，特别是调整方面会有所差异。

2. 油气藏解剖——以轮南油田为例

1）地质概况

轮南低凸起位于塔北隆起的中东部位，南与满加尔凹陷相连，北与轮台断隆相接。钻井资料表明，轮南低隆下部为一奥陶系潜山，古潜山侵蚀面为一向东、西、南、北方向倾没的大型隆起，奥陶系潜山内幕也是一大背斜。在塔北隆起范围内，震旦系—泥盆系普遍发育。隆起的轴部被程度不等地剥蚀，石炭系和二叠系不整合覆盖在泥盆系—奥陶系之上。同时，石炭系和二叠系也被剥蚀，三叠系广泛覆盖在古生界之上，在隆起轴部局部地带，三叠系也被剥蚀，致使侏罗系、白垩系直接不整合覆盖在奥陶系之上。在轮南潜山隆起上发育有与轮台断裂大致平行，即东西向展布，发育时间基本相同的两个断垒带——轮南断垒、桑塔木断垒，其为前中生代多期构造运动的产物；在东南方向发育有吉拉克—解放渠东背斜带；东侧为南北向轮古东走滑断裂。轮南地区原油主要分布在奥陶系（O_1、O_{2+3}）、石炭系、三叠系、侏罗系。油气主要分布在轮古东断裂带、轮南与桑塔木断垒带、解放渠东及桑塔木油田。

2）原油成因类型

轮南地区原油物性复杂，横向、纵向物性差异显著，具有高蜡油与低蜡油、凝析油与正常油、重质油共生的特点。平面上自东到西由凝析油区变化到正常油、重质油区；"非烃＋沥青质"自东向西由低向高变化（图4.1.13），饱和烃有相反的变化规律。奥陶系、石炭系原油的含蜡量表现出南高北低的面貌，中蜡带分布在轮南断垒带的西段，这种含蜡量的变化体现出油气运移方向是由南向北。三叠系原油含蜡量的分布格局发生变化，在东西方向上，高蜡带与低蜡带相间出现，这种分布特征受三叠系水动力条件制约，并显示来自下古生界的油气在三叠系储层中运移、聚集的基本特点（黄第藩和梁狄刚，1995）。纵向上，原油物性随储层时代呈现有规律的变化。奥陶系、石炭系原油比重、含硫量、"非烃＋沥青质"都明显低于三叠系、侏罗系原油，而含蜡量明显偏高。

从原油层系而言，依据甾、萜类生物标志物参数，如C_{27}-/C_{29}-甾烷、三环萜/五环萜烷、甾烷/藿烷、Ts/(Ts＋Tm)、C_{31}-藿烷22S/(S＋R)、甾烷异构化参数C_{29}-甾烷αββ/(ααα＋αββ)、C_{29}-甾烷ααα20S/(S＋R)，将轮南地区原油分为两类（图3.5.21），三叠系、侏罗系原油分布相对集中，与轮南西部奥陶系原油及少部分石炭系原油聚为一类；其他奥陶系、石炭系原油相对分散分布，归为第二类。第二类部分原油显示成熟度相对较高，被认为与油气的晚期充注及气侵对生物标志物参数的影响有关。

3）油气运移示踪

对轮南地区21个原油样品进行了含氮化合物分析（表3.5.2）。含氮化合物作为油气运移示踪剂的适用条件是：原油成因相同/相近、属于同一成藏体系、成藏期次相同、考虑（剔除）成熟度影响因素。轮南原油成因复杂，依据地球化学研究，应主要来自中上奥陶统，局部混有少量寒武系—下奥陶统成因原油，从油气的化学成分及成熟度来看，主要为晚期成藏原油。因此，轮南原油主体成因是一致的。本次分析原油成熟度有一定差异，但发现主要含氮化合物油气运移指标与成熟度指标没有明显的相关性（图3.5.22），表明

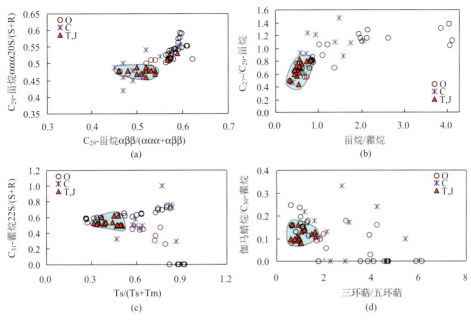

图 3.5.21 轮南原油成因类型

成熟度对含氮化合物的影响不太明显或者不是最主要的。在以上前提下，可进行含氮化合物在轮南地区的运移示踪分析。

表 3.5.2 轮南地区原油中含氮化合物基本参数

井号	井段/m	层位	1-/4-MC	1-/(3+2)-NEX's-MC	1.8-/DMC	A/C	1.8-/NPE's-DMC	W/(μg/g)	Ca/(Ca+BC)	苯并[a]咔唑/苯并[c]咔唑	G_1(C3)	G_3(C3)	(C5~C6)-/(C1~C2)-Ca	(C3~C4)-/(C0~C1)-BC
LN44	5283.65~5323	O	2.53	1.43	0.50	1.67	0.23	34.36	0.84	0.6	0.38	0.21	0.39	3.33
LN44	4602~4617	T	2.01	2.23	1.06	2.62	0.34	4.35	0.79	—	0.40	0.18	1.60	14.25
JF123	5268.87~5360.75	O	2.31	1.63	0.53	1.64	0.23	42.97	0.68	3.14	0.36	0.19	0.28	4.43
LN8	5179~5266	O	2.17	1.17	0.42	1.54	0.22	69.57	0.67	2.19	0.35	0.20	0.40	5.79
LN10	5349~5381	O	2.64	1.65	0.52	2.30	0.22	4.00	0.83	1.69	0.39	0.17	0.79	2.95
LN10	4742~4747	T	2.31	1.48	0.50	1.79	0.20	12.67	0.57	2.3	0.34	0.21	1.82	14.12
LN14	5274.15~5363	O	2.37	2.08	1.00	2.27	0.35	10.11	0.58	1.68	0.40	0.17	0.52	6.69
LN14	4067~4625	T	2.27	2.08	0.73	1.92	0.30	15.45	0.68	1.59	0.39	0.19	1.08	13.97
LN44	5084~5095	C	2.57	1.26	0.53	1.95	0.25	6.07	0.84	1.59	0.38	0.17	0.28	2.72
LN2	4498.5~4528	J	2.53	1.01	0.43	1.48	0.18	24.54	0.49	0.26	0.29	0.24	1.74	21.95
LN5	4563~4570	J	2.91	2.66	1.08	2.93	0.39	8.91	0.81	3.37	0.45	0.16	0.64	8.01
LN4	4786.5~4792.5	T	2.77	1.41	0.51	2.08	0.25	8.12	0.72	1.48	0.36	0.21	1.72	10.94
JF100	4406~4412	T	5.03	2.22	2.24	3.57	0.45	7.22	0.83	1.35	0.47	0.13	1.14	11.9
LN1	5038~5052	O	2.6	1.82	0.53	1.50	0.23	52.45	0.68	0.71	0.37	0.21	0.35	4.7

续表

井号	井段/m	层位	1-/4-MC	1-/(3+2)-MC	1,8-/NEX's-DMC	A/C	1,8-/NPE's-DMC	W/(μg/g)	Ca/(Ca+BC)	苯并[a]咪唑/苯并[c]咪唑	G_1(C3)	G_3(C3)	(C5~C6)-/(C1~C2)-Ca	(C3~C4)-/(C0~C1)-BC
LN2	4847.3~4887.6	T	2.25	1.02	0.43	1.43	0.20	41.1	0.52	2.58	0.30	0.22	1.40	18.44
LN19	5338.23~5359.55	O	3.46	1.90	0.64	1.92	0.26	50.09	0.76	8.47	0.38	0.18	0.47	6.72
Lx1	5225~5230	J	3.18	1.23	0.74	1.99	0.36	6.68	0.87	0.18	0.46	0.17	0.47	4.2
LN14	5045~5054	C	2.19	1.25	0.78	2.42	0.27	2.95	0.68	0.43	0.41	0.15	0.91	10.84
LN14	5256~5266	C	1.29	0.97	0.39	1.76	0.27	21.61	0.5	0.99	0.33	0.20	0.70	4.38
LN57	4337~4356.45	T	2.78	1.85	1.19	2.32	0.35	4.96	0.75	0.3	0.38	0.15	0.73	9.6
LN1	4751~4771	T	4.76	2.38	0.99	2.34	0.21	6.65	0.79	0.84	0.39	0.16	0.61	7.81

注：MC. 甲基咔唑；NEX's. 氮暴露异构体；DMC. 二甲基咔唑；A/C. 三甲基咔唑系列中氮屏蔽/暴露异构单体；NPE's. 氮半屏蔽异构体；W. 含氮化合物总量；Ca/(Ca+BC). 咔唑系列/(咔唑系列+苯并咔唑系列)；G_1(C3)、G_3(C3). 三甲基咔唑系列中的氮屏蔽与暴露异构体系总和分别与三甲基咔唑系列总和的比值；(C5~C6)-/(C1~C0)-Ca. 咔唑系列中高、低分子量同系物比值(C5代表烷基侧链碳数为5，其他类同)，其中Ca指咔唑；(C3~C4)-/(C0~C1)-BC. 苯并咔唑系列中高、低分子量同系物比值，其中BC指苯并咔唑。

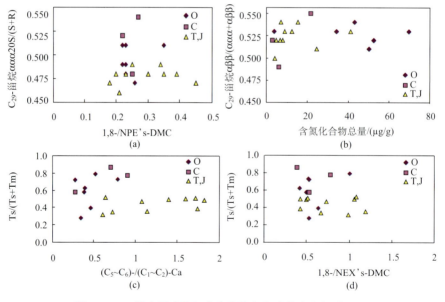

图 3.5.22 轮南原油含氮化合物指标与成熟度指标关系图

奥陶系原油自身丰度差异较大，总的特征是西部重、东部轻。石炭系原油中吡咯类化合物的丰度远远低于奥陶系。断垒带西部奥陶系原油中含氮化合物丰度远远高于东部（图 3.5.23），如轮南断垒带西侧的 LN1 井奥陶系原油丰度为 52.45μg/g，而东侧的 LN10 井原油仅为 4.0μg/g；桑塔木断垒带西侧的 LN19、LN44 和 JF123 三口井原油中吡咯类化合物丰度分别为 50.09μg/g、34.36μg/g 和 42.97μg/g，而东侧的 LN14 井原油仅为 10.11μg/g（表 3.5.2）。依据原油烃类化学组成及油气成藏条件的分析，轮南地区奥陶系原油从西向东运移的趋势相对较小，推断含氮化合物丰度分布的这种格局主要与东侧原油受晚期充注影响更明显、原油被轻质组分稀释有关。纵向上，存在自下向上从奥陶系向石炭系运移的分馏效应，LN44 井奥陶系原油中吡咯类化合物的丰度为34.36μg/g，石炭系原油仅为 6.07μg/g（表 3.5.2）。如图 3.5.22（a）、图 3.5.22（c）所示，三叠系、侏罗系原油成熟度相对不高，如图 3.5.22（b）所示，分析样品中三叠系、侏罗系原油中含氮化合物的丰度低于奥陶系，特别是西部同井原油，指示存在奥陶系向三叠系、侏罗系运移的趋势。例如，LN1 井奥陶系、三叠系原油中含氮化合物丰度分别为52.45μg/g、6.65μg/g；LN44 井奥陶系、三叠系原油则分别为 34.36μg/g、4.35μg/g（图3.5.24、表 3.5.2）。

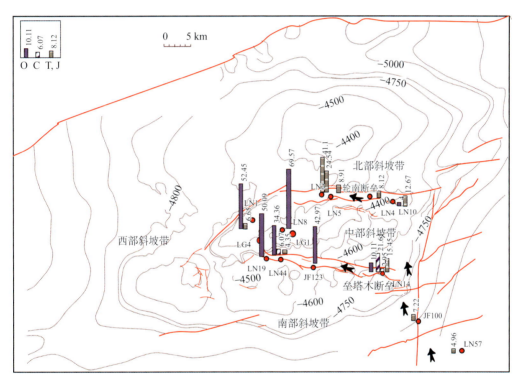

图 3.5.23　轮南奥陶系原油含氮化合物绝对丰度（μg/g 油）分布特征
箭头指示油气运移方向

　　轮南三叠系、侏罗系原油中吡咯类化合物指示原油内部较强的油气运移分馏效应。从吡咯类化合物总馏分绝对丰度来看，轮南断垒带中部高点的 LN2 井原油中吡咯类化合物丰度最高（三叠系、侏罗系分别为 41.1μg/g、24.54μg/g）（图 3.5.24），该断垒带两侧原油的丰度均较低，如 LN1 井（6.65μg/g）、LN4 井（8.12μg/g）；桑塔木断垒带丰度也较低，如 LN44 井（4.35μg/g）、LN14 井（15.45μg/g）；南部的解放渠东油田三叠系原油丰度最低，如 JF100、LN57 两井分别为 7.22μg/g、4.96μg/g。可定性的咔唑、甲基咔唑及二甲基咔唑的定量结果与总馏分相一致。含氮化合物丰度与异构体分布一致指示三叠系、侏罗系原油注入点及运移方向不同于奥陶系、石炭系。分析样品显

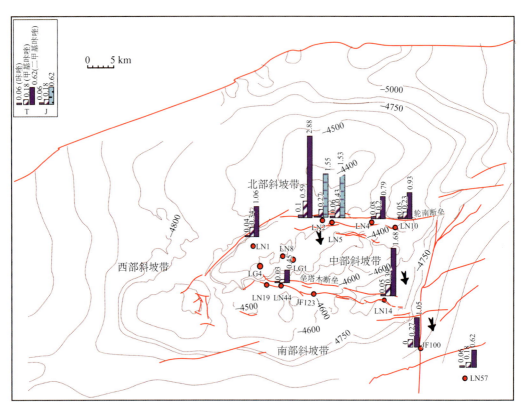

图 3.5.24　轮南三叠系、侏罗系原油咔唑、甲基咔唑、二甲基咔唑丰度（μg/g 油）分布特征
箭头指示油气运移方向

示，两断垒带东西向运移效应不太显著，但由北向南的运移效应较为明显，且存在由三叠系向侏罗系运移的分馏效应。异构体运移参数，如 A/C、1,8-/NPE's-DMC、1,8-/NEX's-DMC 与 G_1、G_3（C_3-Ca）等有一致的反映（表 3.5.2、图 3.5.25）。

　　根据含氮化合物的分布特征，三叠系、侏罗系原油为垂向穿层运移聚集成藏。推测轮南断垒带的 LN2 至 LN3 井区为一主要的油气注入点，该井区地层在构造演化过程中长期为隆起高部位，为油气运移的指向区；因抬升剥蚀作用，该井区为已发现的轮南断垒带缺失石炭系的主要部位，其三叠系储层与下部主要生油岩——奥陶系直接接触，从而可能使该区成为油气注入的突破点。从断层运移上来的原油经侧向分配在轮南断垒带、桑塔木断垒带聚集成藏。部分原油在后期构造演化过程中有再次侧向调整分配的迹象，油气侧向运移方向基本为西北向东南（喜山运动使轮南地区中生界及其以上地层由南倾变为北倾）。因三叠系、侏罗系原油性质与两断垒带西侧奥陶系、石炭系原油极为一致，并且含氮化合物的分析结果显示前者比后者有更强的运移分馏效应，三叠系、侏罗系原油主要注入点在垂向运移极为活跃的轮南断垒带中西部的继承性高点位置，即 LN2 至 LN3 井区一带，已确认三叠系、侏罗系原油与大多数奥陶系及部分石炭系原油有共同的油源。鉴于三叠系、侏罗系原油成熟度相近且总体低于轮古东成熟度较高的奥陶系油气（图 3.5.22），预测是由已成藏的相对早期奥陶系原油在后期构造运动过程中

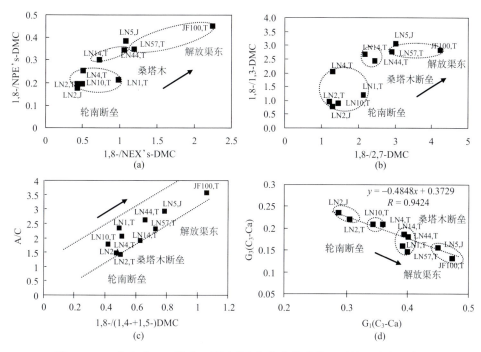

图 3.5.25 轮南地区三叠系、侏罗系含氮化合物参数显示的运移分馏效应
箭头指示油气运移方向

遭破坏进一步垂向运移聚集为主，局部为晚期充注原油。

轮南地区相同层系、不同层系原油中含氮化合物丰度差异明显、异构体分馏效应显著（图 3.5.26），这种显著的差异是油气运移作用引起的，其丰度的变化趋势指示三叠系、侏罗系原油的运移效应强于奥陶系并可能强于石炭系。多项运移参数，如（$C_5 \sim C_6$）-/($C_1 \sim C_2$)-咔唑指示，轮南地区自下而上的运移分馏效应较为明显。轮南地区断层极为发育，不仅断层多且断距大，至少断至上部的三叠系，为经由不整合面侧向运移而来的奥陶系原油的垂向运移创造了条件。LN14、LN44、LN2 井不同层系含氮化合物的垂向油气运移分馏效应也为此提供了可靠的证据。

根据烃类及含氮化合物的分析，认为轮南地区奥陶系油气注入点主要有两个，分别在东、西两侧。在东侧一端，油气沿轮古东南北向断层自满加尔凹陷（不排除草湖凹陷有所贡献）由南向北运移，在南北向断层与轮南断垒带、桑塔木断垒带交界处，油气又沿着断层向西侧运移，中断于 LN8 至 JF128 井区联系处与西侧来源原油汇合；在西侧一端从塔河方向来源的原油向轮南断垒带、桑塔木断垒带充注。从油气化学成分分析来看，轮南油田原油主要来自满加尔东侧的生油凹陷，轮古东侧原油成熟度高于西侧。4-/1-DBT、Ts/Tm 等成熟度指标分析表明，轮古东由东南向东北原油成熟度逐渐降低，如 LN631 井石炭系原油 4-/1-DBT、Ts/Tm 值分别为 11.46、14，而 LN11 井原油分别为 3.5、0.36，表明轮古东的东南侧是后期较高成熟度油气的主要注入处。从塔河方向来源的原油量在侧向上的分布范围似乎相对较小。

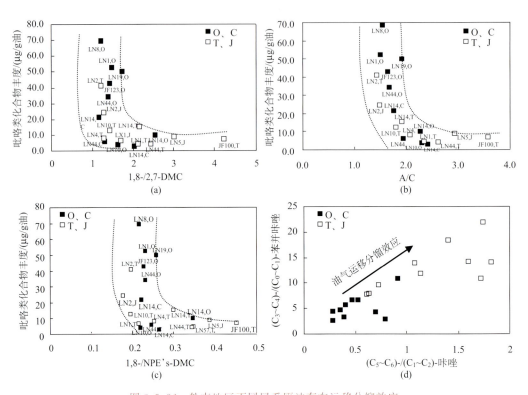

图 3.5.26　轮南地区不同层系原油存在运移分馏效应

4）油气运移通道

东西走向的桑塔木断裂和轮南断裂在晚海西期开始活动到喜山中晚期结束。近北东—南西走向的走滑断裂，从寒武系断至侏罗系，这期断裂形成期长、活动强度大，对储层和油气藏的影响是显而易见的，同时它伴生大量的共轭三级断裂，从寒武系断穿至石炭系。这些断裂大部分断至中下寒武统，成为油气的有效输导和运移通道。这些断裂对优化储层的储集性能有较大的控制作用，岩心上也见到明显的裂缝扩溶现象，同时断裂将奥陶系内部各层储集体（鹰山组一段、一间房组、良里塔格组）相互沟通，形成多层油气分布格局；使得现今气油比（GOR）较高的井均分布在走滑断裂附近。也正因为轮古东走滑断裂及其他三级断裂的广泛发育，才使得油气在奥陶系多套储层中形成大规模的油气藏（赵文智等，2012）。

轮南地区发育桑塔木和轮南两个断垒带，是油气运移的绝佳通道，奥陶系的油气主要就是顺着组成断垒带的四条大断裂向上运移的，断层断到哪个层位，油气就调整运移到哪个层位（杨海军和韩建发，2007）（图 3.5.27），轮南断裂断开了侏罗系，侏罗系就有油藏分布，桑塔木断裂只断至三叠系，三叠系以上层位就没有油气显示，这也可以说明断裂对油气运移的重要性。另外，在奥陶系表面也发育大量的断裂，尽管规模较小，但对于石炭系内部的油气分布有一定的意义。轮南地区奥陶系、石炭系、三叠系、侏罗系四个层系均有油气分布，奥陶系油藏是油气侧向运移和垂向运移共同作用的结果，石炭系、三叠系、侏罗系油气藏主要是奥陶系油气藏经断层的垂向运移作用形成的。油气藏在平面上大面积分布，在纵向上主要分布在奥陶系、石炭系、三叠系和侏罗系各层系，形成复式油气聚集区（杨海军和韩剑发，2007）。对于古隆起而言，油气是在三维空间的运移，只是可存在多个优势运移通道，断层及其相关裂缝显然是优势运移通道，也是重要的碳酸盐岩油气聚集场所（储层被断层改善）。轮古东深切断层在沟通油源和油气垂向运移中发挥了重要作用。此外，轮南地区奥陶系不整合面、古岩溶对于油气的侧向运移和将油气从烃源灶向圈闭输导也发挥了重要作用（图 3.5.27）。

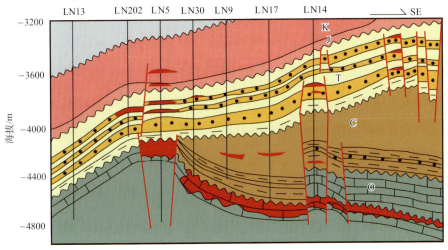

图 3.5.27　轮南复式油气聚集区油藏剖面图

5）油气成藏过程

地层发育史表明，奥陶系、石炭系地层一直为区域南倾，决定了油气运移方向为自南而北。奥陶系潜山油气藏的形成要先于三叠系、侏罗系。三叠系、侏罗系原油与部分奥陶系、石炭系油气成因相同，但成藏时间有所不同。白垩系地层沉积后，轮南地区地层仍然南倾，决定了最初油气总的运移方向仍然为由南而北。三叠系、侏罗系应主要为已聚集的奥陶系、石炭系原油受后期构造运动的影响，通过断层重新运移聚集成藏，如海西晚期—印支期是轮南、桑塔木断垒带的发育、定型时期，构造形成期也为油气聚集期。三叠系、侏罗系原油的主要油气注入点在轮南断垒带的中西部，油气主要通过断层垂向运移聚集。由于三叠系、侏罗系原油中含氮化合物显示一定的由北向南的分馏效应，推测已经在轮南、桑塔木断垒带聚集成藏的三叠系、侏罗系原油在一定程度上经历了后期的调整过程。从流体势分布图来看，三叠系储集层在中生代时油气运移方向即以大范围内向南、小范围内向北为特征；新生代时期，流体流动的总趋势为向南与向东南，此阶段进入三叠系的油气和原已成藏的油气，除遮挡较好者外将产生向南或向东南的运移调整，甚至散失。构造运动的演化决定流体势的变化与油藏的演变过程，喜山晚期运动造成本区北部不均衡的快速沉降，从而影响了地层的产状，造成中生界及其以上地层的区域北倾（图 3.5.27）。一方面引起中生界构造高点油气的南溢，圈闭幅度较小，溢出点改变，使圈闭内原来聚集起来的油气遭受不同程度的破坏，再次运移，部分油南进，形成解放渠东油田，部分油沿断层上窜形成与轮南断垒带上侏罗系相似的油气藏。

概括而言，轮南地区油气藏的形成分以下几个阶段。

（1）加里东期的早期排烃与油藏破坏。加里东早中期，塔北古克拉通处于区域伸展阶段，隆起东部库尔勒鼻隆为深海盆地相区，草湖中西部为斜坡陆棚相区，轮南及英买力等区处于构造的较高部位，为塔里木克拉通台地相区。早奥陶世末期受区域性抬升运动的影响，轮南地区快速隆升，形成一个北部抬升、向南倾没的鼻凸雏形，而鼻凸北部露出水面，造成下奥陶统的沉积间断和不同程度的风化剥蚀。早奥陶世末期，寒武系烃源岩开始大量生排烃，在轮南鼻凸形成的同时油气聚集成藏；随着抬升的加剧，鼻凸遭受不同程度的风化剥蚀，早期油藏被破坏。

（2）海西期古稠油油藏形成。中晚奥陶世—泥盆纪末，轮南地区经历多次升降活动，累计最大剥蚀厚度可达1500m以上；海西早期受北西—南东向构造主压应力的强烈挤压抬升，轮南鼻凸进一步发育为一个独立的背斜，轴部呈北东—南西走向，向南西方向倾伏；海西晚期受北—南向构造主应力挤压，再次抬升，发育了一系列近东—西向逆冲断层组成的断裂系统和局部褶曲，断层断开层位主要为奥陶系，断块活动较为明显，同时二叠系及上石炭统遭受剥蚀，轮南凸起仅残留下石炭统，并呈现北薄南厚的特征，导致海西早期的区域性地层不整合面进一步南倾，局部地区奥陶系碳酸岩遭受剥蚀。由于抬升和断裂的破坏，油藏高部位遭受剥蚀、斜坡部位遭受生物降解，轻烃组分散失，形成胶质、沥青质较高的古稠油油藏。

（3）印支—燕山期的调整。印支—燕山期，北东—南西向主压应力持续性的稳定挤压导致三叠系、侏罗系的北东向右行扭动张性断裂组合的发育，引发海西晚期形成的东—西向断裂的重新活动；奥陶系油藏一方面得以继续补充，另一方面又沿顶部断裂向上散失。

（4）喜山期的油气充注。自燕山期开始，库车前陆盆地进一步发育；喜山期，塔北隆起整体逐渐北倾沉降，最终演变为隐伏于中、新生界之下的残余古隆起，石炭系上覆地层由区域南倾向东南高、西北低转化。新近纪，中上奥陶统烃源岩大量生排烃，原油进入轮南潜山构造带，寒武系烃源岩以生气为主，天然气由东向西侵入奥陶系油藏，最终形成轮南古潜山气藏、凝析气藏、轻质油藏、稠油油藏交错分布的特征。

二、油气富集模式

（一）近源古隆起油气富集模式

塔里木盆地台盆区发育多个古隆起，包括塔中、塔北、巴楚、塔东隆起。其中，塔中与塔北古隆起油气最为富集（图3.5.28）。这不仅是由于这两个古隆起分布范围广、规模大，更与其与有利油源灶位置相邻和（或）被油源灶多面包围有关。塔北隆起已发现的油气资源最为丰富，集中分布在轮南、塔河、哈拉哈塘地区。以往一直认为塔北东部油气相对于西部富集，故理所当然地推断满东生油凹陷是最重要的烃源灶。随着油气勘探的深入，塔北西部地区也被发现油气资源量巨大，如哈拉哈塘凹陷被发现是一油气连片的亿吨级含油气区，预示着满加尔凹陷西侧烃源灶同样有重要的油气生成潜能。塔中隆起多面临凹——北为满加尔凹陷、西为阿瓦提凹陷、南为塘古拗陷。前面的油气地球化学（油气源与分子示踪）研究表明，塔中、塔北隆起具有多方位供烃的特征，油气来自不同的生油区，油气近源聚集是塔中、塔北隆起油气富集的重要特征。相比较而言，巴楚隆起与烃源灶的空间分布格局不及塔中和塔北隆起有利，相对远离主力烃源灶，不太有利于油气的捕集（图3.5.28），目前发现的油气量相对较少。特别地，塔里木盆地发育多套烃源岩、存在多期生排烃与油气充注，使得继承性古隆起形成多种类型的复合型油气藏，如轮南油田，油气的富集度大大增加。除烃源岩因素外，古隆起本身有诸多油气富集的有利条件，包括古隆起为油气运移长期指向区、古隆起有利于圈闭发育、古隆起易于发育岩溶溶蚀孔洞性储层等，其与有利烃源岩条件配置，可形成有利富油气区。因古隆起是多期油气聚集场所，近源古隆起通常具有较高的油气混源程度，这取决于周边叠加烃源岩的性质及运移通道的类型。

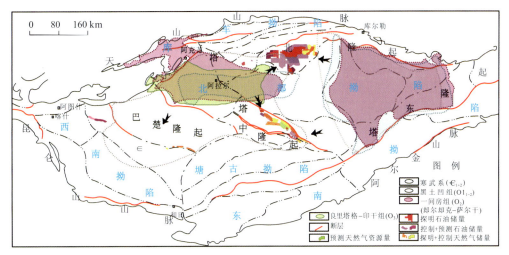

图3.5.28 塔里木近源古隆起富油气模式
箭头指示油气运移方向

（二）复合断裂带油气富集模式

断裂带对缝洞体形成、油气充注与富集具有重要作用。塔中、塔北古隆起斜坡带主要发育加里东、海西两期断裂带（图3.5.29）。断裂控制礁滩体发育、改造其储集性质。断裂横向变化造成台缘礁滩体分段性。例如，塔中东段发育基底卷入断裂，礁滩体高陡、狭窄；中部断裂不发育，宽缓滩相发育；西部断裂整体抬升，礁滩体宽缓且薄。断裂抬升局部礁滩体储层叠加、岩溶改造；多组断裂交汇部位连通缝洞体规模大、高效井多，观察到大型缝洞体储层主要沿断裂带分布。断裂带油气富集，气源断裂控制天然气分布，局部断裂高部位油气充注与富集程度高。塔里木盆地现今勘探发现的碳酸盐岩油气藏大多分布在塔中和塔北隆起上，而且这些油气藏又呈现出沿断裂带分布的特征（图3.5.29）。例如，塔中地区上奥陶统油气藏主要分布在塔中Ⅰ号断裂带附近，断裂越发育的区域油气藏越富集；塔中地区产能大的井主要分布于断裂带附近，远离断裂带，单井的产能逐渐降低，体现了圈闭离断裂越近越易成藏的特征。

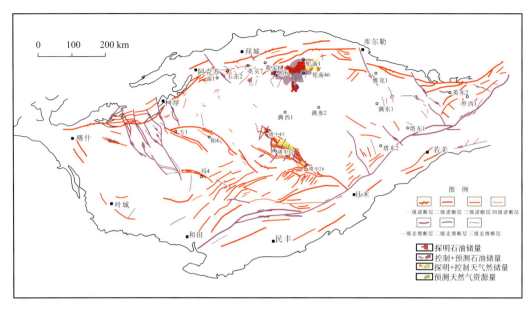

图 3.5.29　塔里木盆地下古生界碳酸盐岩顶面断裂与油气分布关系图（底图据塔里木油田，2012）

　　多期断层叠加是塔里木盆地断层演化过程中的重要特点，其强化了断层在油气运聚中的重要作用，是复合油气藏形成的重要保证。例如，塔中地区除了发育加里东期的北西—北西西向的 I 号断裂体系外，还发育海西期一定规模的北东向基底卷入型走滑断裂体系（与 I 号断层斜交）（汤良杰等，2012）（图 3.5.29），活动时间为志留纪末期—泥盆纪初期、二叠纪晚期（张承泽等，2008）。塔北地区东西向的轮南断垒、桑塔木断垒与南北向的轮古东断层也为不同时期发育的复合断层。前面的研究表明，塔中 I 号断层与北东—南西向走滑断层交汇处是油气的主要注入点，体现多期复合断层在油气运聚过程中的重要作用。塔中地区断裂的主要活动时间与该区烃源岩的多个生油期相匹配，断裂在晚加里东期、早海西期和晚海西期活动（李曰俊等，2008），而晚加里东期、晚海西期也是塔中地区的油气成藏期（肖中尧等，1997；杨海军等，2007），因此，这些断裂应是塔中地区奥陶系油气藏重要的油气运移通道。断裂与不整合面相结合，可实现油气的横向与纵向协同运移。复合断裂带系多期油气运移、聚集场所，混源程度相对较高；纵向上混源差异总体小于侧向。

（三）准层状不整合面/风化壳油气富集模式

　　塔里木盆地是一个典型的叠合盆地，经历过多期的构造变动，形成了多个不整合面，在下古生界碳酸盐岩层段就发育有明显的不整合现象。塔中地区下古生界主要发育三大区域不整合面，即 Tg5″（中上奥陶统—下奥陶统）、Tg5′（上奥陶统颗粒灰岩顶面）、Tg5（志留系底面反射）。Tg5″是中上奥陶统与下奥陶统之间的不整合面，也是塔中地区构造演化中极为重要的一期不整合面，形成于中加里东运动时期，主要分布于塔中地区隆起部位。Tg5′也是塔中地区一个很重要的不整合界面，分布于塔中地区北部的大部分区域。奥陶系与志留系及上覆地层间的 Tg5 反射界面是加里东晚期运动（艾比湖运动）的产物，在塔中地区广泛发育（白忠凯等，2011）。碳酸盐岩层系中不整合面的广泛发育往往促进了岩溶作用的发生，从而形成不整合面之下的渗透性构造，与孔隙、裂缝组合时，可使岩石的连通性变好，从而作为油气运移的输导通道。

图 3.5.30 为塔里木盆地下古生界碳酸盐岩风化壳储集层综合评价图，可以看出，不整合面上的风化壳储层很好地控制了油气的分布，而且绝大多数油气藏都分布在储集物性较好的 I 类风化壳储层和 II 类风化壳储层中。

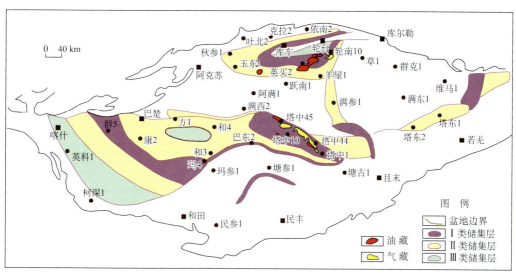

图 3.5.30 塔里木盆地下古生界碳酸盐岩风化壳储集层综合评价图（据杜金虎等，2011，修改）

塔北地区也发育多个不整合面，其中下古生界奥陶系潜山风化壳最为重要（图3.5.31），既是油气运移的重要通道也是油气聚集的重要场所。奥陶系大型油气藏类型主要表现为"准层状"的特点，取决于所处的构造有利位置以及油气的长期大量充注。准层状不整合面或风化壳是多期油气运移、聚集场所，混源程度相对较高，但一般存在侧向差异。

（四）礁滩体发育带油气富集模式

塔里木盆地在奥陶纪发育了两种类型的台地边缘相，古气候环境适合生物礁体发育。陡坡型台地边缘带相对较窄，礁滩复合体厚度大，平行台缘连续性好，高能相带位于外缘，以塔中 I 号断裂构造带（坡折带）最为典型；缓坡型台地边缘带相对较宽，礁滩复合体厚度相对较小，由一系列的小礁体组成，主要分布在轮南、巴楚凸起边缘和田河地区（张丽娟等，2007）。塔中奥陶系良里塔格组受塔中 I 号坡折带的控制发育陆棚边缘礁滩体，多旋回礁滩体纵向多期加积叠置、横向复合连片。储层性质为低孔-特低孔、低渗灰岩储层，以孔洞-裂缝型、洞穴型、孔洞型储层为主，次生的溶蚀孔洞和构造裂缝是礁滩复合体最有效的储渗空间。储层埋深在 4500～6500m。储层的形成和分布受早期高能沉积相带、溶蚀作用和断裂作用等因素的控制，有效储层的空间展布控制

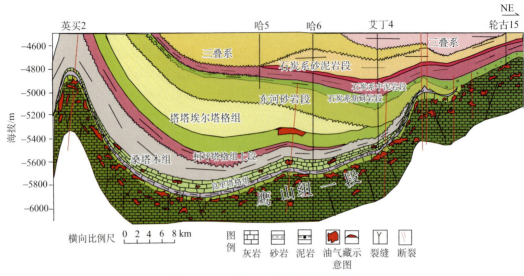

图 3.5.31 哈拉哈塘东西向油藏剖面

了油气的分布与大面积成藏（杨海军等，2011）。

从塔里木盆地台盆区奥陶系油气藏与沉积相分布关系图可以看出（图 3.5.32），基本上所有的油藏都分布在礁滩相发育的边缘台地相和局限-开阔台地相之上，在礁滩相不发育的斜坡与盆地相中基本没有油气藏的富集，说明礁滩相控制了碳酸盐岩油气藏的富集。礁滩体连通性较差，预测混源作用过程中非均质性相对较强。

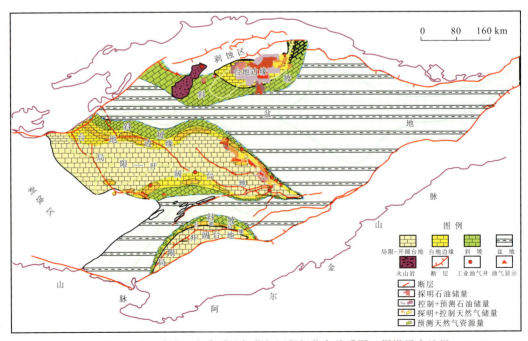

图 3.5.32 塔里木盆地台盆区奥陶系油气藏与沉积相分布关系图（据塔里木油田，2012）

176

（五）斜坡带–凹中平台区油气富集模式

塔中、塔北隆起，特别是后者有广泛的斜坡区，满西地区在寒武纪—中奥陶世是统一的台地，至晚奥陶世发育成台盆。近年来，在塔北斜坡–哈拉哈塘地区的新垦、热瓦堡等地区不断取得油气勘探的重要突破；在塔中西北侧、满西的顺托果勒等地区（隶属中国石油化工集团公司区块）也发现多口工业油气流井，其隶属满加尔凹陷凹中平台区，满西也被认为是隆拗结合部位的宽缓平台区（图 3.5.33）。满西鹰山组台内滩发育；一间房组中高能滩分布广、厚度薄。满西地区存在大规模受断裂带控制的缝洞体储层〔图 3.5.33(b)〕；该区断裂发育，串珠状地震响应广泛。礁滩体叠加准同生期和埋藏期岩溶作用可形成缝洞体储层。塔北南缘奥陶系碳酸盐岩顺层岩溶在邻近潜山区呈条带状分布，受基准面与层序界面控制，沿层断续发育，延伸达 40km，断裂带附近缝洞体发育，以孤立洞穴储层为主。满西地区奥陶系储层发育有利面积达 10890km²。哈拉哈塘北部鼻状斜坡区面积为 5330km²。预测塔北–满西–塔中极可能是连片碳酸盐岩大油气区。因近源，预测斜坡带、凹中平台区主要表现为晚期油气的混合。

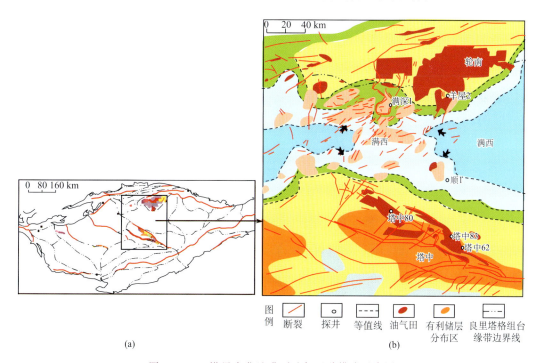

图 3.5.33　塔里木盆地满西油气运移模式示意图
(a) 满加尔凹陷凹中平台位置；(b) 满西凹中平台下古生界顶面构造特征。箭头指示油气运移方向

（六）白云岩裂缝带油气富集模式

塔里木盆地发育多种成因类型的白云岩储层，包括萨布哈白云岩、渗透回流白云岩、埋藏白云岩、热液白云岩等多种类型（沈安江等，2009）。白云岩储层以粉细–粗晶

白云岩为主，晶间孔、洞普遍发育。其中，轮南-古城台缘带、轮台断垒围斜带、塔中-巴楚地区的大型断裂带、英东地区白云岩储层较发育，面积达 $5.8 \times 10^4 km^2$（图3.5.34）。研究认为，白云岩油气藏受古隆起、盖层、储层控制；前石炭纪古隆起、区域盖层是塔里木盆地深层白云岩油气成藏的关键。塔中寒武系盐下厚层状白云岩储层发育，为裂缝-孔洞型储层，Ⅰ类储层（1m/1层）孔隙度为12.6%、Ⅱ类储层（19m/3层）孔隙度为8.36%，单层厚度达14m。盐间可能发育更大规模的岩性油气藏。塔中寒武系盐下白云岩是最有利的油气突破方向。

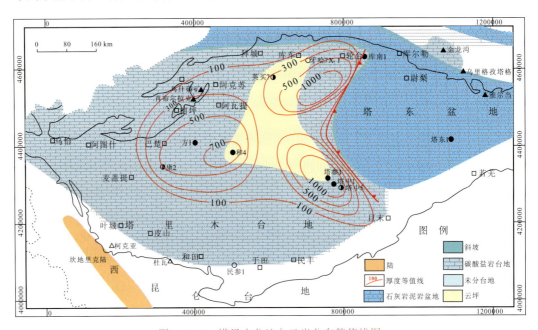

图3.5.34 塔里木盆地白云岩分布等值线图

古城6地区钻探表明，奥陶系鹰山组、蓬莱坝组和寒武系均见多层系油气显示，且发育台缘丘滩、高能台内滩、层间岩溶、热液岩溶四种储层类型，储层受白云岩化作用控制。鹰山组白云岩储层主要为层间岩溶储层，叠加白云岩热液重结晶建设性作用，储集空间为晶间孔、裂缝及沿裂缝溶蚀的孔隙。古城6井在6144～6169m深度段鹰山组试油，日产气264234m³，硫化氢浓度为1600ppm。古城6井的突破证实了奥陶系鹰山组深层白云岩的油气勘探潜力。通过地层对比研究，塔中隆起与巴楚隆起奥陶系鹰山组中下段均广泛发育白云岩储层，且成层性较好，分布较稳定，玛南地区、塔中北斜坡等地区的地震剖面上，鹰山组深层多见串珠状特征反射。古城-塔中-巴楚中国石油天然气集团公司矿权范围内奥陶系鹰山组可勘探面积约为 $6 \times 10^4 km^2$，鹰山组深层白云岩具有巨大的油气勘探潜力。中深1井寒武系盐下白云岩见良好油气显示（图3.5.35），主要油气显示段集中在中寒武统和下寒武统。中深1井钻揭中、下寒武统两套白云岩储层，明确了塔中东部寒武系盐下白云岩是下古生界重点勘探领域，进一步证实了寒武系盐下可能存在大油气田的认识。预测靠近深切断层的白云岩裂缝型储层是白云岩油气的主要富集区。白云岩裂缝带因不同期次油气的热稳定性及烃源岩成烃演化史的差异，不同馏分混源程度不等，某些指标可能显示单源深部来源原油。

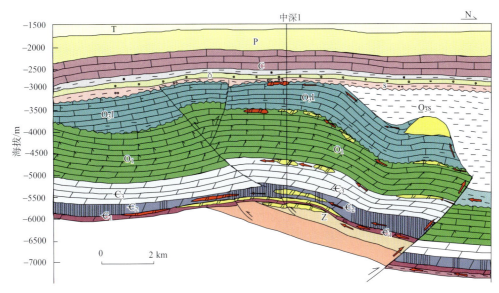

图 3.5.35　塔里木盆地中深 1 井白云岩油气成藏模式（现今剖面）

第四章 叠合盆地油气的后期改造与成藏效应

油气成藏后的次生改造通常包括三类。第一类指在油气藏埋藏较浅、油气藏保存条件变差时油气的化学成分发生一系列物理与化学变化，包括轻质组分逸散、水洗、生物降解与氧化、细菌硫酸盐还原作用（BSR）。塔里木塔河油田的稠油（施强和田宏永，2005）、渤海湾盆地辽河西部凹陷的重质—超重质稠油等（李素梅等，2008d）都是油气藏破坏、改造的结果。第二类指在油气藏埋藏较深时，在高温高压条件下油气经历复杂的纯热化学蚀变作用，如四川盆地、塔里木盆地和田河的天然气都被认为是原油裂解的产物（王招明等，2007）。第三类指在温度、深部流体等某些条件适宜时，油气藏内发生有机—无机相互作用，如硫酸盐热化学还原作用（TSR）等，四川盆地高硫化氢天然气被认为是 TSR 的产物（朱光有等，2006）。导致油气成藏后的物理性质—化学组成发生变化的作用还包括蒸发分馏（含气侵/气洗）、重力分异、油气混合等作用。广义上讲，油气成藏效应指油气运移、成藏过程中、成藏后其自身及与其相关的油气藏中油气的物理性质-化学组成与分布的变化。塔里木盆地是中国西部典型的叠合盆地，油气经历过复杂的演化与改造过程，现今台盆区海相油气类型的多样性与复杂的油气改造与成藏效应不无关系。

第一节 海相油气改造与成藏效应——生物降解、水洗与氧化

多期成藏、改造是塔里木盆地海相油气藏的显著特征。塔里木台盆区普遍存在的志留系沥青砂（刘洛夫等，2000），塔北隆起塔河油田亿吨级稠油，以及塔中北斜坡志留系、石炭系局部稠油（Li et al.，2010）均与油气藏的改造破坏密切相关。然而，不同层系、不同构造带油气降解程度不同，相关研究有助于揭示油气的成因与成藏机制。

一、降解油识别与评价

（一）塔中降解油识别与评价

1. 不同层系、不同构造带降解油对比

塔中不同层系原油物性具有显著的差异，其在某种程度上反映了原油遭受的次生改造程度与成熟度。统计分析表明，就层位而言，塔中志留系原油物性最差，其次是石炭系，奥陶系相对较好 [图 4.1.1、图 4.1.2(a)]；就埋深而言，4500m 以上原油物性较差，超过该深度后原油物性较好（图 4.1.1），反映埋藏较浅层系中的油气易遭受改造

破坏（图 4.1.1）。25-降藿烷系列是强烈生物降解的标志物（Peter and Moldowan，1983），图 4.1.3 显示，TZ30、TZ242、TZ122、TZ12 井奥陶系原油中 25-降藿烷缺失或含量极低［图 4.1.3(a)］，而同井志留系原油中该化合物较为发育［图 4.1.3(b)］，表明志留系原油的降解程度高于奥陶系。构造低部位塔中 47-15 井区的 TZ40、TZ40-1、TZ10 井石炭系原油中没有检测到 25-降藿烷［图 4.1.3(c)］，而处于相对高部位的塔中16 井区的 TZ162、TZ16、TZ168 井则可检测到［图 4.1.3(c)］，塔中 4 井区相对于邻井较为发育［图 4.1.3(d)］。

就构造单元而言，北斜坡的塔中 47-15 井区原油（O_3—C）记录的次生改造特征较为明显，其次是塔中 16 井区，集中表现在原油密度较大、含硫量较高、非烃和沥青质含量较高［图 4.1.2(a)、图 4.1.2(b)、图 4.1.2(e)、图 4.1.2(f)］。塔中 47-15 井区、塔中 16 井区（O_3—C）都不是地史过程中塔中地区的最高部位，然而其所记录的油气的次生改造作用较明显（图 4.1.2），反映这两个构造带相对稳定，受晚期高-过成熟油气充注的影响相对较小，特别是前者。

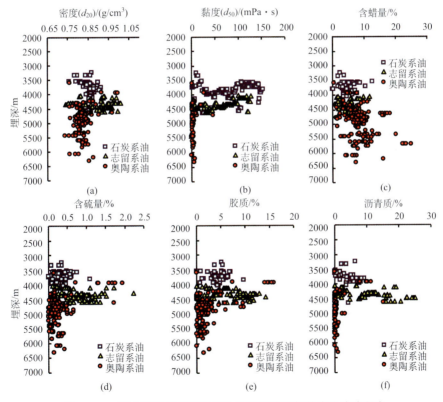

图 4.1.1　塔中不同层系原油物性差异反映油气的次生改造程度

塔中 4、塔中 1-6 井区经中泥盆世末期的海西早期运动后即成为塔中最高构造部位，油气藏经历的次生改造作用应该最为明显，然而晚期充注混合作用已在相当程度上覆盖了早期充注的降解油面貌。简而言之，地史过程中位于塔中北斜坡，处于构造低部位的

182

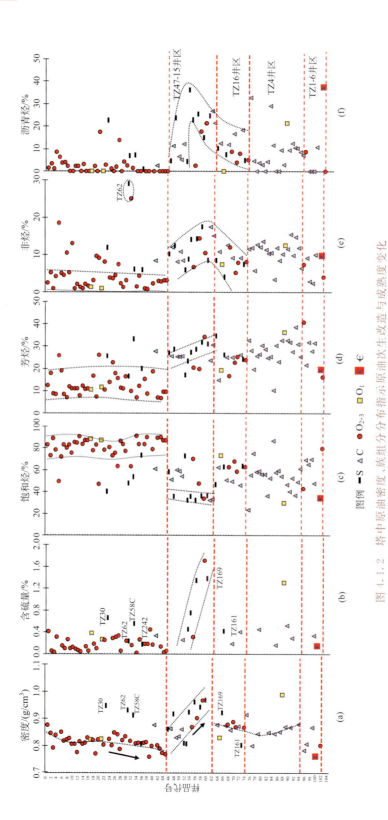

图 4.1.2 塔中原油密度、族组分分布指示原油次生改造与成熟度变化

原油（O_3—C）生物降解等次生改造的程度远低于构造高部位的塔中 16、塔中 4、塔中 1-6 井区。值得提出的是，塔中所有原油均发育完整的正构烷烃系列，反映油气的多期充注。

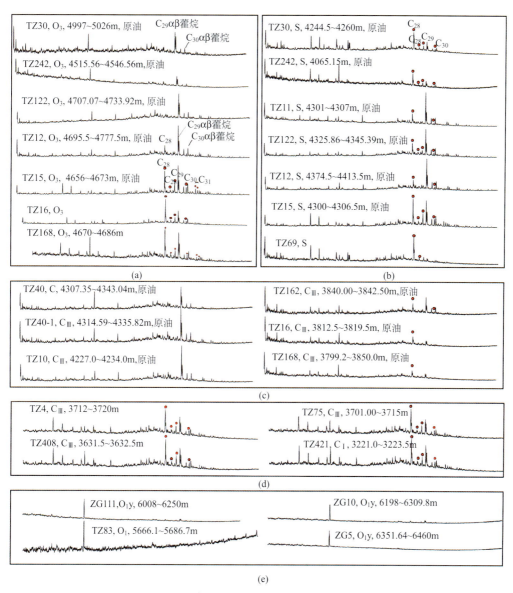

图 4.1.3　塔中不同层系原油 $m/z\,177$ 质量色谱图（反映生物降解程度不同）

2. 奥陶系油气藏降解特征

塔中地区奥陶系原油性质相差最为悬殊，包括高蜡油、轻质凝析油、正常油等多种类型。除个别原油外，塔中内带（塔中Ⅰ号带内侧）中上奥陶统分析原油基本都曾遭受过生物降解，饱和烃、芳烃显示"UCM"鼓包（图 4.1.4 和图 4.1.5），构造高部位奥陶系原油含 25-降藿烷系列，表明生物降解较严重（图 4.1.6）。塔中地区中上奥陶统油气主要分布在Ⅰ号构造带，由于受多期充注影响，原油成熟度不等，早期原油遭受的生物降解等次生改造作用往往被后期充注原油覆盖而难以识别。下奥陶统原油因油气藏埋藏较深及其所处的高温高压环境，多数原油中的生物标志物含量甚微。塔中北斜坡及塔中 16 井区的中上奥陶统原油的次生改造研究仍具有一定的地质地球化学意义。

对沿 TZ122—TZ12—TZ15—TZ16—TZ168—TZ161—TZ6 井方向（构造上倾方向）的 7 个中上奥陶统原油、塔中Ⅰ号构造带的 3 个中上奥陶统原油（TZ30、TZ62-1、TZ26 井）、2 个下奥陶统原油（TZ162、TZ4-7-38 井）的分析表明，部分奥陶统原油遭受了生物降解等次生改造。基本特征是构造高部位原油遭受的次生改造作用较强，如 TZ15—TZ16—TZ168—TZ161—TZ6 井方向的 5 个中上奥陶统原油的饱和烃和芳烃总离子流图都可识别"UCM"鼓包（图 4.1.4、图 4.1.5），且均可检测到 25-降藿烷系列（图 4.1.6），表明原油遭受的生物降解作用较强，相对位于构造低部位的 TZ122、TZ12 井（O_{2+3}）原油"UCM"鼓包不太明显，25-降藿烷未能检测到或者含量低（图 4.1.4～图 4.1.6）。位于塔中Ⅰ号构造带的中上奥陶统 TZ30、TZ62-1 井原油的降解程度相对较低，不及上倾方向的 TZ26 井相同层系原油。位于塔中 4 井区的 TZ4-7-38 井下奥陶统原油也可检测到"UCM"鼓包及 25-降藿烷（图 4.1.4～图 4.1.6），表明塔中 4 井区地史过程中奥陶统剥蚀作用较为强烈，而位于相对构造低部位的塔中 16 井区的 TZ162 井的下奥陶统原油保存较好（图 4.1.4～图 4.1.6）。奥陶系原油的分析表明，TZ15 井起始（上倾方向）的构造高部位原油次生改造作用较为强烈。绝大部分下奥陶统原油因较高的成熟度，无法检测到 25-降藿烷［图 4.1.3(e)］。

3. 塔中志留系油气藏降解特征

塔中地区志留系原油性质、烃类化学组成与丰度因区块而异。志留系原油密度总体较高，特别是塔中内带构造高部位的原油，如 TZ50、TZ69 井原油。塔中 47-15 井区志留系原油主要为稠油，沿构造方向原油密度有增加趋势。TZ111、TZ122、TZ12、TZ15 井原油密度依次为 0.919g/cm^3、0.9375g/cm^3、0.9576g/cm^3、0.9850g/cm^3。塔中 16 井区的 TZ58C、TZ169 井原油密度也相对较高，但低于塔中 47-15 井区，分别为 0.9133g/cm^3、0.9159g/cm^3［图 4.1.2(a)］。塔中志留系原油物性的变化主要反映油气的成因与成藏特征，结合烃类等分析认为，东侧塔中 16、塔中 4 井区及与塔中Ⅰ号构造带的汇聚地带，志留系原油的物性变化主要受后期更高成熟度烃类充注的影响。

饱和烃总离子流图显示，由西向东沿 TZ11—TZ111—TZ122—TZ12—TZ50—TZ15—TZ69—TZ169 井方向，"UCM"鼓包有逐渐明显的趋势（图 4.1.7），特别是位于塔中 16 井区的三口井，反映逐渐增强的生物降解趋势。位于塔中Ⅰ号构造带的 TZ30、TZ58C 井原油的饱和烃总离子流图也有明显的"UCM"鼓包，但 TZ161、TZ242 井志留系原油饱和烃"UCM"鼓包不明显，可能与后期油气充注有关（图 4.1.7）。芳烃总离子流图记录了志留系原油所遭受的次生变化，多数志留系原油芳烃总离子流图显示遭受过生物降解次生改造，一般都表现出基线抬升，出现一个"UCM"基线鼓包（图 4.1.8），仅 TZ62 井志留系原油没有明显的基线抬开，反映保存较好。

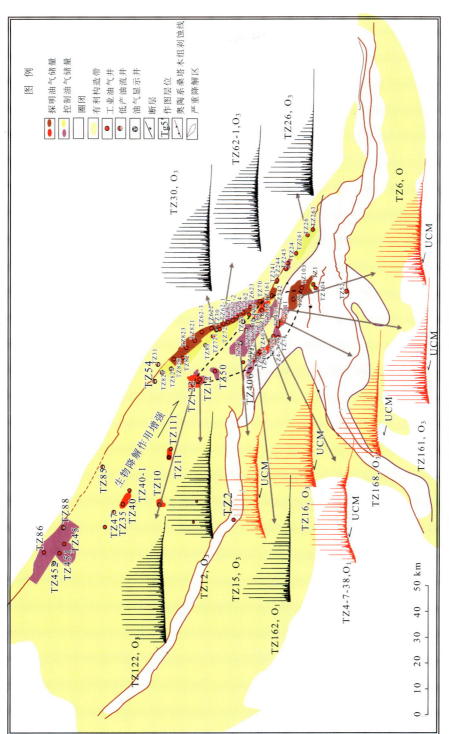

图1.1.4 奥陶系原油饱和烃 TIC分布（指示生物降解趋势）

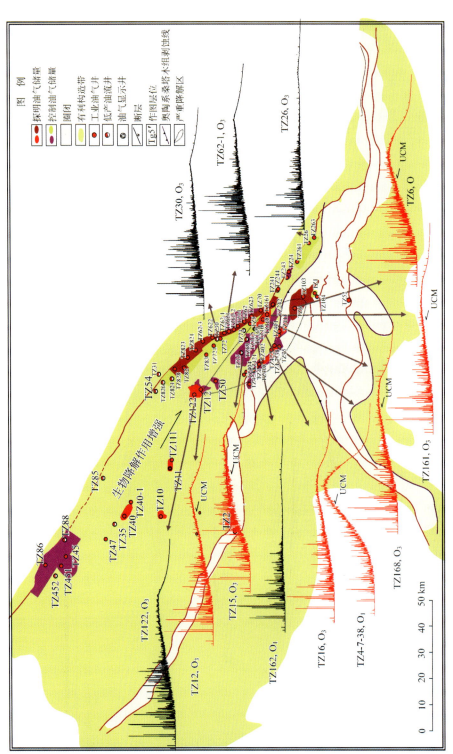

图 4.1.5 奥陶系原油芳烃 TIC 分布（指示生物降解趋势）

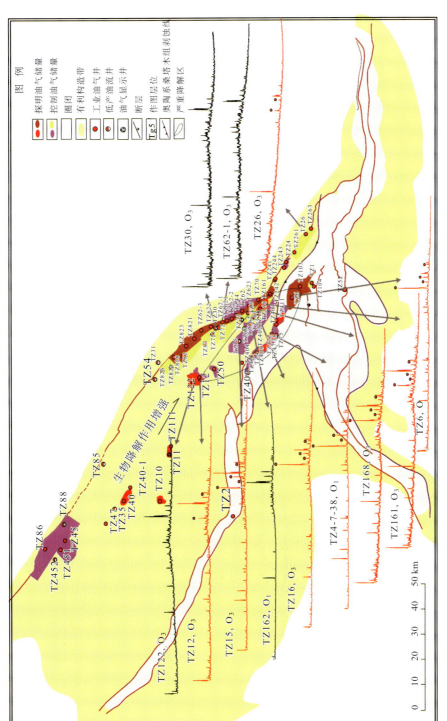

图4.1.6 奥陶系原油饱和烃 $m/z177$ 质量色谱图（指示生物降解趋势）

标注峰为25-降霍烷

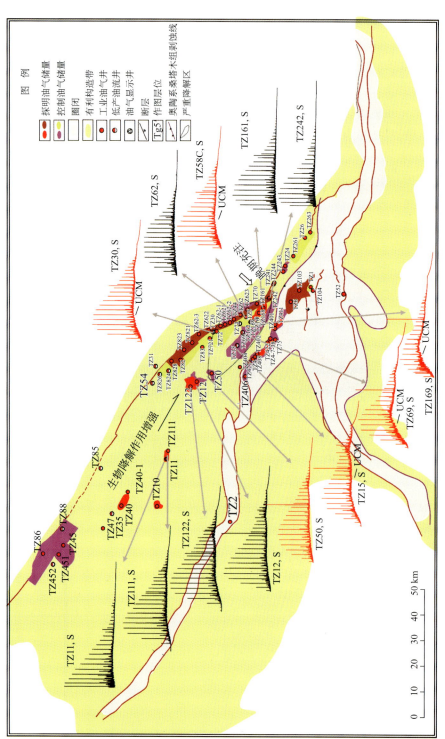

图 4.1.7 志留系原油饱和烃 TIC 分布（指示生物降解趋势）

189

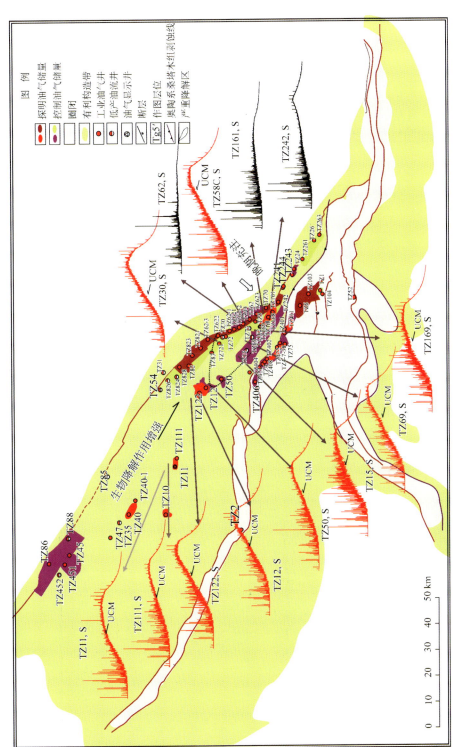

图 4.1.8 志留系原油劳经 TIC 分布（指示生物降解趋势）

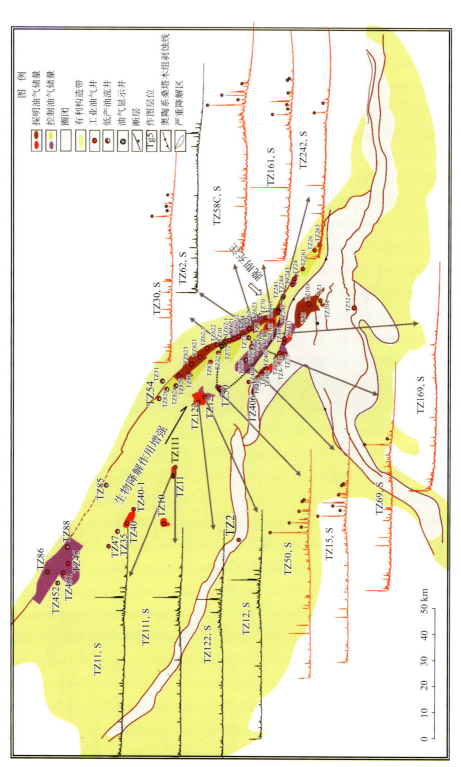

图 4.1.9　志留系原油饱和烃 $m/z177$ 质量色谱图（指示生物降解趋势）

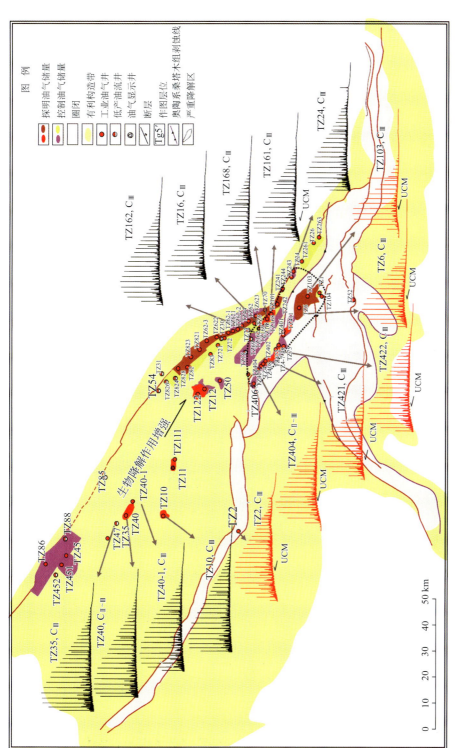

图 4.1.10 石炭系原油饱和经 TIC 分布(指示生物降解作用)

192

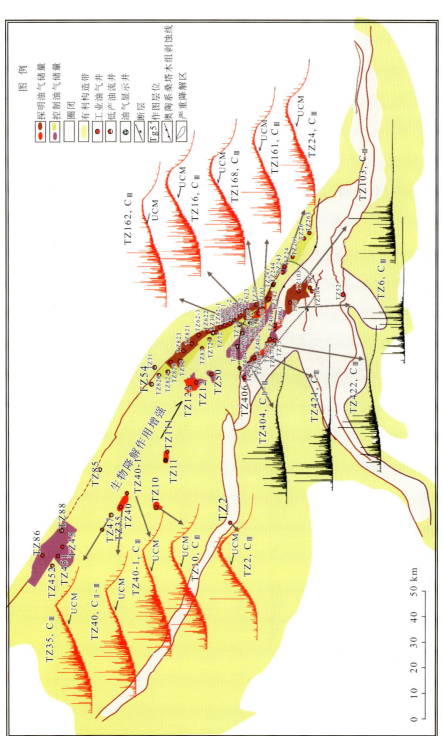

图 4.1.11　石炭系原油劳经 TIC 谱图分布（指示生物降解趋势）

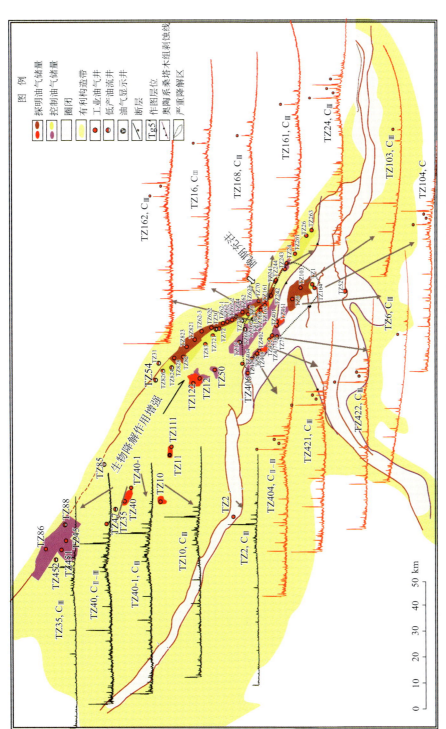

图 4.1.12 石炭系原油饱和烃 m/z177 质量色谱图（指示生物降解趋势）

地球化学分析表明，TZ62井(S)原油油源不同于其他原油，为寒武系—下奥陶统成因（肖中尧等，2005；Li et al.，2010）。TZ161、TZ242井志留系原油也有不太明显的基线抬升现象，原油密度较低，应与后期充注油气量较多有关。

饱和烃m/z177质量色谱图反映塔中47-15井区构造高部位（TZ50、TZ16井）、塔中16井区、塔中Ⅰ号构造带志留系原油包含丰富的25-降藿烷系列（图4.1.9），反映原油遭受过较严重的生物降解，包括TZ161、TZ242两口井目前密度较低的原油，这与大多数原油芳烃表现出"UCM"降解鼓包是一致的（图4.1.8）。TZ161、TZ242井志留系原油中25-降藿烷的检出说明构造高部位TZ161、TZ241井轻质油为后期充注烃混合的结果，预测塔中不同构造带志留系降解油可能是同期充注形成的，并在相当程度上是有一定连通性的。

生物标志物定量结果反映出类似的特征。塔中47-15井区志留系原油中正构烷烃的丰度具有由西向东沿构造上倾方向逐渐降低的趋势，西侧TZ47井正构烷烃丰度为48.8$\mu g/mg$，东侧TZ50和TZ15井志留系原油正构烷烃丰度为7.3$\mu g/mg$和6.1$\mu g/mg$，TZ30、TZ69和TZ169井也偏低（图1.1.12）。由于塔中47-15井区原油成熟度比较接近，链烷烃丰度的变化反映构造高部位原油的次生降解，这与东侧原油中检测到丰富的25-降藿烷的特征较为一致。TZ16井东侧志留系原油中正构烷烃丰度明显增加，如TZ242井志留系原油丰度为73.6$\mu g/mg$，被认为受后期成熟度较高油气充注的影响。藿烷类生物标志物的定量结果表明，塔中47-15井区、塔中2井区藿烷丰度较高，塔中16井区志留系原油藿烷丰度较低（图1.1.20）；塔中Ⅰ号构造带的TZ30井、TZ62井志留系原油藿烷丰度相对较高（图1.1.21）。以上差异反映油源性质的差异和油气成藏条件的差异。塔中原油多数甾、萜类异构化参数已达到平衡终点值（表1.1.7），表明原油均达到较高的成熟度。Ts/(Tm＋Ts)等成熟度参数显示塔中47-15井区志留系原油成熟度较塔中Ⅰ号构造带、塔中16井区、塔中4井区低［图1.1.50(a)、表1.1.7］，进一步反映后者受油气晚期充注的影响较强。

4. 石炭系油气藏降解特征

石炭系工业油流井主要分布在塔中47-15、塔中4、塔中16井区，其中塔中4井区最为富集。石炭系以正常油为主，物性最好的原油主要分布在塔中1-4井区，如TZ404井石炭系原油密度为0.8006g/cm^3；TZ103井石炭系第Ⅱ、Ⅲ油组原油密度分别为0.7842g/cm^3、0.8080g/cm^3，塔中4井区主体油密度低于塔中16井区［图4.1.2(a)］。

石炭系原油饱和烃总离子流图显示，处于相对构造高部位的原油，如塔中2井区、塔中4井区、塔中1-6井区原油有轻微的"UCM"鼓包（图4.1.10），总体有完整系列的链烷烃。石炭系原油芳烃总离子流图分布表明，与志留系原油一样，石炭系原油也普遍遭受过次生改造，多数原油呈现出生物降解特征，即含"UCM"鼓包（图4.1.11），特别是塔中47-15井区和塔中16井区原油最为明显，但塔中4井区不太明显（图4.1.11）。原油饱和烃m/z177质量色谱图显示，塔中4、塔中16、塔中1-6井区石炭系原油都含有代表严重降解的丰富的25-降藿烷系列（图4.1.12），其中，塔中4井区特征最为显著（图4.1.12），暗示塔中4井区原油饱和烃和芳烃总离子流图表现出的近似正常油的分布（"UCM"鼓包不明显）实则是被后期充注油气所掩盖。塔中47-15井区位于构造低部位，芳烃有明显的"UCM"鼓包，但25-降藿烷系列不太明显，说明原油降解程度不及位于构造高部位的塔中4和塔中16井区原油。塔中16井区和塔中Ⅰ号构造带TZ24井石炭系原油都有明显的"UCM"鼓包（图4.1.10、图4.1.11），反映后期充注油气对芳烃馏分的影响不及塔中4井区。石炭系原油中甾、萜类化合物的丰度也相对偏低［图1.1.19（c）、图1.1.20］，表明原油成熟度相对较高，进一步说明强烈受晚期油气充注的影响。

（二）塔北降解油识别与评价

与塔中一样，塔北地区原油包含正常油、稠油、高蜡油和稀油等多种类型。塔北地区不同构造单元原油遭受的生物降解等次生改造程度不等。

1. 轮南地区

原油族组分分布特征某种程度上反映了原油遭受过的次生变化。西侧原油饱/芳比较低，而东侧原油饱/芳比较高，如生物降解较严重的LN11与LG7井原油饱/芳比分别为2.1和1.3～1.4，东侧LG38井高达26（图4.1.13）。LN14井三叠系原油饱/芳比也较低；LN631井石炭系原油具有中值饱/芳比（图3.5.16）。轮南原油中"非烃＋沥青质"含量总体较低，远低于相邻的塔河油田（图4.1.13）。族组分分布显示LN14井三叠系原油较石炭系原油遭受过更强的次生改造。轮南原油的族组分分布特征除与生物降解等次生改造作用有关外，与晚期油气充注也有一定关系。轮南原油芳烃总离子流图显示，部分原油遭受过次生改造的迹象比较明显，如LN14井三叠系原油（4430～4436.9m）、西侧LN11、LN7井奥陶系原油芳烃总离子流图呈现明显的"UCM"未分辨鼓包峰（图4.1.14）；轮南多口井原油中检测到了25-降藿烷系列，如LN11（O）、LG7（O）、LG4（O）、LN14（T）井原油（图4.1.15），进一步表明该区原油遭受过生物降解等次生改造。少数原油的芳烃总离子流图，如LN631（C）、LG35（O）井具有类似的基线抬升现象（图4.1.14），可能与气侵相关（参见第四章第三节）。轮南地区多数原油中25-降藿烷系列不太发育（图4.1.15），可能反映多数原油在地史过程中未遭受强烈生物降解（局部受晚期充注影响）。轮南全部分析原油中正构烷烃均发育完整，部分原油中出现既存在丰富的正构烷烃（反映轻度或未遭受次生改造）又存在25-降藿烷（较强生物降解）的现象，表明该区存在早期降解与后期新鲜油混源聚集、多期成藏现象。

2. 塔河油田

本次分析的塔河原油主要为重质油。塔河油田原油的物性及其族组分特征明显显示较强烈的生物降解等次生改造作用。原油中"非烃＋沥青质"含量（均值为44.6%，10个油样）远高于同区原油（图4.1.13），饱/芳比也低于轮南原油，前者一般小于3；后者最高可为24.2（图3.5.16）。

较之于塔北其他原油，塔河油田原油芳烃总离子流图中的"UCM"未分辨鼓包最

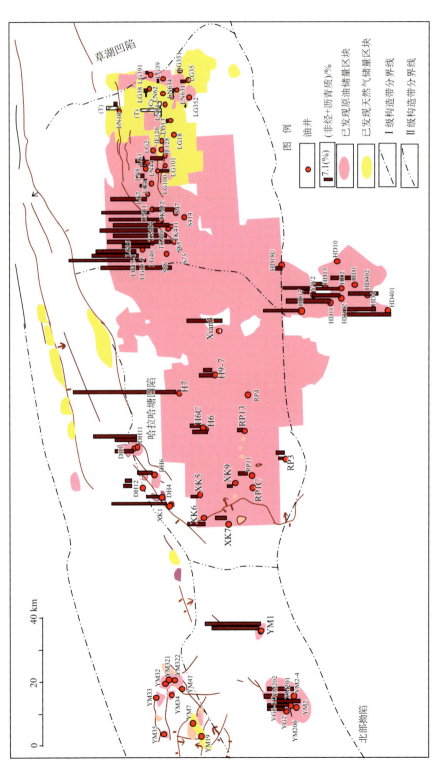

图 4.1.13　塔北原油中"非烃＋沥青质"丰度变化规律

为显著（图 4.1.16），并且 $m/z177$ 质量色谱图显示 25-降藿烷系列最为发育（图 4.1.17），指示强烈生物降解。塔河油田原油饱和烃中同时发育完整的链烷烃系列，反映该区油气至少为两期充注，后期新鲜原油中的链烷烃分布覆盖了早期降解油。

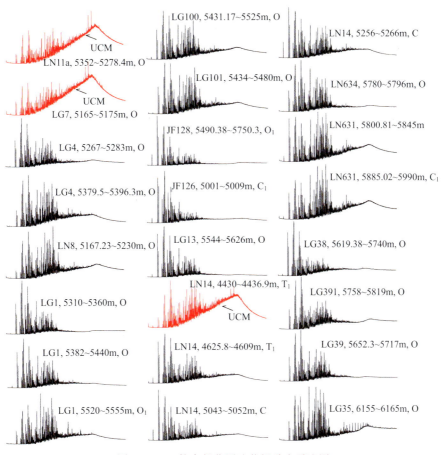

图 4.1.14 轮南部分原油芳烃总离子流图

3. 哈得逊油田

哈得逊油田原油饱/芳比稍高于塔河油田，但与轮古东原油相比仍较低（图 3.5.16）；原油中"非烃＋沥青质"含量稍低于塔河油田，但较轮古东地区显著偏高（图 4.1.13）。哈得逊油田原油芳烃总离子流图中"UCM"鼓包不及塔河原油明显，但 $m/z177$ 质量色谱图显示每一个原油都发育丰富的 25-降藿烷系列，如 HD4、HD401 等井（图 4.1.18），表明地史过程中该区油气藏也曾遭受过强烈的破坏，原油生物降解等次生改造仍相对严重。哈得逊油田原油中包含完整系列的链烷烃，表明该区原油经历多期充注，相对晚期充注原油覆盖了相对早期严重降解原油面貌。

197

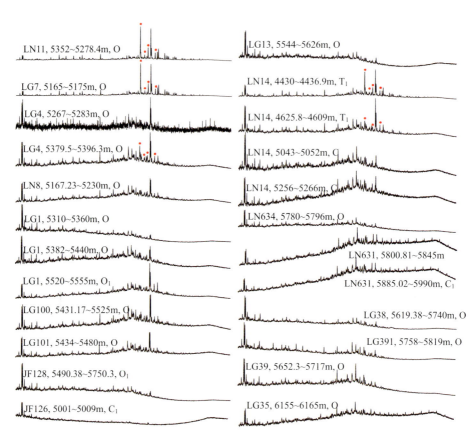

图 4.1.15　轮南部分原油饱和烃 m/z 177 质量色谱图

标注峰为 25-降藿烷系列化合物，依据保留时间及质谱

4. 哈拉哈塘凹陷—东河塘地区

哈拉哈塘凹陷目前已发现不少油气，如新垦-热瓦堡新区。分析表明，该区原油总体具有较低的饱/芳比，分布范围为 1.3～11.8，与哈得逊油田较接近，稍高于塔河油田，低于轮古东地区（图 3.5.16）。原油中"非烃+沥青质"含量低于周边原油，特别是塔河和哈得逊油田，也低于东河塘部分原油和英买力油田原油（图 4.1.13），表明该凹陷原油保存条件好于周边地区。哈拉哈塘凹陷及东河塘地区仅部分原油中检测到 25-降藿烷系列，这部分原油相对位于构造高部位或深大断裂附近，如 XK1、XK6 井原油，但在 XK6、XK5、XK7、RP11、RP13、RP4 等井原油中未能检测到（图 4.1.18），表明这部分原油降解相对不严重，这与原油的族组分分布特征也较吻合，即"非烃+沥青质"含量不高、饱/芳比相对较高（图 3.5.16、图 4.1.13）。

5. 英买力油田

英买力油田南部海相原油（英买 2 潜山）的族组分特征不同于周围原油，原油饱/芳比低于哈拉哈塘（图 3.5.16）、"非烃+沥青质"则相对较高（图 4.1.13）。原油内部

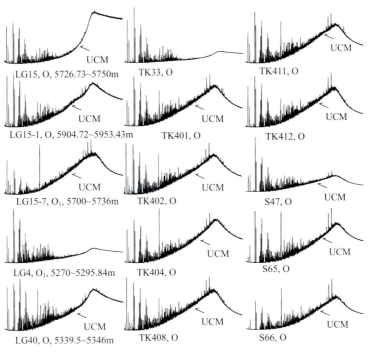

图 4.1.16 塔河油田部分原油芳烃总离子流图
标注峰为 25-降藿烷系列化合物，依据保留时间及质谱

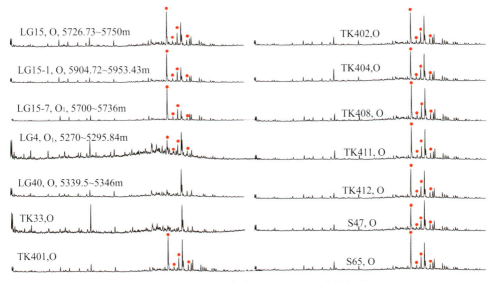

图 4.1.17 塔河油田部分原油 m/z177 质量色谱图
标注峰为 25-降藿烷系列化合物，依据保留时间及质谱

也有分异，YM1 井区原油饱/芳比低于 YM2 井区、"非烃＋沥青质" 则呈相反特征，在原油成熟度相近情况下，这种差异反映原油遭受的次生改造程度不同。仅在部分原油

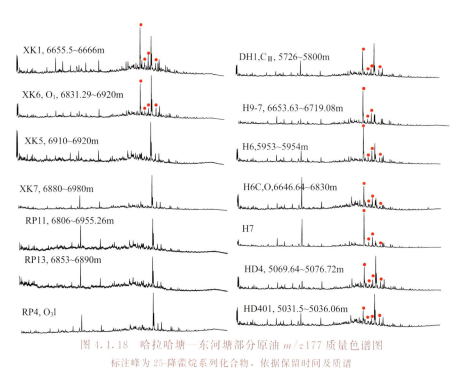

图 4.1.18　哈拉哈塘—东河塘部分原油 m/z177 质量色谱图

标注峰为 25-降藿烷系列化合物，依据保留时间及质谱

中检测到 25-降藿烷（其相对含量也不高），如 YM201 井奥陶系原油（图 4.1.19），生物降解程度不及塔河油田。

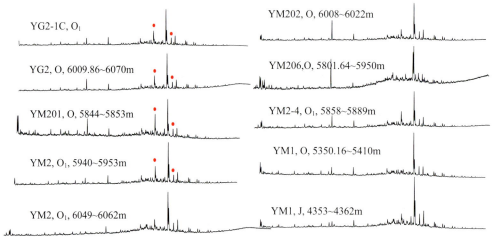

图 4.1.19　英买力油田南部海相原油 m/z177 质量色谱图

标注峰为 25-降藿烷系列化合物，依据保留时间及质谱

二、降解油分布与评价

综合原油物性、族组分与化学成分的检测，可确认塔中、塔北不同构造带地史过程

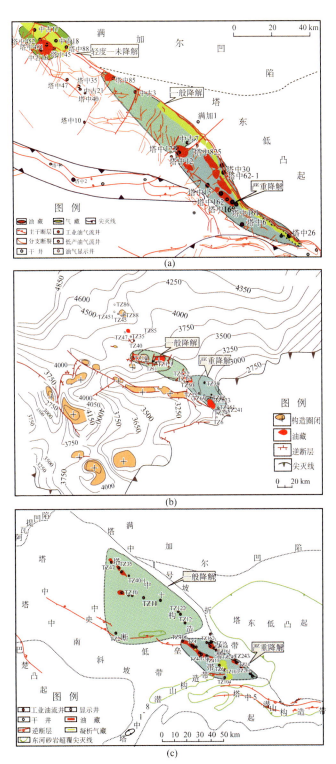

图 4.1.20 塔中不同层系降解油分布特征

(a) 上奥陶统；(b) 志留系；(c) 石炭系

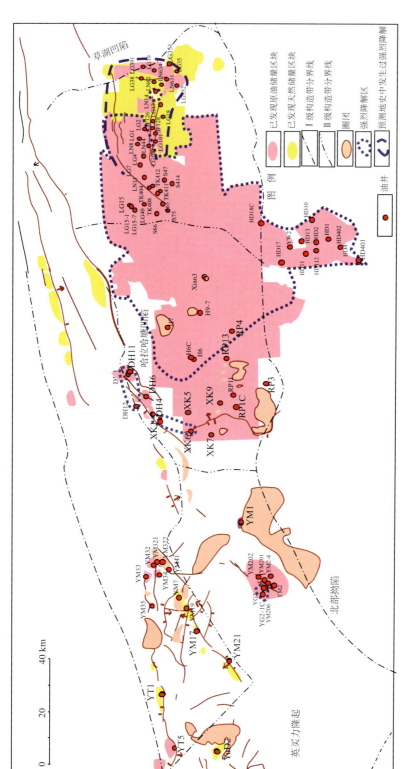

图 4.1.21　塔北降解油分布特征

中经历了不同程度的次生改造作用。塔中上奥陶统、志留系、石炭系构造高部位
（TZ12 井附近的上倾方向）均经历严重生物降解等次生改造作用；TZ85 至 TZ12 井区
属于中等程度降解；TZ45 井区为轻度-未降解（图 4.1.20）。塔北经历最严重改造的油
气主要分布在塔河油田-轮古西地区，其次是哈得逊油田，英买力南部潜山海相油、东
河塘地区仅部分原油降解较严重（图 4.1.21）；哈拉哈塘地区原油降解程度相对较低。
预测轮南东部地区也曾遭受较强的生物降解，但因晚期充注混合，目前，部分原油早期
降解标志物的检测较为困难。以上差异性特征与地史过程中油气藏的保存条件有关。

第二节 海相油气改造与成藏效应——热成熟作用

一、台盆区原油热成熟度变化规律

塔里木台盆区原油成熟度差异显著，不同构造单元原油成熟度的对比研究有助于揭
示油气的来源及其热演化特征、油气成因与成藏机制。

（一）塔中原油成熟度分布与变化规律

前面已对塔中原油成熟度有所论述（第一章）。从原油的物性、油气化学成分的绝
对定量与不同馏分的成熟度指标来看，塔中原油成熟度差异较悬殊。纵向上，油气随埋
深增加总体有成熟度递增的趋势，特别是埋深大于 5000m 的原油（图 4.2.1），对于埋
深小于 5000m 的原油，多数甾、萜类成熟度指标反应不太敏感，如 C_{29}-甾烷 $\alpha\alpha\alpha20S/$
$(S+R)$、C_{29}-甾烷 $\alpha\beta\beta/(\alpha\alpha\alpha+\alpha\beta\beta)$、$Ts/(Ts+Tm)$、$C_{20}Ts/C_{30}$ 藿烷 [图 4.2.1(a)～图
4.2.1(d)]，表明原油成熟度相对稳定。当埋深超过 5000m 以后，塔中原油 $Ts/(Ts+Tm)$
急剧增加，部分指标，如 C_{29}-甾烷 $\alpha\alpha\alpha20S/(S+R)$ 出现异常（失效）。然而，塔中原油
芳烃成熟度指标三甲基萘(TMNr)与四甲基萘(TeMNr)随埋深增加呈现较好的递增趋
势 [图 4.2.1(e)]，表明该参数具有较好的成熟度指示效果。在埋深小于 5000m 时，原
油中的链烷烃，如正构烷烃丰度变化较大，可能反映原油的次生改造作用（生物降解、
蒸发分馏作用等）对其影响较明显。埋深超过 5000m（约 121℃）后，原油中正构烷烃
丰度随埋深增加有递减趋势 [图 4.2.1(f)]，在某种程度上暗示原油中链烷烃热裂解
气作用。$Ts/(Ts+Tm)$ 的分布似乎进一步反映 5000m 也可作为此类化合物裂解的一临
界温度点 [图 4.2.1(c)]。预测不同化合物类型不同的热蚀变点，部分埋深小于 5000m
的原油也有裂解现象，推测主要与气侵有关。

侧向上，塔中Ⅰ号构造带原油成熟度相对较高且有明显非均质性，反映受油气注入
点控制，后者受控于塔中Ⅰ号构造带交汇断层的发育。

金刚烷为具有类似金刚石结构的一类刚性聚合环状烃类化合物，这种碳骨架结构特
性决定了它在地质演化过程中比其他烃类稳定，具有很强的抗热能力和抗生物降解能力
（Wei et al.，2007）。现已提出多项金刚烷类成熟度指标，如 4-/(1+3+4)-MAD（甲基
双金刚烷）、4,9-/3,4-DAD（二甲基双金刚烷）（Chen et al.，1996），被指出具有成熟
度指示作用。塔中Ⅰ号坡折带原油中检测到丰富的金刚烷类化合物，丰度分布范围为

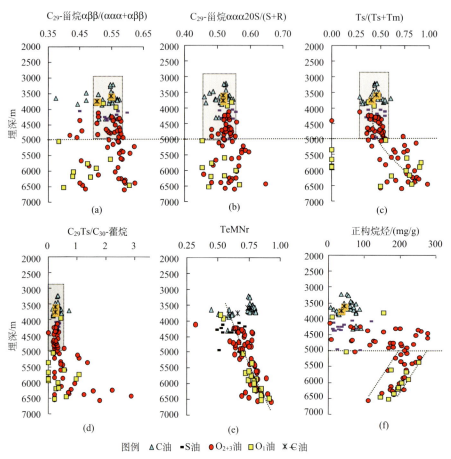

图 4.2.1 塔中原油成熟度及其相关参数随埋深变化图

75.5～2606.6μg/g。东侧原油丰度总体高于西侧，如东侧 TZ24 井石炭系、奥陶系原油中的金刚烷类化合物丰度分别高达 1526.3μg/g、2606.6 μg/g，而西侧 TZ86 井仅为 75.5μg/g。塔中Ⅰ号构造带原油中此类化合物高丰度的检出，无疑反映该构造带原油的高成熟度。值得提出的是，塔中Ⅰ号坡折带东侧原油 4-/(1+3+4)-MAD、4,9-/3、4-DAD 均出现一异常高值 [图 3.5.1(c)、图 3.5.1(d)]，最高值点位于 TZ24—TZ261 井区附近。由上面的分析可知，TZ24 井原油成熟度并非最高，甾、萜类化合物基本呈正常分布，与相邻的 TZ243 井完全不同，双金刚烷参数值的偏高显然与主体原油的性质关系不大。结合该区块链烷烃丰度 [图 3.5.1(b)]、$(nC_{21}+nC_{22})/(nC_{28}+nC_{29})$ 值偏高的现象 [(图 3.5.2(d)]，认为在塔中Ⅰ号坡折带东端存在一明显的强气侵注入点，导致原油轻质馏分异常而重质馏分无异，如 TZ24、TZ263 井。因此，金刚烷系列的高丰度与相应参数的高异常被认为与高成熟度油气的侵入有关。

塔中Ⅰ号构造带是一受晚期油气充注最为显著的区带，一般表现出与内带不同的油气地球化学特征，如原油中相对轻质的组分——正构烷烃、类异戊二烯烃含量相对于内带偏高（图 1.1.12）、甾、萜类生物标志物丰度多数较低（图 1.1.20、图 1.1.21）等。

依据链烷烃和甾、萜类生物标志物分布与丰度，可判断塔中Ⅰ号构造带内部不同部位油气成熟度具有显著差异（图 4.2.2），这种差异主要与相对晚期油气充注量（或早、晚期油气混入量）不等有关，取决于油气输导条件、储层非均质性与主要注入点的位置。

台盆区原油成熟度变化特征对于研究油气充注与运移模式至关重要。塔中Ⅰ号断裂构造带原油成熟度普遍高于内带、Ⅰ号断裂与北东—南西向走滑断层交界处油气成熟度偏高，靠近Ⅰ号断层的原油中寒武系—下奥陶统成因原油的贡献量相对较大，以及塔中4 油田原油性质的异常等，充分说明断层在垂向油气充注与运移中的重要作用。Ⅰ号断裂带东侧存在一较大的气侵点——东侧生油凹陷热演化程度相对较高、西侧部分深层原油（O_1）中中上奥陶统成因原油贡献量较大——油源有异、可能指示为西侧来源，反映Ⅰ号断层在侧向运移中（通过沟通相邻生油凹陷的烃源岩）也发挥重要作用。

（二）塔北原油成熟度分布与变化规律

饱和烃成熟度 C_{29}-甾烷 $\alpha\alpha\alpha20S/(S+R)$、$Ts/(Ts+Tm)$、$C_{29}Ts/C_{30}$-藿烷及其相关参数三环萜/五环萜、甾烷/藿烷等显示 [图 4.2.3（a）～图 4.2.3（e）]，纵向上，塔北原油随埋深变化规律性较明显，总体具有随埋深增加成熟度增高的趋势。轮古东及其西部地区原油成熟度演化曲线不尽相同，塔北原油似乎来自两个不同热史的生油凹陷，轮古东原油主要来自相邻的满东凹陷，而轮古西、塔河、哈拉哈塘、英买力地区原油可能主要来自满西凹陷。芳烃成熟度参数 MPI-1、MPI-2（甲基菲指数）、TMNr [1.3.7-/（1.3.7+1.2.5)-三甲基萘]、4-/1-DBT（二苯并噻吩）、2.4-/(1.4+1.6+1.8)-DBT 等（图 4.2.4）具有类似的结果。

轮古东原油甾、萜类化合物分布与塔中地区有异同之处，C_{27}-、C_{28}-、C_{29}-规则甾烷相对分布一般呈"V"字形（图 1.1.25），与塔中绝大部分原油相似。观察到轮古东原油 C_{27}-/C_{29}-规则甾烷随甾、萜类异构化程度增加有增加趋势 [图 4.2.3（f）]，这种变化趋势可能反映 C_{27}-、C_{28}-、C_{29}-规则甾烷相对分布与成熟度有一定关系，但也可能与气侵导致的分馏作用有关。侧向上，饱和烃成熟度参数 C_{29}-甾烷 $\alpha\alpha\alpha20S/(S+R)$、$Ts/(Ts+Tm)$（图 4.2.5、图 4.2.6）及芳烃成熟度参数 4-/1-DBT、2.4-/(1.4+1.6+1.8)-DBT、MPI-1、TMNr [1.3.7-/（1.3.7+1.2.5)-三甲基萘] [图 4.2.7～图 4.2.10]等一致反映，轮南地区原油成熟度具有东高西低的特征，折算镜质体反射率可从轮古东 LG35 井的 1.05% 变化到轮古西 LG7 井的 0.83%（图 4.2.11），反映轮南地区油气运移可为东南—西北方向。相比较而言，塔河油田、哈得逊油田、哈拉哈塘与英买力地区原油成熟度相对较低，热瓦普—新垦地区部分原油成熟度显示较高值，特别是靠近生油凹陷的热瓦普地区，最高折算镜质体反射率可为 1.01%（图 4.2.11）。

经详细对比，发现参数 C_{29}-甾烷 $\alpha\alpha\alpha20S/(S+R)$（图 4.2.5）、$Ts/(Ts+Tm)$（图 4.2.6）、4-/1-DBT（图 4.2.7）、2.4-/(1.4+1.6+1.8)-DBT（图 4.2.8）、MPI-1（图 4.2.9）等一致反映，哈拉哈塘凹陷（含热瓦普、新垦、东河塘、哈拉哈塘油田）原油成熟度具有西高东低的特征，确切地说，靠近西侧断裂带的原油成熟度较高，暗示断裂带是油气运移的重要通道，深切断层沟通了深部油源，因靠近油源而保留了相关油气成

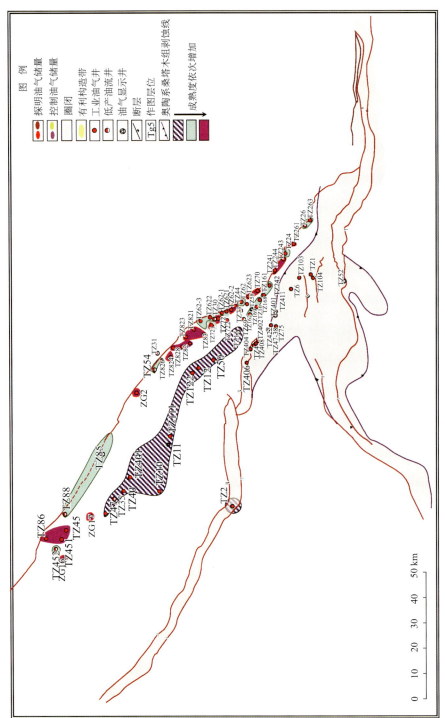

图 4.2.2　塔中 I 号构造带及其邻区原油成熟度相对分布特征

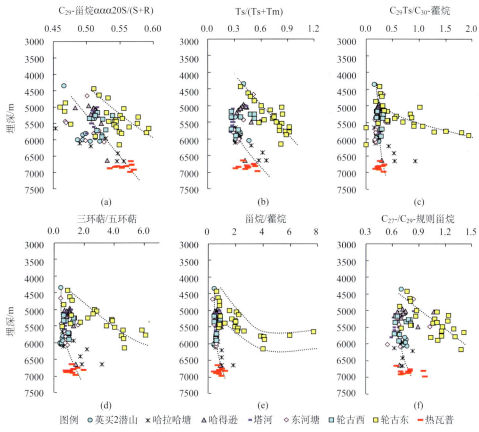

图 4.2.3　塔北原油饱和烃成熟度参数与埋深关系图

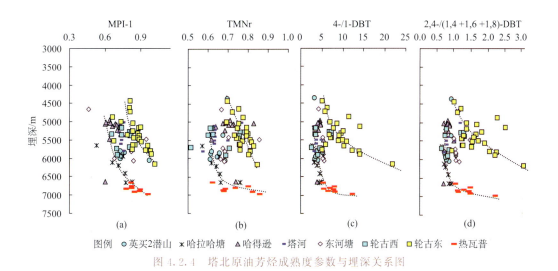

图 4.2.4　塔北原油芳烃成熟度参数与埋深关系图

熟度较高的特征。类似地，哈得逊油田原油成熟度也有轻微的西南高或东北低的特征，反映该油田西侧也存在一生油灶，其主要为塔北西部圈闭供应油气。

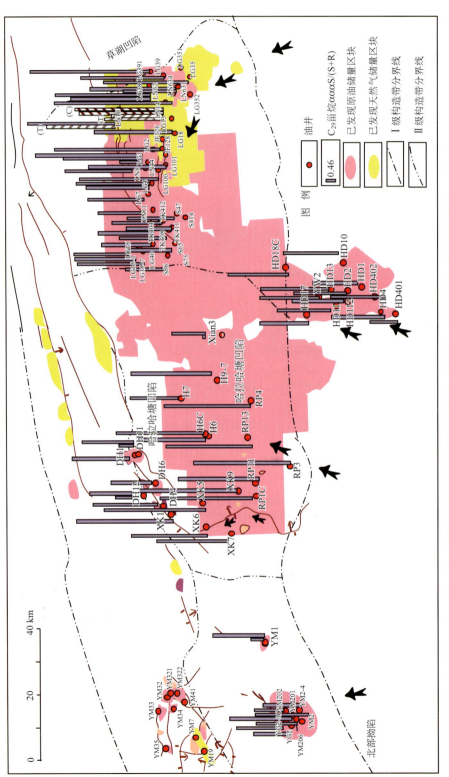

图 4.2.5 塔北原油饱和烃成熟度参数 C_{29} 甾烷 $\alpha\alpha\alpha S/\alpha\alpha S(S+R)$ 分布变化特征

箭头指示油气运移方向

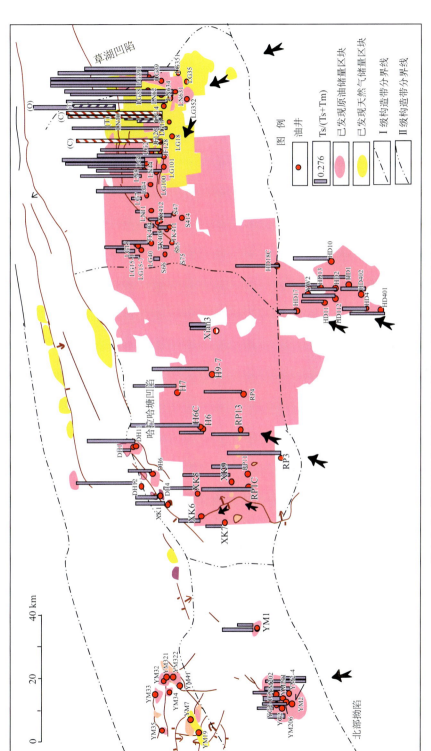

图 4.2.6 塔北原油饱和烃成熟度参数 Ts/(Ts+Tm)分布变化特征
箭头指示油气运移方向

210

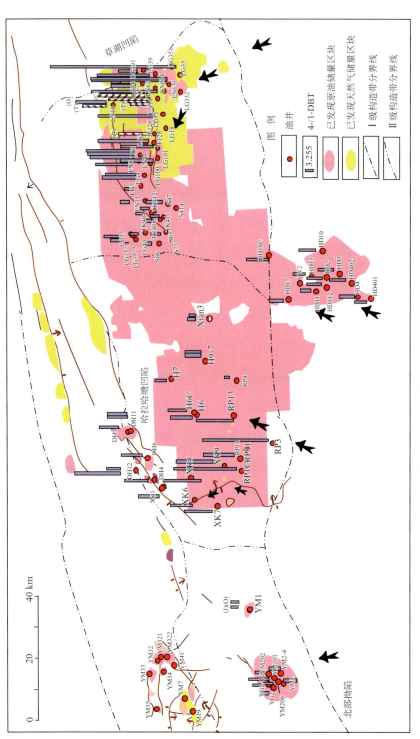

图 1.2.7　塔北原油芳烃成熟度参数 4/1-DBT 分布变化特征
箭头指示油气运移方向

图　例

油井

● 3.255

4/1-DBT

已发现原油储量区块

已发现天然气储量区块

I 级构造带分界线

II 级构造带分界线

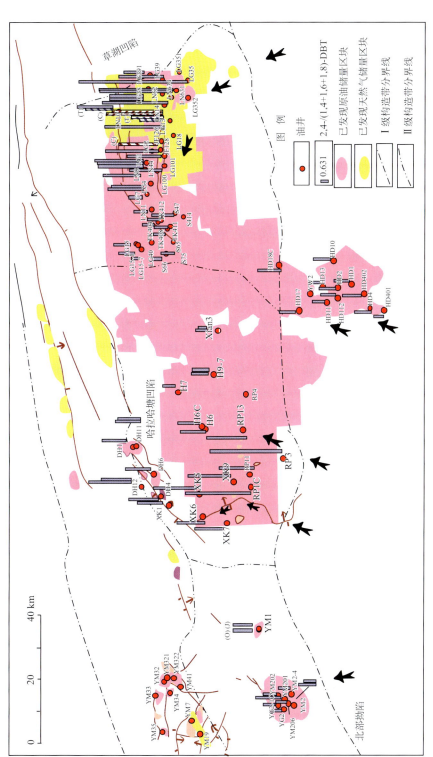

图 4.2.8　塔北原油芳烃成熟度参数 2.4-/(1.4+1.6+1.8)-DBT 分布变化特征

箭头指示油气运移方向

211

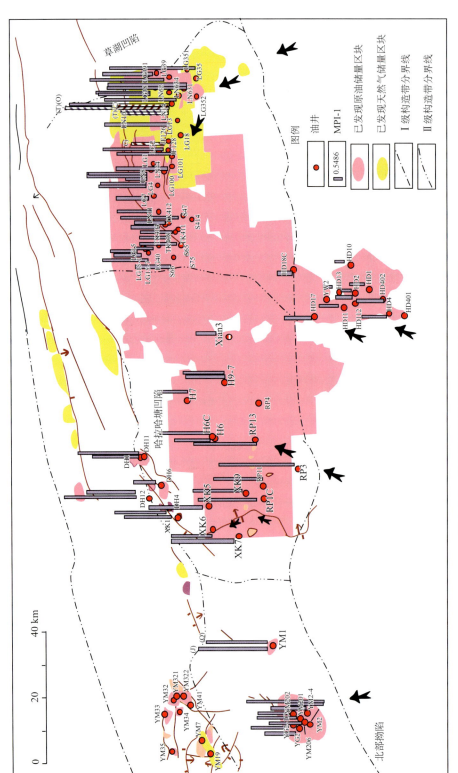

图 4.2.9 塔北原油甲基菲指数 MPI-1 分布变化特征
箭头指示油气运移方向

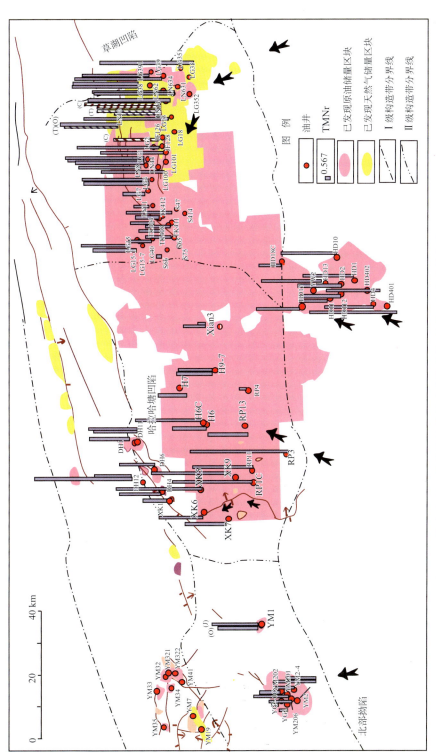

图 4.2.10 塔北原油芳烃成熟度参数 TMNr 分布变化特征

箭头指示油气运移方向

214

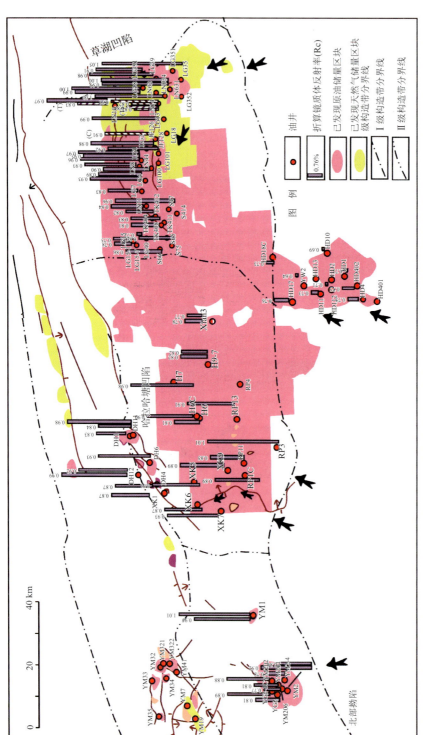

图4.2.11 塔北原油折算镜质体反射率分布变化特征
箭头指示油气运移方向

二、原油热蚀变作用

(一)烃类化合物的热蚀变作用

研究表明,原油发生热裂解的温度范围一般为160~220℃,低于160℃时原油基本不会裂解,而高于220℃时原油裂解基本完成(Waples,2000;赵文智等,2006)。原油裂解的最终产物是焦沥青和天然气甲烷(图4.2.12)。焦沥青是油在高温、高压作用下裂解成气后的残余物,主要成分是残碳。中古11井6165~6631m深度段地层温度和压力分别为141.4℃和73.8MPa;塔深1井8408m处地层温度大于160℃,压力大于80MPa,反映塔里木台盆区部分油气具备原油裂解的条件。

塔里木台盆区奥陶系等不同层系原油中烃类化合物的显著差异,在某种程度上与油藏中原油遭受的热蚀变作用有关。通常情况下,塔里木台盆区原油的热蚀变作用主要表现在:①原油物性变好、气油比增加;②高分子量链烷烃断裂变成低分子量链烷烃,致使轻质链烷烃相对富集,如塔中下奥陶统与寒武系原油;③高分子量甾、萜类开环、侧链断裂,产生中间过渡产物及相对低分子量甾、萜类,部分深部原油甾、萜类化合物甚至全部裂解,如塔中下奥陶统原油;④链烷烃相对环烷烃富集;⑤原油中金刚烷等热稳定性高的化合物相对丰度增加,塔里木台盆区原油中普遍检测到该系列化合物,反映原油较高的热演化程度;⑥储层中出现发育程度不等的焦沥青。在塔中、塔北储层中均观察到碳酸盐岩中焦沥青相对较发育(张水昌等,2004a),此为原油热蚀变最直接的证据。在塔东2井灰岩晶间孔、溶洞、微裂缝,甚至在泥岩中都可见到大量分

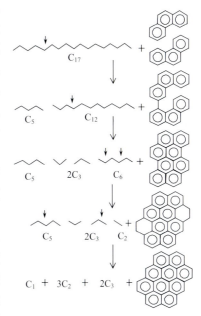

图4.2.12 原油裂解示意图

散的干沥青,沥青的强非均质性与嵌晶结构反映这些热蚀变沥青的演化程度很高,多组光性非均质性显示其对应镜质体反射率为2.7%~5.0%(张水昌等,2004)。埋藏史及包裹体古温压测试显示塔里木台盆区有不少储层达到原油裂解的温度条件。

(二)含硫化合物的热演化特征

热成熟作用是导致深部油气组分发生变化的最重要因素之一。塔中深部油气组分变化与埋藏深度正相关本身就体现了成熟度的深刻影响。研究原油中各种馏分的热演化特征有助于揭示非常规油气,如高芳香硫原油的成因机制。GC-MS仅能检测碳数范围很小的DBTs(一般为C_0-DBTs至C_3-DBTs),而FT-ICR MS可检测范围更广的同系物(相当于C_0-DBTs至C_{35}-DBTs),利用FT-ICR MS检测S_1等化合物、研究

215

热成熟度对含硫化合物的影响将更为有效。

1. S_1 系列硫化物绝对与相对丰度的变化

塔中芳烃总离子流图反映芳烃组成的变化似乎明显受控于热成熟度，如图4.2.13(a)所示，随成熟度的增加，原油中芳香硫相对含量有明显的增加趋势。

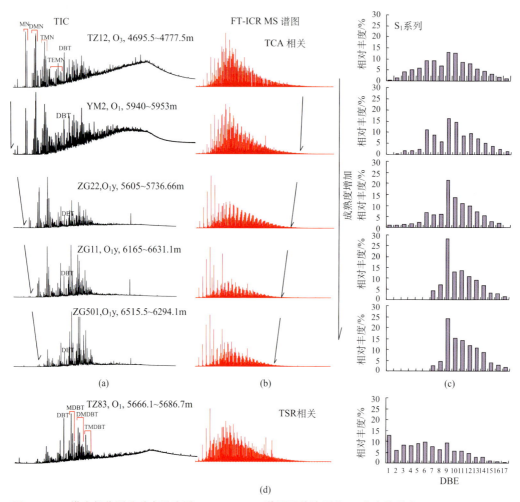

图 4.2.13 塔中部分原油总离子流图、FT-ICR MS 谱图及其检测的 S_1 化合物分布（Li et al., 2011a）
TCA：热化学作用

2. S_1 系列化合物芳香度的变化

从直接和（或）间接反映成熟度的参数，如饱/芳比、TMNr（三甲基萘指数）、TeMNr（四甲基萘指数）与芳烃中DBTs的绝对与相对丰度的关系来看，随成熟度增加，DBTs的丰度有不太明显的增加趋势。由于多种原因，人们对热演化过程中不同成熟度范围的原油中DBTs的丰度变化规律仍不十分了解。本次研究发现，原油芳烃中的

DBTs 的绝对与相对丰度与 S_1 化合物中 DBE＝9（等效双键数为 9）系列化合物的相对丰度具有较好的正相关性，反映两者之间较好的成因联系。由于高分辨率质谱检测的 DBTs 范围是常规色谱-质谱的近十倍，分析 FT-ICR MS 检测的原油中的 DBTs 更具有代表性。特别地，FT-ICR MS 提供了一种研究热演化过程中 DBTs 演化规律的绝好途径。如图 4.2.13(b)所示，随成熟度增加，硫化物分布范围变窄、S_1 化合物相对集中于 DBE＝9 系列 [图 4.2.13(c)]。

不同成熟度原油 S_1 化合物中各个系列的相对分布具有较大的差异，相关参数的分析结果更为明显。本次研究开发了多个 FT-ICR MS 参数，发现其中 $DBE_9/DBE_{1\sim22}$（DBE 为 9 的 S_1 化合物总和与 DBE 为 $1\sim22$ 的 S_1 化合物总和的比值）、$DBE_{1\sim8}/DBE_9$（DBE 为 $1\sim8$ 的 S_1 化合物总和与 DBE 为 9 的 S_1 化合物总和的比值）与烃类成熟度指标饱/芳比、TMNr、TeMNr 具有明显的相关性。对绝大部分原油而言，$DBE_9/DBE_{1\sim22}$ 有随成熟度的增加而增加的趋势 [图 4.4.5(d) ～图 4.4.5(f)]；$DBE_{1\sim8}/DBE_9$ 有随成熟度增加而降低的趋势 [图 4.4.5(a)～图 4.4.5(c)]，仅可能被 TSR 改造的多个原油及塔中 4 油田原油例外（图 4.4.5）。DBTs 的相对和绝对丰度与 $DBE_9/DBE_{1\sim22}$ 正相关，表明 DBTs 与 DBE＝9 的 S_1 系列化合物关系紧密。既然绝大部分 DBE＝9 的 S_1 系列化合物可能就是 DBTs（Shi et al.，2010b），S_1 系列又是原油中最主要的含硫化合物（表 4.4.2），原油中 DBE＝9 的 S_1 系列化合物随成熟增加而富集的现象，解释了塔中地区下奥陶统原油异常高丰度 DBT_s 的原因（图 4.4.5）（Li et al.，2011b）。类似地，Bjorϕy 等（1996）、Manzano 等（1997）报道的高丰度 DBTs 原油可能不一定仅简单与 TSR 有关。一般的，热演化过程中烃类的演化具有两极分化现象，一是裂解向轻质组分演化；二是稠合向高分子量演化。塔中原油热演化过程中 S_1 化合物中 DBE＝9 系列的相对富集，推测与高缩合种类化合物溶解度有关，其能够以沥青质、焦质形式沉淀、保存在储集层中，从而造成原油中缩合度并不太高的 DBE＝9 系列化合物相对最为富集（多数原油 S_1 化合物最高 DBE＞17）。无论何种原因，在一定成熟度范围内，以 DBTs 为主的 DBE＝9 系列化合物相对富集是塔中部分原油客观存在的统计分析结果。

3. S_1 系列硫化物侧链碳数、长度的变化

成熟度对原油中 DBE＝9 系列的 S_1 化合物的控制作用还表现在，不仅对芳香核的缩合度有控制作用，对侧链碳数也有控制作用。观察到 $C_{10\sim19}/C_{20\sim50}DBE_9$（DBE＝9 系列化合物中 $C_{10\sim19}$ 与 $C_{20\sim50}$ 同系物的比值）随成熟度的增加有显著的增加趋势（Li et al.，2011a；李素梅等，2011a），反映热演化过程中长侧链碳断裂向短侧链化合物转化，这在烃类化合物中常见。$C_{10\sim19}/C_{20\sim50}DBE_9$ 可指示原油成熟度（Li et al.，2011a，b）

依据原油热演化过程中 DBE＝9 系列的 S_1 化合物（主要为 DBTs）相对富集和其与芳烃中 DBTs 之间显著的正相关性，以及前者因硫化合物的检测范围呈数量级增加而更具有代表性，可判断成熟度是导致塔中地区下奥陶统原油相对富集 DBTs 的重要原因。

研究每一类含硫化合物的热演化趋势对于理解高丰度 DBTs 原油的形成机制至关重

要。笔者认为，原油中 DBTs 的相对丰度在热演化过程中是变化的，不仅取决于化合物自身的热稳定性，也取决于共生的其他化合物的热稳定性。

观察到参数 S_2/S_1 与热成熟度指标（如饱/芳比）之间显著的负相关性，反映成熟度影响 S_2/S_1 值；发现 O_1S_1/S_1 值可用于指示沉积相，相对于海相油，在陆相油中观察到高值 O_1S_1/S_1（参数意义见表 4.4.2）（Li et al.，2011a）。

热成熟度是塔中地区下奥陶统原油富集高丰度 DBTs 的重要因素（Li et al.，2011b）。但是，成熟度不太可能是塔中 4 油田高丰度 DBTs 原油形成的重要因素，其成熟度属于分析原油的中间值（图 4.2.14），且偏离正常的热演化曲线 [图 4.2.14、图 4.4.5(a)、图 4.4.5(d)～图 4.4.5(f)]。

其他学者已观察到成熟度对原油中 DBTs 的丰度与分布的控制作用（受检测条件限制，当时仅能检测 DBTs 为主的芳香硫）（夏燕青等，1999）。Hughes（1984）观察到随成熟度增高，碳酸盐岩原油及其烃源岩噻吩类等硫化物的分布面貌将会发生系统的变化。Alexander 和 Noriyuki（1995a，1995b）提出，过熟原油中的苯并噻吩在高温时一方面裂解；另一方面可芳构化形成 DBTs。我国华北下古生界寒武系—奥陶系甚至中上元古界碳酸盐岩地层中检测出了丰富的 DBTs（李景贵，2000）；东营凹陷王古 1 井奥陶系高蜡油（李素梅等，2005a）中 DBTs 丰度（18.31%）高于上覆孔店组原油（<7.73%）（Li et al.，2005），可能都与成熟度有关。

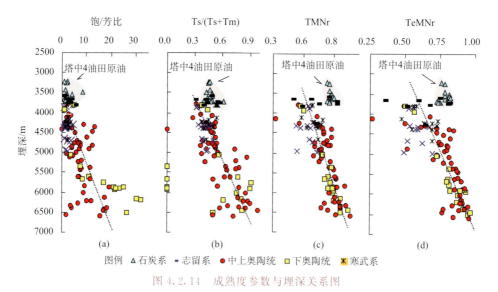

图 4.2.14　成熟度参数与埋深关系图

（三）含硫化合物的热演化机制

单纯热作用与油气藏中硫化物的关系至少体现在：①有机硫化合物热稳定性不同，低分子含硫化合物可环化，或结合其他烃类（夏燕青等，1999）形成 DBTs 等芳香硫，同时某些芳香硫也可裂解，原油中 DBTs 等芳香硫总丰度是受多因素影响的开环与环化并存、受热化学动力学机制控制的综合结果；②对热相对不稳定的某些链烷烃或环烷烃优先裂解，可能导致 DBTs 等芳香硫在某一时期相对富集。高硫干酪根或原油热演化过程中 DBTs 芳香硫的丰度与分布变化特征尚不清楚。模拟实验证实，联苯片段可与硫合成 DBTs；硫能和各种链状或含有侧链的化合物合成噻吩系列化合物；硫还可进一步和噻吩系列反应形成更复杂的含硫芳烃，温度升高会促进这种反应（夏燕青等，1999）。这里的热化学作用（TCA）合成成因特指反应物硫或硫化物最初来自烃源岩（中间形态可能较复杂）。当前针对高过熟烃源岩、油气藏中 DBTs 的调查较为薄弱。

第三节 海相油气改造与成藏效应——气侵与蒸发分馏作用

一、概念与定义

"气洗作用"概念最早由 Meulbroek 等（1998）提出，描述的是一个开放系统在持续混相条件下的多次分馏作用。气洗作用是相分馏作用的一种模式，外来过量干气对原始油藏不断的侵入导致气洗作用的发生。张水昌（2000）指出，圈闭中先富集原油，后期遭受过量天然气注入，引起原油密度降低、地层压力增大、气油比升高、差异聚集、油气藏相态发生变化并形成凝析油气藏的现象，称为"气洗"。对于"气侵"，一般的理解是指圈闭中先富集原油，后期遭受天然气注入引起原油及天然气性质的变化，包含两种情况：在开放体系中，天然气离开原先的油藏，称为"气洗"，天然气与油藏分离时，油藏和天然气之间的组分重新分配，发生分馏现象，称为"蒸发分馏作用"；在封闭体系中，天然气则继续保留在油藏中，所以气侵的概念更加广泛。

天然气的侵入可导致原油烃类组成的蒸发分馏作用，蒸发分馏作用等可改变油藏流体的烃类组成，形成"次生"凝析油系统。蒸发分馏作用普遍存在，如美国、加拿大的威利斯顿盆地东部和中部的石炭系油藏、加利福尼亚的桑塔玛利亚油田、新墨西哥州的圣胡安盆地、阿拉斯加北部斜坡油藏等（Thompson，1987）。

Gussow（1954）最早提出的"差异性聚集"模式，认为深部原油在油气置换过程中会发生分馏作用形成凝析油气。Zhuze 等（1963）认为以气相形式运移的油质馏分在特定条件下可以形成凝析油气藏，并最早识别出这种次生凝析油芳烃贫化、链烷烃富集的特征。Silverman（1963）发现当气顶气沿断裂逸散后，残余油中轻质端元贫化的现象。Thompson（1987）基于大量的实验观测数据，提出蒸发分馏理论用以解释非热裂解成因凝析气藏的形成机制。随后 Curiale 等（1996）分别对蒸发分馏理论进行了肯定及补充。

蒸发分馏作用的发生与发展过程分两步走（Thompson，1987），首先是饱和气相从被气体所饱和的液相中分离出来而导致分馏效应；第二步是分离出来的气体向上朝着压力较低的构造部位运移，离开其"母体"从而破坏原来的平衡。通常必须要有局部开启性的断层发育才可能具备这两步所需要的温度和压力条件。因为断层、裂缝与油藏构造的连通，可能破坏原有体系的平衡，形成局部低压带，促使油气运移。随着后续的构造变动（如进一步挤压），原来的深部构造及后来浅部构造中的流体均可能会处于现今的超压状态。蒸发分馏成因的油气藏往往具有三个特点：存在深大断裂、过量的外源气、凝析气并不一定是高熟气体。

相分馏实验主要关注原油中轻烃组分（$C_6 \sim C_8$）在分馏过程中的变化特征。Thompson（1987）在实验中所引入的两个参数 F ［nC_7/MCH（甲基环己烷），用以表征链烷烃含量的变化］和 B（甲苯/nC_7，用以表征芳构化富集的特征），长久以来被视为有效识别相分馏过程的标志。其他研究也发现了类似的相分馏作用（Meulbroek et al，1998）。

原生型凝析气藏与次生型凝析气藏的分馏作用存在差异。原生凝析气藏的凝析气是有机质在热演化过程中直接生成的，后期没有相态变化，并以气相运移进入圈闭形成凝析气藏（李小地，1998）。原生型凝析气藏在油气来源、成熟度、油环及油环油的密度等方面有其特性。次生型凝析气藏的凝析气是圈闭中的油溶解于天然气而形成的，在此过程中圈闭内的烃类物质有相态的变化。如果在液态烃中加入甲烷等气态烃，可以降低烃类体系的临界温度，如果加入乙烷、丙烷等甲烷同系物，可以降低烃类体系的临界压力（张厚福和张万选，1989）。次生型凝析气藏具有以下基本特征：①凝析气的成熟度明显高于凝析油；②多带有油环，油环油的密度中等；③凝析油的成熟度与油环油的成熟度相近，两者为同一来源；④油环油饱和压力接近地层压力，天然气要溶解圈闭中的油，首先必须使油环油中的溶解气达到饱和（陈晓东等，2001）。

蒸发分馏机制可以概括为：高成熟烃源岩生成的大量天然气进入已形成的油藏，对已生成的原油进行溶解抽滤，在断裂等引起的压力条件改变的情况下，将溶解在其中的原油轻馏分，甚至中等分子量烃类运移到储层中形成凝析油、轻质油藏的分馏过程（马柯阳，1995）。这种作用使得原油中组分发生分馏变化，轻质组分被运移走，蜡等重质组分留在残余油中，由于温压条件的改变，从而影响沥青质在油气中的溶解度，并在储层中沉淀形成固体沥青。

二、气侵、蒸发分馏作用对油气相态的影响

气侵发生时，天然气与原油混合，饱和后析出，随着注气量增大，原油的分馏程度增强，带走的可溶解在气相中的组分就越多，在较低温压条件下形成凝析油。次生型凝析气藏的成藏机制是圈闭中首先聚集了石油，随着烃源岩的进一步演化，大量天然气不断形成并被连续充注到圈闭之中，从而改变了烃类的组成、临界温度及压力。随着圈闭埋深的进一步加大，温度、压力升高，油溶解于天然气中而形成凝析气藏（李艳霞，2008）。

原始油藏在混入大量干气后，原油组分将按各自的气液平衡常数重新配分其在气液两相中的摩尔含量。由于各组分溶解度的差异，轻质易挥发成分多被"蒸发"到气相中，此时的凝析油气溶解了原先富集的原油，这导致发生过气洗的凝析油气藏含蜡量较高。通常当大量天然气加入到已聚集形成的油藏时才会发生气洗作用。塔里木盆地轮古东、桑塔木、吉拉克地区发育有大量的凝析气藏和油伴生气，这些气藏被认为是典型的气侵作用产物。

气侵型气藏有一些非常显著的特点：①干燥系数大；②气侵凝析气藏往往具有高蜡、低胶质和沥青质含量特征；③氮气含量升高的方向可能是气侵的方向；④气油比变小的方向可能是气侵的方向；⑤持续的气侵还会对油气藏的组分（如正构烷烃的含量）造成影响（王晓梅和张水昌，2008）。

在气洗强度研究方面，Meulbroek 等（1998）最早建立了一个数字化的模型来预测美国墨西哥湾某区气洗作用的效应。未遭受次生改造的原油，其原始组成中正构烷烃的摩尔含量与其碳原子数呈指数分布关系（Kissin，1987）。在相分馏过程中，受各组分气液平衡常数的影响，低分子量正构烷烃相对于高分子量正构烷烃更容易进入气相中。因此，气洗作用必将导致原油中轻质正构烷烃的大量损失。研究表明，经气洗作用改造后的原油，其正构烷烃的分布模式分为两段，高碳数的正构烷烃仍保持原有的指数分布形式，而低碳数的正构烷烃由于蒸发损失而导致其分布曲线的偏移。Losh 等（2002）建立了量化气洗作用强度的方法并提出正构烷烃相对蒸发量（Q）的概念。

三、气侵、蒸发分馏作用识别方法

蒸发分馏作用因为天然气的充注，使原油轻烃组分大幅增加，形成凝析油气藏而导致密度下降。蒸发分馏形成的凝析油与热成因的凝析油在成熟度上是有差别的，热成因凝析油需要达到 $R_o > 1.3\%$ 的生烃门限，而塔北蒸发分馏凝析油没有达到该值。同时凝析油气藏中天然气的成熟度非常高，与凝析油不是一个阶段生成的。这都反映了是其他的次生作用形成了这种低熟的凝析油气藏。蒸发分馏作用对油气组分和相态的影响均比较显著，可根据以下几点特征进行识别。

（1）相态及其分布。气体的注入使油气藏相态发生变化，导致饱和气的油相或饱和油的气相的形成，这会增加运移分馏发生的机会。蒸发分馏作用后的凝析气更多以气相形式存在，未分馏前则带有典型的油环。

（2）油气物性的异常特征。气洗可导致原油含蜡量增加，而气侵导致气油比与干燥系数增加。

（3）轻烃指标识别。轻烃组分被用于分析东海西湖凹陷的蒸发分馏作用等次生变化（傅宁等，2003）。原油全烃色谱表明，该区大部分原油（凝析油）低分子量的轻烃有损失，而低分子量的芳烃和环烷烃丰度高，且原油中甲苯/nC_7 值随深度变浅逐渐降低，庚烷值在纵向倒转，反映上部原油成熟度高于下部，密度也由深到浅变小。研究认为，该区大部分油气藏存在蒸发分馏作用。

（4）烃类分布与丰度发生规律性变化。天然气注入油藏后，使油藏组分发生变化，轻组分更容易溶解在气相中，使残留油的性质发生变化，经分馏作用改造后的残余油在轻烃组分中具有如下特征（Thompson，1987）：①芳构化富集，即芳烃化合物相对于同分子量的正构烷烃富集；②正构化富集，即直链烷烃及环烷烃相对于支链异构体富集；③链烷烃贫化，即链烷烃含量相对于环烷烃含量减少。凝析油中的组分变化趋势则与之相反（Thompson，1987）。

（5）油、气成熟度不相吻合。凝析油的成熟度相对较低；原油与共生的天然气成熟度出现不一致；成熟度及其相关成熟度指标出现不一致，如沿着气侵的方向，甾、萜类的成熟度指标有降低的趋势，然而轻质组分的含量却有增加的趋势。

四、典型气侵油气藏解剖——轮南油田

（一）气侵、蒸发分馏作用的地质条件

塔北地区主要发育寒武系—下奥陶统和中上奥陶统两套烃源岩，形成奥陶系、石炭系、三叠系等多层系的油气空间配置体系。塔北轮南地区发育轮南断垒带和桑塔木断垒带两个大断垒带，并且在轮古东、轮古西、中部斜坡等其他区块均有大小不等的断裂发育，直接断开多套地层；石炭系直接覆盖在奥陶系之上，发育良好的不整合面。这些断层和不整合面均有利于形成新的油气藏。同时，塔北油气藏埋深大，地温梯度小，形成天然气高压低温环境，在这种环境下天然气溶解原油分子的能力较高。这些条件都为蒸发分馏作用在塔北的广泛分布提供了良好的基础。

（二）气侵、蒸发分馏作用识别

1. 油气相态

无论是原生型凝析气藏或次生型凝析气藏，都要满足地层温度介于临界温度和临界凝析温度之间、地层压力大于露点压力的条件。对于次生型凝析气藏，还需满足烃类气体含量大于液相含量的条件，为液相烃类反溶于气体创造条件（杨德彬等，2010）。尽管温压情况决定凝析气藏的相态，但实验证实，随着过成熟天然气注入量的增大，油气藏体系的临界温度会降低、露点压力会增大（Peng and Robinson，1976），反映气体组分对次生凝析油气藏相态重要的控制作用。

轮南地区油气相态分布见表4.3.1，石炭系、三叠系油气藏是奥陶系油气藏向上调整与再分配的结果（何登发等，2002）。轮古东天然气沿断裂、不整合面气侵到桑塔木断垒带、中部平台区和轮南断垒带，在桑塔木断垒带天然气对油藏改造后形成气顶型油藏；在中部平台区和轮南断垒带形成气藏。奥陶系较轻组分后经断裂运移到石炭系形成凝析气藏。

表 4.3.1　轮南地区油气藏相态分布（苏爱国等，2004）

层位	轮南断垒带	中部平台	桑塔木断垒	桑南斜坡	轮古东	吉拉克
三叠系	气顶油藏	油藏	油藏	气顶油藏	—	油环气藏
石炭系	—	凝析气藏	凝析气藏	—	—	凝析气藏
奥陶系	凝析气藏	凝析气藏	气顶油藏	气顶油藏	凝析气藏	—

222

油气的相态是组分、温度、压力综合反映的结果。选取桑塔木地区奥陶系样品做温压分析发现，这几口井温度压力条件比较相近，LG12 和 LG101 井的温度和压力相对较高，为含挥发性气体的油藏，按照凝析气藏的相态条件，温压较高有利于形成凝析气藏，然而温压稍低的 LG11 井却表现出凝析气藏特征（表 4.3.2），说明轮南地区气体组分可能起了比较大的作用，改变了凝析油气藏的临界温度或露点压力。

表 4.3.2　桑塔木地区奥陶系油气 *P-V-T* 特征

井号	井段/m	地层压力/MPa	地层温度/℃	露点压力/MPa	临界温度/℃	临界凝析温度/℃	凝析油含量/(g/m³)	结论
解放 128	5490~5750	60.39	127.63	59.69	−75	272	261	凝析气藏
轮古 11	5187~5271	57.53	124.2	57.38	−80	303	78.2	凝析气藏
轮古 12	5407~5527	60.03	128.9	60.03	440	478.5	—	带气顶饱和油藏
轮古 101	5430~5480	59.77	127.2	50.3	423.4	447.3	—	过渡态挥发油藏
轮古 13	5544~5626	60.54	125.7	57.65	−88	299.1	120.8	凝析气藏
轮古 18	5472~5545	59.5	127	59.5	−63.1	337.4	212	凝析气藏

2. 油气物性

轮南地区原油物性、颜色相差较悬殊，由东向西颜色总体变浅（图 4.3.1）、物性变好。轮古东地区早期调整到相对浅层的油藏原油物性表现为正常油特征，如 LN14 井四个石炭系、侏罗系油样为黑油，而周边奥陶系原油多为凝析油。在轮古东南北向断层附近，可以观察到由南向北方向即 LG35 至 LG38 井，原油密度、含蜡量、凝固点均有由高向低的变化趋势［图 4.3.2(a)～图 4.3.2(c)］。特别地，轮南地区凝析油密度偏高，一般大于 0.8g/cm³［图 4.3.2(a)］，高于西伯利亚叶尼塞—勒拿拗陷侏罗系原生凝析油密度（0.74～0.78g/cm³）（Ботнева et al.，1996）。成熟度分析表明，沿 LG35 至 LG38 井方向，原油成熟度具有由高向低变化的趋势（图 4.3.8），而原油密度则表现出了反常现象，即越靠近生油灶密度反而增加。这种反常现象被认为与气洗作用有关，沿轮古东由南向北的断层方向是天然气充注的方向，靠近生油灶的油气藏遭受气洗，导致轻质组分沿充注方向运移、聚集，而残余油相对富重质组分。

气侵或气洗过程往往伴随着油气运移分馏作用。张水昌（2000）提出运移分馏作用是轮南地区凝析油和蜡质油形成的一种重要机制（图 4.3.3），随着分馏作用的进行，被分馏的原油（即残余油）的蜡质含量会增大，而分馏出来的原油（凝析油）的蜡质含量则非常低。凝析油气与残余油分离向上运移时，由于温压条件的改变，气溶解高碳数烃类的能力下降，将使中高碳数的饱和烃析出，使得运移路径上的油气藏蜡质含量增高。

本次研究统计了轮南地区 200 多个原油样品，轮南地区普遍有比较高的蜡质含量，并呈现出自轮古东向西变小的趋势。高蜡油一般都分布在大断裂带及其附近的圈闭中。对比轮南蜡含量图（图 4.3.4）和 *Q* 值（气侵强度值）分布图，两者具有良好的相关

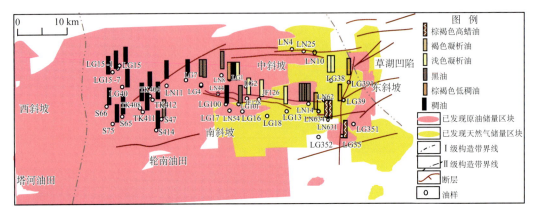

图 4.3.1　轮南地区原油颜色变化特征

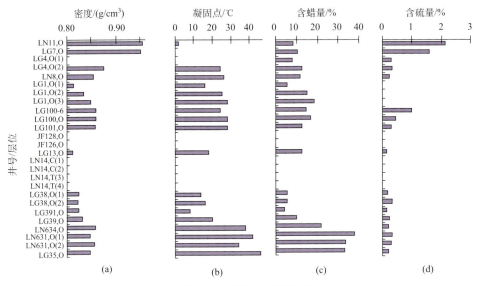

图 4.3.2　轮古东部分原油的物性分布特征
纵坐标层位后括号内数字用于区分同井不同井段样品

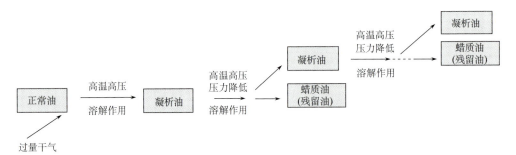

图 4.3.3　轮南地区原油运移分馏过程示意图（据张水昌，2000）

性，这反映出气侵对蜡含量的重大影响。

塔北天然气的一个显著特征是其干燥系数特别大，干气特征非常明显。由东向西天然气干燥系数有变小的趋势，与气侵的方向是一致的。气侵对油气藏的气油比有很大的影响，气侵程度越大，气油比就越大（图4.3.5）。

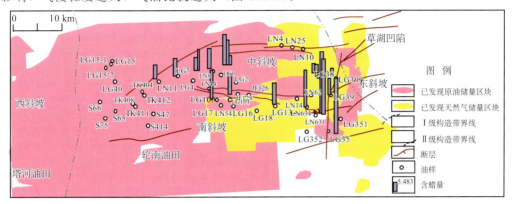

图 4.3.4　轮南地区蜡含量平面分布图

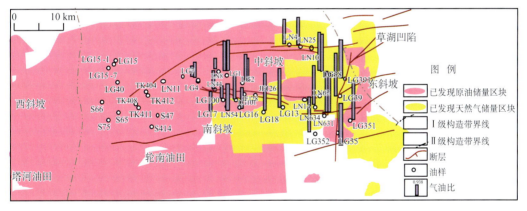

图 4.3.5　轮南地区气油比平面分布图

轮古东奥陶系油气藏的气油比分布范围为 10000~20000m³/m³，桑塔木断垒带约为 5000m³/m³，轮南断垒带与桑塔木断垒带中间东侧气油比也较高，向西逐渐降低，轮古西地区气油比小于 100m³/m³（图4.3.5）。轮南断垒带气油比也是自东向西变小。气油比的分布规律与天然气的运移方向一致。纵向上，轮南地区奥陶系和石炭系油气藏的气油比总体较高、三叠系气油比极低（图4.3.6），与LN14井中石炭系和三叠系气侵强度计算所得的结果相吻合，即三叠系气侵影响程度小，石炭系气侵影响强度较大。原油气侵模拟实验表明（苏爱国等，2004），在向油藏注入过量天然气、经过多次气侵作用

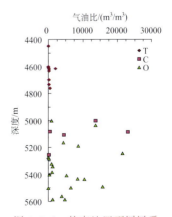

图 4.3.6　轮南地区不同层系气油比与深度关系图

225

后，油藏中的气油比逐渐变大。

3. 轻烃参数识别

轮南地区原油甲苯/正庚烷值为 0.04～0.72，正庚烷/甲基环己烷值为 0.8～1.7，轻烃分布特征落在 Thompson（1987）的蒸发分馏运动轨迹上（图4.3.7）。

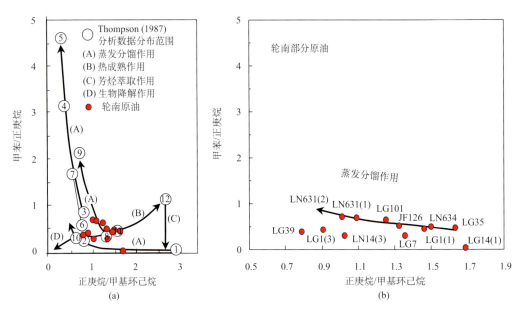

图4.3.7　轮南地区原油轻烃参数特征
（a）的底图为 Thompson（1987）图版

4. 原油族组分

在相同的温压条件下，饱和烃容易溶解在气相中，芳烃易溶于油相中；低碳数的烃类更容易溶解在气相中，高碳数烃类则容易溶解在油相中（Price et al.，1983）。所以气相中的饱/芳比要比残留油相中的大，气侵越强烈，饱芳比越大。如图3.5.16 所示，凝析油井的饱/芳比均比较大，轮南凝析油的饱/芳比基本分布在 15.0～27.4，而 LG7 井等受气侵影响不强烈的井饱/芳比相对较小，分布在 1.4～6.8。

5. 油气成熟度

根据 Tissot 和 Welte（1984）的烃源岩热演化模式，当镜质体反射率 R° 值大于 1.3% 后才会出现凝析油气藏。甲基菲指数等原油成熟度参数显示轮南地区为成熟原油，尚未到达凝析气藏的生烃门限。特别地，按照甲基菲系列折算镜质体反射率的方法（Kvalheim et al.，1987），轮南地区原油的折算镜质体反射率 R_c 值一般为 0.8%～1.03%（图4.2.11），属于成熟原油；按照戴金星和戚厚发（1989）的油型气甲烷碳同位素折算镜体反射率的计算公式，轮南天然气的折算镜质体反射率一般大于 2.0%（表4.3.3）。以上分析显示，如果上述成熟度折算方法有较好的准确性，原油、天然气的成熟度则表现出明显的不一致性，反映轮南天然气大部分不是该区原油的伴生气，而是高演化阶段生成的天然气气侵形成的，这种气侵作用使得原油的性质和温压条件（临界压力、露点压力）等发生改变，可导致轮南地区大规模凝析油气藏的形成，轮南地区发育有典型的气侵型油气藏。

表 4.3.3　轮南部分天然气的折算镜质体反射率 R_o

井号	井段/m	R_o^*
LGD2	6713～6745	2.51
LGD2	6713～6745	2.33
LG34	6698～6707	2.99
LN634	5784～5796	2.99
LG701	5121.23～5262.51	1.82
LG16-2	5478.00～5505.00	3.21
LG36	6583.13～6750.00	2.94
LG38	5712.5～5738.5	2.62
LG391	5711.40～5729.40	2.54
LG391	5758～5810	2.58
LN621	5720.8～5785.5	3.08

* 依据甲烷碳同位素折算镜质体反射率，计算公式据戴金星和戚厚发（1989）。

沿着轮古东断层由南向北沿 LG35—LN631—LN634—LG39—LG391—LG38 井方向，饱和烃成熟度参数 C_{29}-甾烷 $\alpha\beta\beta/(\alpha\alpha\alpha+\alpha\beta\beta)$、甾烷丰度（随成熟度增加丰度降低）及 Ts/(Ts+Tm)、芳烃成熟度参数 MPI-1（甲基菲指数 1）、4-/1-DBT（二苯并噻吩）都显示原油成熟度由高向低的变化趋势 [图 4.3.8（g）～图 4.3.8（j）]，反映烃源灶在南侧，然而，链烷烃绝对与相对丰度（$nC_{21}+nC_{22}$）/（$nC_{28}+nC_{29}$）[图 4.3.8（d）]、低分子量甾和萜类与高分子量甾和萜类的比值 $C_{21\sim22}^-/C_{27\sim29}^-$-规则甾烷 [图 4.3.8（a）]、三环萜/五环萜 [图 4.3.8（b）] 等则显示由南向北逐渐增加的趋势，与原油反映的成熟度趋势相反，这种不一致现象是明显的蒸发分馏作用的结果。沿着气侵方向，轻质馏分相对富集，而在气侵的反方向，遭受气洗的油气藏轻质组分含量降低，含蜡量增加，如 LG35 井原油具有明显的高蜡特征，含蜡量高达 33.42％。轮古东 LG35 至 LG391 井方向，原油含蜡量的显著变化与气侵、蒸发分馏作用密切相关。

值得提出的是，轮南地区原油的蒸发分馏作用是客观存在的，其对该区高蜡油的形成发挥了重要作用。然而，轮南地区凝析油的形成是否全部为次生成因值得商榷，这是基于我们观察到液态油的生物标志物同时包含显著的成熟度变化（图 4.2.6、图 4.2.7）。倘若是纯粹的天然气气侵，其对液态原油的化学组成不会有根本的影响，对生物标志物成熟度参数的影响应该相对较小。原油饱和烃成熟度参数 Ts/(Ts+Tm)、芳烃成熟度参数 4-/1-DBT 的差异仍然较为明显（图 4.2.6、图 4.2.7），推测天然气充注过程中携带部分成熟度较高的液态油。

从图 4.2.6、图 4.2.7 的平面分布图可以看出，该区原油成熟度自东南向西北方向逐渐降低，东部凝析气藏的成熟度较高，而中西部的成熟度相对较低。例如，LN631 井石炭系原油 4-/1-DBT、Ts/Tm 值分别为 11.46、14.00，而 LN11 井原油分别为 3.50、0.36，说明后期高成熟天然气从轮古东方向注入，向轮南其他地区扩散，这与气侵强度的分布规律相似。

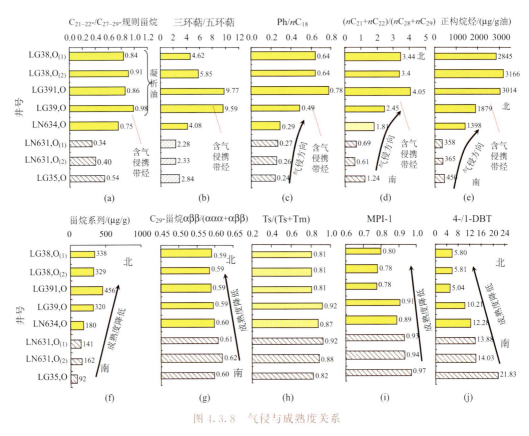

图 4.3.8　气侵与成熟度关系

五、气侵定量研究

在气洗强度研究方面，Meulbroek 等（1998）最早建立了一个数字化的模型预测美国墨西哥湾沿岸某区块气洗效应。未遭受次生改造的原油，其原始组成中正构烷烃的摩尔含量与其碳原子数呈指数分布关系（Kissin，1987）。在相分馏过程中，受各组分气液平衡常数的影响，低分子量正构烷烃相对于高分子量正构烷烃更容易进入气相中。因此，气洗作用必将导致原油中轻质正构烷烃的大量损失。研究表明，经气洗作用改造后的原油其正构烷烃的分布模式分为两段，高碳数的正构烷烃仍保持原有的指数分布形式，而低碳数的正构烷烃由于蒸发损失而导致了其分布曲线的偏移。Losh 等（2002）建立了量化气洗作用强度的方法，并提出正构烷烃相对蒸发量（Q）的概念。

（一）气侵定量计算方法

气侵定量分析的理论依据最早由 Kissin（1987）提出，他发现在原油中，未遭受分馏作用的正构烷烃摩尔质量浓度与正构烷烃碳原子数存在如下线性关系：

$$\lg[\mathrm{MC}(n)] = a \times n + \lg(A) \tag{4.1}$$

式中，$\mathrm{MC}(n)$ 为正构烷烃质量摩尔浓度（正构烷烃在原油中的质量浓度与其分子量之比）；n 为正构烷烃碳原子数；a 为斜率因子；A 为归一化因子。

斜率因子由未遭受气侵影响的正构烷烃摩尔浓度拟合程度最高的直线斜率决定，即高碳数正构烷烃摩尔浓度的斜率，它可以表示原油的成熟度，成熟度越高，斜率因子越大。在正构烷烃摩尔浓度与正构烷烃碳原子数关系曲线上，符合斜率因子直线规律的碳原子数最小的正构烷烃碳数被称为折点碳数（图 4.3.9）。被气洗过的原油正构烷烃由两部分组成，一部分是不受气侵影响的高碳数正构烷烃，另一部分是受气侵影响而有所损失的低碳数的正构烷烃。高碳数的正构烷烃摩尔浓度呈一条直线，而低碳数的正构烷烃摩尔浓度则偏离这条直线。折点碳数是这两部分的连接点，折点碳数受气侵发生时压力的影响最大，而受温度等其他因素的影响较小（Meulbroek et al.，1998）。

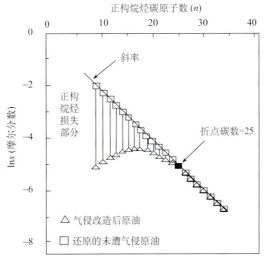

图 4.3.9 气侵作用正构烷烃分布示意图

Losh 等（2002）用折点碳数和斜率因子对气侵进行了评价和判识，提出蒸发量的概念，并用相对蒸发量（Q）描述气侵的强度，定量计算出气侵形成的正构烷烃损失率，计算公式为

$$Q = 1 - \left[\sum w(n)(\text{实际油样}) \Big/ \sum w(n)(\text{还原油样})\right] \tag{4.2}$$

式中，Q 为原油样品气侵之后损失的正构烷烃质量分数；$w(n)$ 为碳原子数为 n 的正构烷烃质量分数（Losh et al.，2002）。

（二）影响气侵定量计算的因素

1. 油气的次生改造作用

气侵定量计算是通过正构烷烃来实现的，气侵使得折点碳数以下的正构烷烃摩尔浓度降低，并且这种变化是具有选择性和规则性的，但是其他的次生作用，如生物降解也可以导致原油中正构烷烃的变化。生物降解可以使得全部的正构烷烃都有损失，这种损失是不规则的，如果存在这样的次生作用，将无法区分气侵和生物降解等其他次生作用的影响深度。如前面提到的，轮南早期油发生了严重的生物降解作用，按照生物降解的规律，饱和烃一般首先被降解，含有 25-降藿烷，反映早期油的链烷烃已完全被降解；原油中芳烃馏分也已大幅降解。轮南 11 井和轮南 14 井三叠系原油色谱图烷烃分布比较完整，并不影响气侵强度（喜山期对晚海西期油藏的气侵）的计算。

2. 油气混合作用

杨楚鹏等（2009）通过凝析油和正常油的混合配比实验发现，不同原油的混合作用会对正构烷烃的分布造成影响，造成了正构烷烃分布的不规则性，可能由于中等分子量（$C_{16} \sim C_{30}$）的富集而造成高碳数烷烃量（$>C_{30}$）的降低。因此对于凝析油而言，应用折点碳数或 Q 计算是不适合的。轮南地区多期成藏特征非常明显，但当前油气主要是晚海西期与喜山期所形成。本次定量计算重点针对黑油油藏，对凝析油仅进行正构烷烃摩尔浓度恢复，定性分析其受气侵的程度。

（三）轮南地区气侵定量计算

应用上面的方法计算轮南地区气侵量。原油高碳数正构烷烃碳摩尔分数曲线采用高拟合度（相关系数）R 来确定，样品的拟合度 R 均值能达到 0.9899，其中很大一部分达到 0.9950 的级别，确保了还原直线的精度。通过计算得到 Q、折点碳数等结果（表 4.3.4）。

表 4.3.4　轮南原油正构烷烃损失率统计表

样品代码	深度/m	层位	原油性质	还原总和/(g/g)	Q/%	斜率因子	折点碳数	主峰碳
LG38（1）	5619~5740	O	浅黄色凝析油	1.550	—	−0.14		11
LG39	5652~5717	O	棕褐色凝析油	3.937	—	−0.17		14
LG1（1）	5310~5360	O	橙黄色凝析油	1.997		−0.168		—
LG13	5544~5626	O	浅黄色凝析油	4.053		−0.168		14
LN634	5780~5796	O	棕褐色凝析油	1.233		−0.124		13
JF128	5490~5750	O_1	浅黄色凝析油	1.663		−0.143		11
LG1（2）	5382~5440	O	黑色稠油	1.545		−0.133		14
LG1（3）	5520~5555	O_1	棕褐色稠油	1.269		−0.124		23
LG4（2）	5379~5396	O	黑油	0.495	76.2	−0.107	25	13

续表

样品代码	深度/m	层位	原油性质	还原总和/(g/g)	Q/%	斜率因子	折点碳数	主峰碳
LG391	5758～5810	€	棕褐色凝析油	0.921	86.1	−0.149	24	11
LG101	5434～5480	O	黑油	0.463	78.8	−0.102	25	17
LG100-6	5433～5475	O	黑色稠油	0.309	65.4	−0.083	25	15
LN8	5167～5230	O	轻度稠油	0.739	87.6	−0.117	25	17
LN14 (4)	5256～5266	C	黑油	0.982	92.1	−0.13	25	19
LN631 (1)	5800-5845	O	棕褐色高蜡油	0.237	63.3	−0.057	28	25
LG35	6155-6165	O	深褐色高蜡油	0.000	0.00	−0.03	0	10
LG7	5165-5175	O	稠油	0.000	0.00	−0.06	0	10
LG4 (1)	5267-5283	O	棕黑色稀油	0.000	0.00	−0.077	0	11
LN11-1	5352～5278	O	黑色稠油	0.033	14.3	0.065	13	15
LN14 (1)	4430～4436	T_1	黑油	0.000	0.00	0.075	0	10
LN14 (2)	4625～4609	T	黑油	0.121	20.0	0.093	14	11
LN14 (3)	5043～5052	C	黑油	0.168	28.7	−0.074	17	15
LN631 (3)	5885～5990	O	高蜡油	0.146	44.6	−0.036	26	25
JF126	5001～5009	C_1	橙黄色凝析油	0.327	24.7	−0.154	12	11

注：样品代号括号中的数字用于区分同井不同层位采集的样品。

231

从气侵的平面分布特征来看，轮古 7 井区的 LN11 和 LG7 井、桑塔木断垒带 LN14 井、JF126 井受气侵的影响较小，中部平台区 LG4 和 LN8 井的正构烷烃损失较强，轮古东大断裂和桑塔木断垒带的井气侵程度较重。

从纵向看，LN14 井 4 个样品可以发现明显的规律性，三叠系层位油气几乎没有受到很大的蒸发分馏作用的影响，但是在石炭系下部却有强烈的蒸发分馏作用（图 4.3.10），可以看出气侵的方向是先从奥陶系开始，再通过断层等运移通道影响石炭系和三叠系。气侵的主体在奥陶系，由于断层运动等影响，有一部分天然气进入石炭系，或形成凝析油气藏，或对石炭系的油藏进行了气侵。因此，垂向上气侵强度有弱化的趋势。

对黑油气侵的定量计算和对凝析油、高蜡油的定性分析表明，气侵与塔北原油蜡含量、天然气干燥系数、成熟度、饱/芳比、油气藏相态等关系密切。轮南原油密度在纵向上的差异变化是由于天然气对奥陶系原油发生气侵作用后，受断裂活动的影响，油气发生蒸发分馏作用，轻组分随气体向上覆地层运移，留下高蜡油。运移到石炭系的凝析气藏在新的温压条件下形成新的凝析油气藏，使得石炭系的原油密度较低，而三叠系原油受气侵作用较少，原油性质基本没有受到天然气的影响，总体形成原油密度"两头大、中间小"的格局。

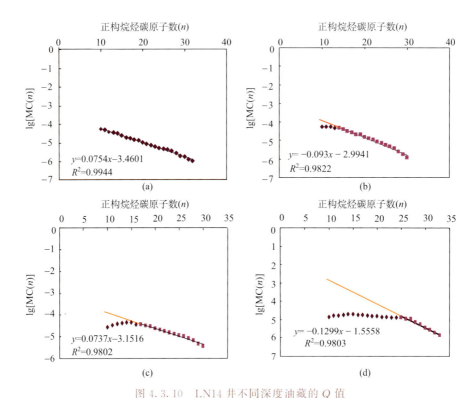

图 4.3.10　LN14 井不同深度油藏的 Q 值

(a) $Q=0$，三叠系，4430~4436m；(b) $Q=20\%$，三叠系，4625~4609m；
(c) $Q=29\%$，石炭系，5043~5052m；(d) $Q=92\%$，石炭系，5256~5266m

第四节　海相油气改造与成藏效应——TSR 作用

一、TSR 概念与识别方法

（一）概念与定义

硫酸盐热化学还原作用（TSR）指硫酸盐与有机质或烃类作用，将硫酸盐矿物还原成 H_2S 和 CO_2，同时产生蚀变的烃类及某些次生矿物。TSR 被认为是油气成藏后最重要的反应，一般出现在深层蒸发盐岩、碳酸盐岩储层（温度大于 $100\,℃$）（戴金星，1985；Worden and Smalley，1996；Machel，1998；Cai et al.，2004，2005；朱光有等，2006）。油田开发注蒸气、热水也可诱发 TSR（Thimm，2001）。TSR 的简化反应式可为（Machel et al.，1995；Machel，2001；蔡春芳等，2007）

烃类 $+SO_4^{2-}\longrightarrow$ 蚀变的烃类(常有固态沥青)$+HCO_3^-(CO_2)+H_2S(HS^-)+$ 热

很多油田观察表明（Mougin et al.，2007），TSR 改变石油组成，使原油富集噻吩和硫代化合物。Orr 等（1974）观察到 Big Horn 盆地与 TSR 有关的原油具有异常的高丰度硫醇类、噻吩和硫化烃类；Cai 等（2003）观察到四川盆地 TSR 改造过的凝析油气有类似现象；Kelemen 等（2008）报道过密西西比河 Madison 灰岩和泥盆系 Nisku 地层与 TSR 相关的储集岩高度富集芳香碳结构，所含有机硫几乎全部是芳香结构；Manzano 等（1997）观察到加拿大阿尔伯特 Brazeau 河地区上泥盆统 Nisku 地层随 TSR 作用程度增加、饱/芳比降低、有机硫化合物丰度增加。大量模拟实验也揭示，TSR 有助于各种有机硫化合物的形成（Zhang et al.，2007，2008a，2008b；Isabelle 等，2008），Isabelle 等（2008）观察到随着模拟实验反应的进行，苯并噻吩、二苯并噻吩比例有所增加，预测约 20% 的硫结合进了 $C_8 \sim C_{14}$ 正构烷烃混合物中；Zhang 等（2008a）在含水热解实验中发现，温度大于 375℃时噻吩类化合物急剧增加、焦沥青中硫和氧含量随 TSR 增强而增大。TSR 使原油的热稳定性显著降低，促进烃类裂解生成天然气（张水昌等，2008）。

TSR 的反应机理与动力学研究已取得重大进展（Zhang et al.，2007，2008a，2008b；Ma et al.，2008；Isabelle et al.，2008），以往认为 TSR 可能分两步进行（Machel et al.，1995；Machel，2001），Zhang 等（2008b）率先提出 TSR 反应的三步骤，强调硫酸盐与烃类的还原反应先于 H_2S 的出现，发生 TSR 反应的第一个条件是硫酸盐离子活化形成 HSO_4^- 或 $MgSO_4$ 接触离子对（Ma et al.，2008）；第二步通过与 H_2S 反应，硫结合进入烃类；第三步硫酸盐被具有活性的不稳定有机硫（LSC）氧化。TSR 反应产物 H_2S 和 LSC 可维持自身催化反应（Zhang et al.，2008b）。现已发现，原油类型（Zhang et al.，2007；Amrani et al.，2008）、温度、H_2S 分压、不稳定有机硫（Zhang et al.，2008b）影响 TSR 反应速率，水化学条件对于控制 TSR 反应速率特别重要（Tang et al.，2005；Ma et al.，2008）。

（二）TSR 识别方法

TSR 的主要识别方法包括以下三种。

（1）岩相学途径（Machel et al.，1995；Worden and Smalley，1996；Machel，2001；朱光有等，2006）。矿物结晶形态、切割与共生关系、固体物质空间分布可提供重要信息。TSR 成因自生黄铁矿为立方体或柱状；TSR 相关白云岩通常为粗晶质鞍状白云岩胶结；当成岩作用相表现出与油-水或气-水界面有一定的联系，它们可能形成于 TSR 环境。

（2）同位素途径（Machel et al.，1995）。烃类、次生方解石等的碳同位素和硫化氢、石膏、黄铁矿、硫磺等硫同位素是常用识别方法。TSR 实验中 SO_4^{2-}—S^{2-} 的同位素分馏效应可为 $-20‰ \sim -10‰$，随温度增加而降解（Machel et al.，1995）；自然界中原油或烃类硫同位素经常接近石膏（Orr，1974；Machel et al.，1995；Cai et al.，2001，2004），与封闭体系中 SO_4^{2-} 全部被还原有关；TSR 成因固体沥青硫同位素相对于干酪根、原油显著增加。硫同位素在识别 TSR、BSR 中特别有效（Machel et al.，1995）。天然气同位素等也可辅助识别 TSR（Machel et al.，1995）。

（3）TSR 改造过的烃类、含硫产物等检测途径。TSR 显著影响石油组成，TSR 之后一般出现高丰度的 H_2S 和 CO_2（Machel，2001；Kelemen et al.，2008）、饱/芳比降低、沥青质含量显著增加；含硫化合物硫醇与噻吩等增加（Orr，1974；Cai et al.，2003；Kelemen et al.，2008），可能出现硫代金刚烷（姜乃煌等，2007）；TSR 由于促进了芳构化以及硫和氧原子结合进入烃类，储层焦沥青的化合物性质有显著变化（固体沥青部分或大量不溶）等（Machel et al.，1995）。发生 TSR 的油气中 DBTs 等芳香硫的丰度不一定很高，可能取决于多种因素；要确认 TSR 与芳香硫的关系还需进一步的工作，不能局限于以往推测成因关系的思路（Malvin et al.，1996；Manzano et al.，1997）。

二、典型 TSR 油气藏解剖——塔中地区下奥陶统高 H_2S 油气藏形成机制

（一）硫化氢异常识别

很多油田研究和实验室调查显示，TSR 可产生高丰度 H_2S 和芳香硫化合物（Ho et al.，1974；Sassen and Moore，1988；Chakhmakhchev and Suzuki，1995a；Cai et al.，2004；Zhang et al.，2008a；Hu et al.，2010）。对于 H_2S 的成因，国内外学者分别从 TSR 的反应条件、硫同位素的特征及成岩体系等多方面进行了研究。一般认为，天然气中 H_2S 主要是 TSR 的结果，所谓 TSR 反应即指地层中烃类与硫酸盐接触时发生反应，烃类被氧化且硫酸盐被还原。有部分学者认为 H_2S 的另一个来源是微生物硫酸盐还原作用（BSR）的结果，但其形成的 H_2S 丰度较低，一般在天然气中含量不超过 5‰（Orr，1974），由干酪根热裂解产生的 H_2S 气体在天然气中所占比重一般为 1‰～3‰（Orr，1974）。目前在我国发现的赵兰庄气田、胜利油田的罗家气田及川东北气区发现的高 H_2S 天然气中的 H_2S 都认为是 TSR 成因（江兴福等，2002）。虽然不能完全排除 BSR 与含硫有机质热成熟或热裂解的贡献，但是根据塔中天然气 H_2S 含量特征，部分井区高含量的 H_2S 可能主要来源于 TSR。

从塔中的地质情况来看，寒武系—下奥陶统存在两套储盖组合，其中下寒武统储盖组合的盖层是膏岩，膏岩在高温下会与下部的烃类反应生成 H_2S 和 CO_2，下奥陶统和上寒武统具备储层聚集形成古油藏并在晚期裂解成气的条件，但是下奥陶统和上寒武统均为白云岩，这两套地层都缺乏膏岩层，如果缺少含硫酸根离子的深部流体活动，原油在这种条件下无法与烃类发生 TSR 反应。

塔中地区天然气中检测到不同含量的 H_2S，塔中各井区上奥陶统、石炭系和志留系 H_2S 含量均比较低，绝大部分 H_2S 含量低于 2‰。其中，塔中 4 油田可收集的 H_2S 测试数据少，预测 H_2S 气体含量不高，近年来并未出现相关的安全问题。下奥陶统绝大部分原油伴生气中 H_2S 含量没有异常，但有 6 个样品的 H_2S 特征含量达到 2‰～40‰ [表 1.1.1，图 1.1.1 (d)]。TZ83(O_1)、ZG6(O_1)、ZG7(O_1)、ZG8(O_1) 井原油伴生气中 H_2S 含量分别为 2.5‰、40‰、4.38‰、3.67‰（表 1.1.1）。烃类热裂解一般不会产生高于 3‰ 的 H_2S，这与烃类最初所能键合的硫量有关（Orr，1977）。下奥陶统原油伴生气中相对高含量的 H_2S，特别是 ZG6 井高含量的 H_2S，可能与 TSR 有关，但多数油井 TSR 反应（如果存在）似乎并不强。四川盆地川东北气区及赵兰庄气田 H_2S 已经明确

是 TSR 反应的结果，H_2S 含量较高（绝大部分高于 10%），相比较而言，塔中天然气 H_2S 含量除部分下奥陶统以外大部分低于 3%。高 H_2S 含量主要出现在发生 TSR 的碳酸盐岩储层中（Ho et al.，1974；Sassen and Moore，1988；Chakhmakhchev and Suzuki，1995a；Cai et al.，2004；Hu et al.，2010）。因此，仅从 H_2S 含量来说，石炭系、志留系和中上奥陶统 H_2S 应该不是 TSR 反应的生成物，或者说来源于 TSR 的较少，受 TSR 影响较小。

（二）天然气碳同位素异常识别

塔中 4 油田原油伴生气的 $\delta^{13}CH_4 \sim \delta^{13}C_4H_{10}$ 与塔中 47-15、塔中 1-6 井区原油相近，反映其间的成因相关性（表 4.4.1、图 4.4.1）。值得提出的是，塔中 4 油田的 $\delta^{13}CH_4 \sim \delta^{13}C_4H_{10}$ 小于塔中 I 号构造带。下奥陶统天然气的 $\delta^{13}C_2H_6 \sim \delta^{13}C_4H_{10}$ 与塔中 I 号构造带中上奥陶统相近，然而，前者的 $\delta^{13}CH_4$ 远低于中上奥陶统（图 4.4.1、表 4.4.1）。以上结果反映其成因有别和(或)下奥陶统含油气系统较为复杂。总而言之，天然气的 $\delta^{13}C$ 与原油的物理-化学特征较为吻合。

表 4.4.1　塔中原油伴生气（$CH_4 \sim C_4H_{10}$）的单体同位素

构造单元	井号	埋深/m	地层	nCH_4	nC_2H_6	nC_3H_8	nC_4H_{10}	iC_4H_{10}
	TZ10	4206~4226	C_{III}	−42.3	−30.7	−30.0	—	−28.6
	TZ47	4978.5~4986.0	S	−51.0	−38.6	−35.5	—	−33.9
	TZ122	4333.8~4344.4	S	−35.5	−39.4	−3.05	−31.6	−30.3
TZ47-15 井区	TZ122	4707.07~4733.92	O_3	−44.1	−41.1	−36.3	−33.2	−33.3
	TZ12	4652.82~4800	O_3	−42.8	−40.0	−29.5	—	−31.5
	TZ12	5175.3~5241.81	O_1	−40.1	−37.7	−32.1	—	−29.4
	TZ15	4656~4673	O_3	−40.6	−30.8	−25.8	—	−31.7
	TZ4	3566~3607	C_{II}	−43.2	−40.1	−33.3	—	−30.2
	TZ402	3613	C	−43.3	−40.8	−33.3	—	—
	TZ402	3705	C	−43.6	−41.7	−34.2	—	—
	TZ421	3258.5~3260	C_I	−44.5	−39.9	−33.5	—	−30.2
	TZ4-7-38	3704.5~3708	C_{III}	−43.6	−41.0	−34.2	−31.2	−30.8
TZ4 油田	TZ75	3920~4015	O_3	−35.6	−45.0	−37.9	−34.7	−34.7
	TZ75	4110~4140	O_1	−35.8	−44.6	−35.6	—	—
	TZ75	4822.32~4911.82	$\in$	−44.2	−46.7	−35.6	−32.0	−34.9
	TZ75	3701~3715	C_{III}	−41.5	−41.2	−34.3	−31.1	−31.5
	TZ401	3685	C	−43.3	−42.1	−32.9	—	—
	TZ6	3710.94~3728.69	C	−42.3	−41.4	−35.2	—	−31.0
	TZ43	3732~3737	C	−44.0	−41.5	−31.2	—	−28.5
TZ1-4 井区	TZ104	3647~3669	C_{III}	−42.6	−41.0	−33.2	−29.2	−29.2
	TZ1	3566~3650	$\in$	−42.7	−40.6	−34.3	—	−29.2

续表

构造单元	井号	埋深/m	地层	nCH_4	nC_2H_6	nC_3H_8	nC_4H_{10}	iC_4H_{10}
塔中Ⅰ号构造带	ZG2	5860~5863	O_{2+3}	−38.0	−31.9	−27.7	−27.8	−25.3
	ZG2	5866~5893	O_{2+3}	−39.3	−32.6	−30.0	−29.4	−29.2
	TZ826	5652.72~5673.79	O_3	−38.2	−32.3	−29.2	−28.5	−26.8
	TZ824	5613~5621	O_3	−40.2	−36.0	−32.7	−31.4	−32.8
	TZ822	5784~5795	O_3	−42.7	−32.6	−28.4	−29.6	−31.1
	TZ828	5595.00~5603.00	O_3	−40.4	−34.9	−31.6	−30.1	−30.6
	TZ82	5349.52~5385	O_3	−40.9	−35.3	−32.8	−31.4	−32.4
	TZ82	5430~5487	O_3	−39.8	−34.0	−31.0	−29.6	−29.4
	TZ825	5225.42~5300.00	O_3	−40.4	−37.3	−33.0	−30.8	−31.8
	TZ823	5369~5490	O_3	−38.5	−32.0	−30.1	−29.7	−28.9
	TZ821	5212.64~5250.20	O_3	−38.3	−33.1	−30.2	−29.4	−28.3
	TZ62-3	5072.46~6348.0	O_3	−38.7	−33.5	−30.1	−29.9	−28.5
	TZ83	5433.00~5445.00	O_3	−38.7	−31.2	−29.0	−28.7	−29.5
	TZ721	5355.5~5505	O_3	−38.8	−36.5	−30.8	−29.1	−28.9
	TZ622	4913.52~4925.0	O_3	−38.9	−33.8	−31.1	−30.3	−28.7
	TZ62-1	4892.07~4973.76	O_3	−38.0	−33.6	−30.2	−29.3	−28.1
	TZ621	4851.1~4885	O_3	−38.5	−34.9	−32.0	−30.2	−30.2
	TZ62-2	4773.63~4825.00	O_3	−38.9	−31.7	−30.3	−28.7	−28.6
	TZ623	4809~4815	O_3	−38.7	−33.7	−31.5	−30.1	−28.7
	TZ242	4470.99~4622	O_3	−37.5	−35.3	−32.4	−29.3	−28.5
	TZ242	4037.03~4075.61	O_3	−39.9	−38.4	−34.7	−31.5	−29.9
	TZ241	4618.47~4725.7	O_3	−38.4	−37.2	−33.5	−31.1	−31.2
	TZ244	4407~4433.64	O_3	−37.8	−37.0	−33.3	−32.2	—
	TZ243	4387.03~4547.90	O_3	−37.1	−36.2	−32.6	−31.2	−28.9
	TZ24	3802~3806	$C_{Ⅲ}$	−42.5	−40.3	−33.3	−29.0	−28.4
	TZ261	4505.32~4560.00	O_3	−37.6	−36.6	−33.7	−30.8	−31.1
	TZ26	4300~4360	O_3	−38.4	−36.8	−33.5	−30.4	−29.4
塔中隆起*	ZG10	6198~6309.8	O_1	−38.5	−29.4	−24.2	−25.0	−26.7
	ZG7	5865~5885	O_1	−41.8	−33.8	−30.5	−29.8	−30.4
	ZG701	6189~6203.5	O_1	−42.4	−34.2	−30.9	−28.7	−30.4
	ZG111	6008~6250	O_1	−47.1	−34.2	−29.7	−27.7	−29.3
	ZG26	6080.5~6290	O_1	−49.4	−37.4	−32.5	−30.7	−31.7
	ZG43	4980.08~5334.09	O_1	−45.8	−36.7	−31.6	−28.6	−30.0
	ZG501	6151.5~6294.1	O_1	−47.5	−36.6	−32.0	−30.2	−31.2
	ZG13	6458~6550.36	O_1	−51.6	−37.1	−32.2	−31.4	−31.8
	ZG11	6165~6631.1	O_1	−47.1	−34.2	−31.4	−31.3	−30.7
	ZG22	5605~5736.6	O_1	−51.5	−36.7	−30.4	−29.6	−29.5
TZ86 井区	TZ86	6194.00~6650.00	O_3	−45.7	−34.4	−31.1	−30.0	−30.7
	TZ86	6273~6320	O_3	−46.6	−35.3	−31.0	−30.7	−31.5
	ZG16	6230~6269	O_{2+3}	−51.6	−36.6	−31.2	−29.8	−31.4
	ZG17	6438~6448	O_{2+3}	−51.0	−34.8	−29.7	−28.4	−30.2
	TZ45	6020~6150	O_3	−54.4	−38.2	−32.0	—	−30.7
	TZ451	6090.5~6297	O_3	−50.6	−35.9	−30.6	—	−29.7

* 绝大部分下奥陶统原油位于靠近塔中Ⅰ号断层的位置。

（三）碱性滴定法测定硫醇含量

采用中华人民共和国石油化工行业标准汇编中的石油产品碱性氮测定法 SH/T 0162—992 测定原油中硫醇含量。将试样溶于苯-冰乙酸混合溶剂中，以甲基紫为指示剂，用高氯酸-冰乙酸标准滴定溶液滴定试样中的碱性氮，至溶液由紫变蓝。根据消耗的高氯酸-冰乙酸标准滴定溶液的浓度和体积，计算试样中碱性氮含量。测试结果表明，原油中硫醇含量相差悬殊，中上奥陶统、石炭系、志留系原油中硫醇的含量相对较低，其中塔中 4 油田石炭系原油硫醇含量分布范围为 $1.60 \sim 1.63 \mu g/mL$（表 1.1.1），下奥陶统原油中硫醇的含量偏高，分布范围可为 $3.2 \sim 140.5 \mu g/mL$（表 1.1.1）。硫醇具有较高的热不稳定性，原油中相对高丰度硫醇指示下奥陶统复杂的化学反应系统。高含量硫醇（分别为 $138.32 \mu g/mL$、$140.5 \mu g/mL$）是 ZG6、ZG7 井 (O_1) 原油的一大重要特征（表 1.1.1）。

（四）高分辨率质谱识别 TSR 改造烃

1. 塔中异常原油的 FT-ICR MS 特征

利用 FT-ICR MS 检测了塔中隆起 27 个原油中的含硫化合物，以往研究表明，生源、沉积环境和热成熟度影响原油中含硫化合物的组成与分布（Li et al.，2011a，2011b）。重点对下奥陶统 ZG6、ZG7、ZG8 井高 H_2S 伴生气原油进行了调查。检测到的含硫化合物包括 $N_1O_1S_1$、$N_1O_2S_1$、N_1S_1、O_1S_1、O_2S_1、S_1、S_2，其中最丰富的化合物是 S_1 类（占所识别的含硫化合物的 $74.6\% \sim 98.0\%$），其次是 O_1S_1、O_2S_1（表 4.4.2），其他类型的化合物含量低。

本次研究选择的代表性原油的 FT-ICR MS 谱图显示，含硫化合物的分布范围与主峰碳和原油类型有关井（图 4.4.2）。可将原油分为三

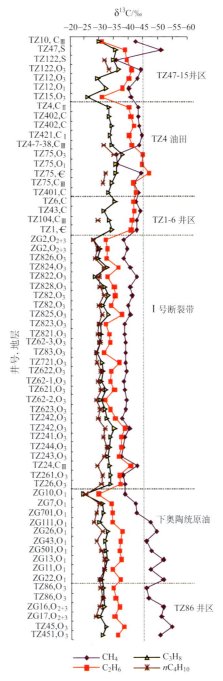

图 4.4.1 塔中隆起原油伴生气中 $n\text{-}CH_4 \sim nC_4H_{10}$ 的稳定碳同位素

类：①塔中 47-15 井区成熟度不太高的原油，如 TZ12(O_3，S)井［图 4.4.2(a)］；②塔中 4 油田高—过成熟原油，如 TZ421 井、9 个下奥陶统原油（包括 ZG10、ZG501 井）

[图4.4.2（b）、图4.4.2（c）]，其谱图特征相似；③3个下奥陶统超高成熟度原油，包括TZ83（O_1）、ZG6、ZG7井[图4.4.2（d）]。观察到含硫化合物的分布及其主峰碳随成熟度增加分别有变窄及向低碳数变化的趋势（Li et al.，2011a）。第③类原油[图4.4.2（c）]C组油异常特征较明显，其FT-ICR MS特征与成熟度较低的原油，如TZ12井（O_3，S）特征类似[图4.4.2（a）、图4.4.2（d）]。C组油极可能受TSR影响，在TZ83井（O_1）原油中检测到硫代金刚烷和丰富的长链烷基噻吩（姜乃煌等，2007；Cai et al.，2009a）。在ZG6（40.0%）、ZG7（4.4%）井原油伴生气中还检测到高丰度H_2S（表1.1.1），其被认为是TSR的重要证据（Ho et al.，1974；Sassen and Moore，1988；Chakhmakhchev and Suzuki，1995a；Cai et al.，2004；Hu et al.，2010）。塔中4油田TZ421井原油的FT-ICR MS谱图与绝大部分下奥陶统原油，如ZG10井原油相似[图4.4.2（b）、图4.4.2（c）]，指示油气成因相似。

不同DBE、不同碳数的S_1类化合物的相对丰度如图4.4.3所示。这里的碳数指原油样品中的化合物的碳数外加一个硫化合物甲基化时附加的一个碳原子。如图4.4.2所示，塔中4油田原油的S_1类化合物分布与9个下奥陶统原油，如ZG10井相似[图4.4.3（b）、图4.4.3（c）]。较之于塔中4油田原油，塔中47-15井区不太成熟的原油的S_1类化合物分布范围较广[图4.4.3（a）、图4.4.3（b）]。然而，较之于塔中47-15井区原油，TZ83、ZG6、ZG7井（O_1）原油有一定广泛的S_1类化合物系列分布范围，特别是含有丰富的DBE=0～3系列化合物[图4.4.3（a）、图4.4.3（d）、表4.4.2]。除TSR外，似乎没有其他机理可解释丰富的低热稳定性硫化物（DBE=0～8的S_1类（化合物）与深部高—过成熟原油共生的现象。

DBE=0，1，3，6，9的S_1类化合物分别代表硫醚、四氢噻吩、噻吩、苯并噻吩和二苯并噻吩以及其他具有相同DBE的化合物。例如，DBE=9的S_1类化合物对应于一个带有烷基侧链的二苯并噻吩核和（或）带有两个环的硫化物的二苯并同系物（Shi et al.，2010b）。绝大部分分析原油都含有DBE≥9的S_1类化合物（图4.4.3），反映其有较高的热成熟度。依据GC-MS成熟度参数（表1.1.7），这些原油具有较高的成熟度。依据基本的热化学动力学原理（Tissot and Welte，1984），热裂解或者缩合作用是影响原油热演化过程中大分子化合物组成与分布的两个两极作用。

图4.4.4（a）～图4.4.4（d）显示特定DBE值时不同碳数S_1类化合物的相对丰度，塔中47-15井区一些中上奥陶统原油具有正态分布峰型、碳数分布范围较广[图4.4.4（a）]。然而，下奥陶统原油观察到不对称的双峰分布形式[图4.4.4（c）]，其主峰为C_{17}的S_1类化合物（因甲基化含有一个额外的碳、相当于C_4-DBTs）。有趣的是，TZ83、ZG6、ZG井7下奥陶统原油的碳数分布曲线[（图4.4.4（d）]不同于TZ12井（O_3，S）原油[图4.4.4（a）]。前者DBE=9碳数分布曲线与下奥陶统原油相似[图4.4.4（c）]，但DBE=1，3，6碳数分布曲线不同于TZ12井原油，反映极可能与TSR[有关的原油如TZ83井（O_1）原油中的低DBE（DBE=1～8）的S_1化合物]与成熟度较低原油（如TZ12井中的低DBE化合物）有不同的成因机制。TZ4油田原油的碳数分布曲线具有介于上述两类原油之间的特征，但与下奥陶统原油，如ZG10井原油更为接近[图4.4.4（b）、图4.4.4（c）]，指示成因相似。

表 4.4.2　分析原油的 FT-ICR MS 参数统计表

位置	井号	层位	实验室编号	N_1S_1	$N_1O_2S_1$	$N_1O_1S_1$	O_3S_1	O_2S_1	O_1S_1	S_1	S_2	$DBE_P/DBE_{1\sim22}$	$DBE_{1\sim8}/DBE_9$	$\Sigma C_{10\sim19}/\Sigma C_{20\sim36}\ DBE_7$	O_1S_1/S_1	S_2/S_1	$DBE_1/\%$	$DBE_4/\%$	$DBE_7/\%$	$DBE_9/\%$	$DBE_{12}/\%$	$DBE_{13}/\%$
				硫化物相对丰度/%																		
塔中隆起	TZ12	S	24	0	0	0	0	0	8.22	85.22	6.56	0.11	3.92	0.18	0.096	0.077	0.83	4.46	9.11	11.23	7.71	2.96
	TZ12	O_3	25	0	0	0	0	0	11.67	81.64	6.69	0.13	3.22	0.35	0.143	0.082	0.41	4.11	9.09	12.89	7.90	2.95
	TZ821	O_3	31	0	0	0	0	0	4.79	94.89	0.32	0.17	3.52	1.24	0.051	0.003	4.59	8.45	10.36	16.95	3.93	0.69
	TZ83	O_3	33	0	0	0	16.4	0	6.67	75.89	1.04	0.12	5.01	1.20	0.088	0.014	0.91	8.38	10.64	11.72	4.85	1.98
	TZ83	O_1	36	0	0	0.28	8.33	2.09	6.95	81.61	0.71	0.09	7.18	0.80	0.085	0.009	12.74	8.33	9.57	9.37	4.54	1.12
	ZG10	O_1	37	2.22	0.02	0	0	0.03	15.27	81.13	1.34	0.27	0.60	1.75	0.188	0.017	0	0	5.31	27.36	11.62	2.79
	ZG11	O_1	38	1.38	0.87	0	0	0.01	14.44	80.57	2.72	0.28	0.40	1.55	0.179	0.034	0	0	0	27.87	10.72	3.19
	ZG111	O_1	39	0.03	0.03	0	0	0.05	16.19	83.64	0.03	0.27	0.71	1.78	0.194	0	0	0	4.93	26.62	10.08	2.66
	ZG13	O_1	40	1.25	0.84	0	0	0.01	0.02	95.18	2.68	0.22	0.37	1.36	0	0.028	0	0	0	22.10	12.59	4.31
	ZG22	O_1	41	1.65	0.82	0.45	0	0.01	13.74	81.19	2.16	0.22	1.21	0.84	0.169	0.027	0.99	1.48	6.96	21.57	9.87	2.90
	ZG23	O_1	42	0.02	0.02	0	0	0	14.53	84.19	1.23	0.24	0.60	1.46	0.173	0.015	0	0.53	3.27	24.23	10.49	3.49
	ZG501	O_1	43	0.01	1.05	0	0	0.02	14.78	82.09	2.06	0.23	0.29	1.72	0.18	0.025	0	0	0	23.34	11.56	3.85
	ZG5	O_1	44	0.71	0.24	0	0	0.36	18.78	77.00	2.91	0.26	0.83	1.99	0.244	0.038	1.48	1.04	4.11	26.18	9.83	2.19
	ZG6	O_1	46	0	0	0	0	0	1.76	96.89	1.35	0.11	5.71	0.49	0.02	0.01	10.94	7.33	9.52	11.00	6.25	1.21
	ZG7	O_1	47	0.28	0	0	0	2.44	8.39	87.37	1.52	0.12	5.09	0.64	0.10	0.02	5.31	8.91	10.24	11.93	4.86	1.28
	ZG8	O_1	48	0	0	0	0	0	1.23	98.02	0.75	0.23	2.00	0.99	0.01	0.01	3.56	5.34	9.6	22.51	6.41	1.01
	TZ421	C_1	9	0	0	0	0	0	19.40	76.99	3.61	0.30	0.57	1.18	0.252	0.047	0.07	0.58	4.97	30.05	11.56	3.10
	TZ421	C_{II}	10	0	0	0	0	7.27	9.17	83.63	0.54	0.32	1.08	1.08	0.110	0.006	0.16	1.05	12.89	32.37	4.73	0.89
	TZ421	C_{III}	11	0	0	0	0	0	9.69	87.16	3.15	0.24	0.98	0.95	0.111	0.036	0.14	1.27	6.23	23.69	7.83	2.58

注：DBE_{e}。等效双键数；$DBE_P/DBE_{1\sim22}$，DBE_P 与 $DBE=1\sim22$ 的 S_1 系列总和之比；$DBE_{1\sim8}/DBE_9$，$DBE_{1\sim8}$ 系列总和与 $DBE=9$ 的 S_1 系列总和之比；$\Sigma C_{10\sim19}/\Sigma C_{20\sim36}\text{-}DBE_7$，$DBE=9$ 的 S_1 系列的 $C_{10}\sim C_{19}$ 总和与 $C_{20}\sim C_{36}$ 总和之比；O_1S_1/S_1，O_1S_1 化合物与 S_1 化合物之比；S_2/S_1，S_2 与 S_1 化合物之比；DBE_1、DBE_4、DBE_7、DBE_9、DBE_{12}、DBE_{15} $=1$、3、6、9、12、15 与 $DBE=1\sim22$ 的 S_1 系列之比。

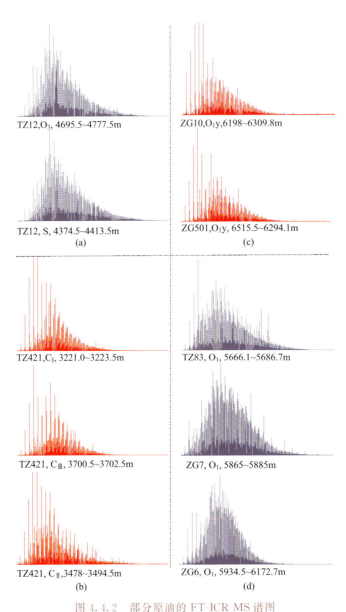

图 4.4.2　部分原油的 FT-ICR MS 谱图

（a）塔中 47-15 井区原油（相对低熟）；（b）塔中 4 油田原油；
（c）下奥陶统纯热化学作用（Thermal Chemical Alteration，TCA）
相关原油（高成熟）；（d）下奥陶统 TSR 相关原油（高成熟）

2. TSR 识别与评价

塔中地区部分下奥陶统原油，如 TZ83（O_1）（具有高蜡特征）、ZG6（O_1）、ZG7（O_1）、ZG8（O_1）井原油具有不同于同区原油的含硫化合物分布特征，包括含有丰富的低热稳定性硫化合物即 DBE＝0～8 的 S_1 类化合物、原油伴生气中 H_2S 含量偏高。一般的，

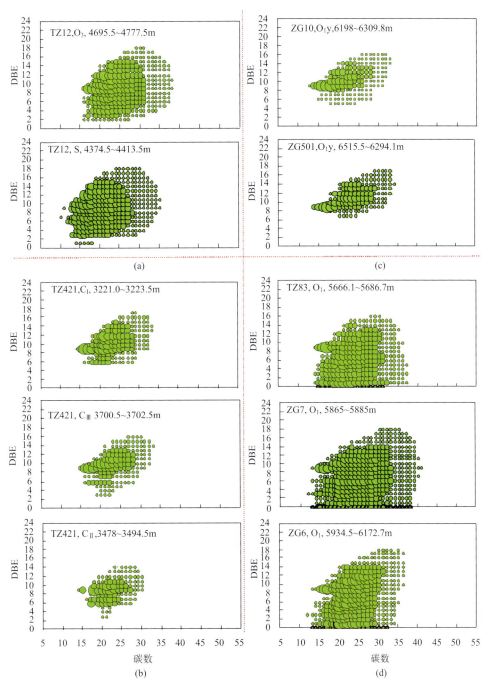

图 4.4.3　塔中原油 S_1 类化合物碳数与 DBE 关系图

（a）塔中 47-15 井区（相对低熟）；（b）塔中 4 油田；（c）塔中地区下奥陶统（高成熟，TCA 相关）；
（d）塔中地区下奥陶统（高成熟，TSR 相关）。硫盐化正离子 FT ICR MS 模式：最大圆圈代表最高丰度
单硫化合物；横坐标碳数为最初样品中硫化物的原子数外加一个硫盐化时甲基化碳数

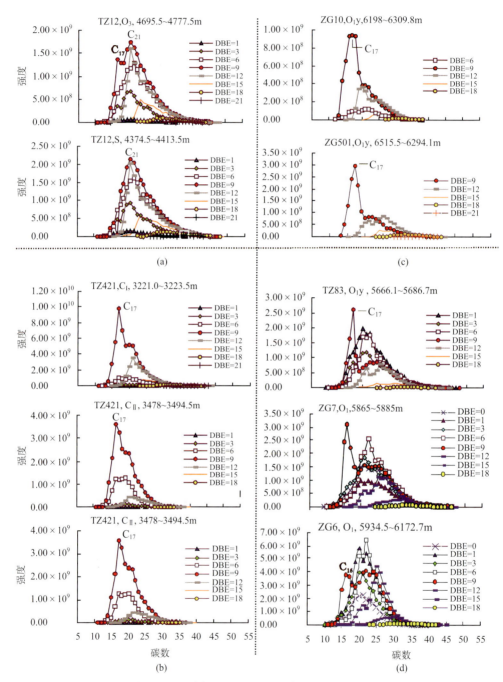

图 4.4.4　不同 DBE 的 S_1 类化合物碳数分布曲线

（a）塔中 47-15 井区（相对低熟）；（b）塔中地区下奥陶统（高成熟，TCA 相关）；

（c）塔中 4 油田；（d）塔中地区下奥陶统（高成熟，TSR 相关）。

曲线缺失代表化合物痕量或无法检测；横坐标碳数为最初样品中硫化物的原子数外加一个锍盐化时甲基化碳数。

DBE＝0～8的S_1类化合物具有低热稳定性，一般出现在成熟度较低原油中（盛国英等，1986），高-过成熟原油中含硫化合物的异常反映特殊的化学反应。以往的研究在TZ83井(O_1)原油中检测到丰富的长链烷基噻吩（李素梅等，2011b）、硫代金刚烷（姜乃煌等，2007），后者被认为是TSR过程中无机硫结合进入烃类分子的结果（姜乃煌等，2007）。结合本次高分辨率质谱检测到的超乎寻常的硫醚、噻吩等热稳定性较低的化合物，综合研究认为，TSR是导致TZ83(O_1)等井原油硫化物异常的主要原因。如图4.4.5所示，受TSR影响的原油的S_1类化合物分布偏离多数原油的演化轨迹。

1）TSR改造原油与相对低熟原油中硫化物的对比

虽然TSR相关原油（如ZG7井原油）与成熟度较低原油［如TZ12井(O_3，S)原油］具有某些相似性，实际上，两者之间具有显著的差异。①较之于成熟度较低的原油，TZ83、ZG7井原油更富集低DBE（DBE＝0～8）的S_1类化合物（特别是DBE＝0～1的S_1类化合物）［图4.4.3(a)、图4.4.3(d)、图4.4.4(a)、图4.4.4(d)、表4.4.2］。②TZ12井(O_3，S)原油中DBE＝0，1，3，6，9的S_1类化合物的相对丰度随DBE的增加而增加［图4.4.4(a)］，但TSR相关原油并非如此。③TZ83、ZG6、ZG7井(O_1)原油DBE＝9的S_1类化合物的碳数分布曲线表现出不对称的双峰型，低碳数化合物（C_{14}～C_{17}）相对富集，主峰碳一般为C_{17}［图4.4.4(d)］，这与其他下奥陶统原油相似［图4.4.4(c)］，表明成熟度相对较高。但是，成熟度相对较低的TZ12井(O_3，S)原油DBE＝9的S_1类化合物表现出正态分布特征，碳数范围为C_{11}～C_{46}，主峰碳为C_{21}［图4.4.4(a)］。

2）TSR与原油中芳香硫的关系

噻吩、苯并噻吩理论上具有较低的热稳定性，在热演化过程中可转变为热稳定性较高的化合物，如二苯并噻吩。TZ83、ZG6、ZG7井下奥陶统原油中高丰度的低DBE系列化合物，如硫醚、噻吩极可能是近期或目前TSR的结果。这些低DBE系列化合物尚未转变为热稳定性较高的二苯并噻吩系列。尽管TSR已被报道可形成包括DBTs在内的含硫芳烃（Ho et al.，1974），我们观察到与TSR相关的TZ83井下奥陶统原油中DBE＝9的S_1系列（相当于C_0～C_{35}-DBTs）丰度相对较低［图4.4.5(d)～图4.4.5(f)、图4.4.6(d)］，其在ZG6、ZG7、TZ83井下奥陶统原油中的比例分别为11%、11.9%、9.4%（表4.4.2），远低于其他下奥陶统原油（21.6%～27.9%）。下奥陶统原油中超高的DBTs丰度可能与成熟度更相关，而不是与TSR更相关［图4.4.6(e)］。Walters等（2011）观察到的TSR过程中，S_1类化合物趋向于向负Z值（芳构化程度更高）方向转化。本次研究工作中观察到的现象不同于Walters等（2011），TSR可能与TSR作用程度有关。

塔中地区下奥陶统不少原油普遍具有较高含量的H_2S伴生气，但高分辨率质谱仅检测到少部分原油存在异常，反映大部分下奥陶统原油目前或近期未发生TSR，或者当前TSR作用程度相对较低。关于TSR，预测存在两种可能性：①TSR发生在更深层，不少下奥陶统原油伴生气中的H_2S是运移混合所致；②下奥陶统原油在地史过程中发生过TSR，其产物，如噻吩等硫化物已向更高热稳定性的化合物转化，目前仅少部分原油正在或近期发生过TSR，使其仍保存一定量的TSR产物。在本研究所涉及的成熟度范围内，成熟度可导致塔中原油中芳香硫大幅度（成倍）增加的趋势是显而易见

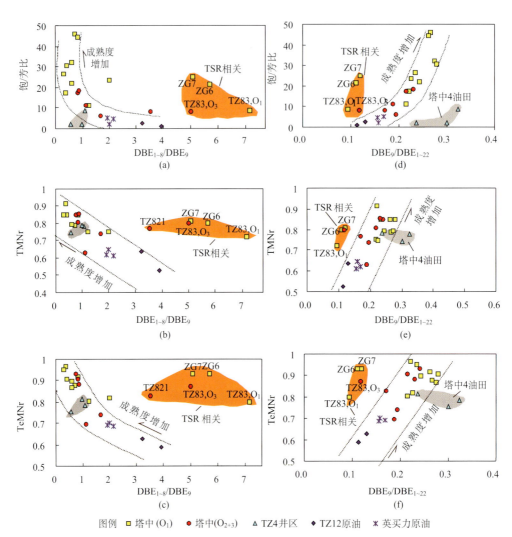

图 4.4.5　FT-ICR MS 参数 DBE$_{1\sim8}$/DBE$_9$、DBE$_9$/DBE$_{1\sim22}$ 与 GC-MS 成熟度参数关系图
显示塔中 4 油田石炭系、TSR 相关原油偏离正常演化曲线

244

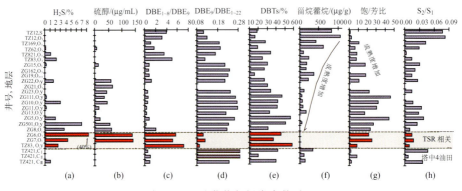

图 4.4.6　硫化物与烃类参数对比

的，而 TSR 相对明显的上述原油，如 TZ83 井（O_1）原油中的 DBTs 或 DBE＝9 的 S_1 类化合物的相对丰度相对于其他原油似乎没有太多的异常。相关文献中说明 TSR 可导致原油中 DBTs 丰度增加（Bjorøy et al.，1996；Alexander and Noriyuki，1995a），针对塔中地区下奥陶统原油而言，即使存在 TSR，成熟度的影响可能也至关重要。

有多种影响原油中芳香硫分布与丰度的因素，包括母源岩的形成环境、生源、热成熟度、水洗与生物降解、硫酸盐热化学还原作用（Li et al.，2011a）。针对本次分析的塔中地区下奥陶统原油，母源岩的影响难以成为主导因素，水洗与生物降解则可以排除。这是基于我们在先前的烃源岩调查中，仅发现少量有机质丰度不太高、有机质类型不太好的烃源岩（泥灰岩、灰质泥岩、泥质灰质等）中 DBTs 丰度相对较高（李素梅等，2011b），与同区有机质丰度相对较高的烃源岩相比，这类烃源岩可能并非主力烃源岩。特别的，高 DBTs 丰度原油在下奥陶统原油中普遍存在，而这种原油与上部层系原油（不具有高 DBTs 相对丰度特征）是有成因联系的（李素梅等，2011b），说明油源外的因素是上、下层系原油芳香硫差异的主要原因。尽管生物降解、水洗作用对原油中含硫化合物也有一定的影响（李素梅等，2011b），但不可能是塔中地区下奥陶统高芳香硫原油的主要成因，下奥陶统原油所处的高温高压环境（埋深大于 5000m）并非微生物适宜的生存环境。相比较而言，热成熟作用及与之相关的 TSR，特别是前者应该是目前钻遇的塔中地区下奥陶统相对高丰度芳香硫原油形成的主要原因。

3）TSR 作用程度综合评价

对于绝大多数原油而言，TSR 改造原油烃类的程度是可以忽略的或是轻微的，因为含硫化合物分布正常、正构烷烃单体烃碳同位素正常（Li et al. 2011b）、S/C 同位素比值正常（表 1.1.1）。特别的，塔中天然气的 δ^{13}C 也指示 TSR 可忽略不计（图 4.4.1、表 4.4.2）。据 Machel 等（1995）的研究，TSR 作用程度较高时，δ^{13}C 将有所增加。此外，塔中绝大部分原油具有较低的 H_2S 含量（＜3％，体积比）[图 4.4.6(a)、表 1.1.1]。因此，少数下奥陶统原油伴生气中相对较高的 H_2S 含量、液态烃相对较高的硫醇含量，可能是深部油气运移的结果 [表 1.1.1、图 1.1.1(h)]。然而，硫醇也可能是在存在 H_2S 时烃类热裂解的结果。值得关注的是，TZ83 井（O_1）蜡的含量（23.4％）远高于下奥陶统原油（5.1％～10.2％）（表 1.1.1），极可能是深部天然气的气侵作用造成。笔者认为，TSR 主要发生在深部层位，如寒武系（或寒武系—下奥陶统），而不是目前的上奥陶统储层。深部地层，特别是中寒武统发育一套膏盐岩（Cai et al.，2009a），可能更适合 TSR 的进行，因为硫酸盐或相关的盐水是发生 TSR 的重要条件（Cai et al.，2004；Amrani et al.，2008）。塔中 4 油田原油几乎没有 TSR 的迹象，相关天然气中 H_2S 含量（1.0％）不高、硫化物正常分布 [图 4.4.6(a)、图 4.4.6(c)、表 4.4.2]。因此，几乎没有 TSR 是导致该区原油具有超高 DBTs 丰度特征的可能，即使 TSR 正在发生。

TZ83（O_3）、TZ821（O_3）井原油也观察到硫化物的异常 [图 4.4.5(a)～图 4.4.5(d)、图 4.4.5(f)]，这可能与 TZ83 井（O_1）原油的异常有关。TZ83 井附近的通源断层已被确认为一条重要的垂向运移断层（向才富等，2009）。TZ83 井上奥陶统部分原油可能源自同井下奥陶统。TZ821 井位置靠近 TZ83 井，TZ821 井上奥陶统原油可能受 TZ83 井下奥陶统原油侧向运移的影响而混有部分 TZ83 井（O_1）原油。

3. 深部油气勘探启示

虽然多个下奥陶统原油具有 TSR 改造特征，包括原油伴生气中高丰度的 H_2S、原油中高丰度的硫醇和噻吩，但对多数下奥陶统原油而言，FT-ICR MS 分析结果没有显示有 TSR 近期发生过或正在发生的证据。由于膏盐岩发育在中寒武统，下奥陶统 TSR 相关特征可能是深源油气垂向运移的结果。

三、TSR 模拟实验研究

对塔里木盆地—海相油和东部陆相盆地—陆相油分别进行了 TSR 模拟对比实验。原油 TSR 反应和原油裂解生成的天然气的量和组成与实验条件密切相关。从反应产物来看，H_2S 中的硫该不仅来源于硫酸根离子，还有部分来自原油本身所含的硫，这从对比实验组在无硫酸镁参与的情况下就有 H_2S 产生就可以看出。

分析实验结果表明，发生 TSR 反应的实验组能有效地促进原油的氧化降解和气态产物的生成。总生气量表明，发生 TSR 反应的实验组的生气量明显高于未发生 TSR 反应的对比实验组。在温度为 408℃，R_o 约为 0.96% 时，陆相和海相原油的总生气量分别为 7.00mg/g 和 9.50mg/g，未发生 TSR 反应的原油，总生气量为 3.91mg/g，前者几乎为后者的两倍；当模拟实验温度达到 505℃，R_o 约为 2.19% 时，陆相和海相原油的总生气量分别为 43.98mg/g 和 35.72mg/g，烃类气体的总生成量几乎是无 TSR 反应的 4 倍，而且在模拟实验温度达到 400℃ 以后（$R_o > 0.96\%$），烃类气体总量剧增，表明 Mg^+ 对 TSR 反应有很明显的促进作用。

图 4.4.7 是反应产物 H_2S 与温度之间的关系，随着 TSR 反应温度的升高，H_2S 的含量也随之增大，在 450℃ 左右时，H_2S 的含量剧增，表明 TSR 反应受温度的控制。发生 TSR 反应的实验组产物中 H_2S 的含量要比未发生 TSR 反应的实验组高很多，也反映出 H_2S 中的硫主要来源于硫酸根离子。

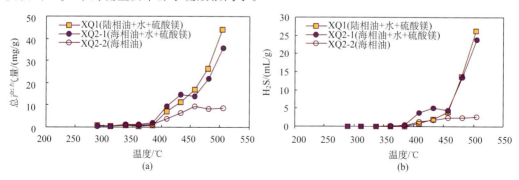

图 4.4.7　TSR 反应生成的烃类气体和 H_2S 含量与温度的关系

反应产物气体组分主要有 C_1~C_5 饱和烃、C_2 和 C_3 不饱和烯烃和 H_2、CO_2、H_2S 等非烃气体。随着温度的升高,甲烷、乙烷产量增加,C_3~C_5 的含量整体呈现先增加、在 450℃ 以后降低的趋势(图 4.4.8)。分析原因应该是随着温度的升高,原油裂解生气,在 450℃ 以后,气体产物中的重烃在 TSR 反应的过程中被氧化生成甲烷,且随碳原子数增大,稳定性变差,在 TSR 反应过程中优先被消耗。C_2、C_3 不饱和烯烃可能来源于硫酸镁对正己烷的氧化作用,或来源于正己烷的热裂解(李术元等,2009)。

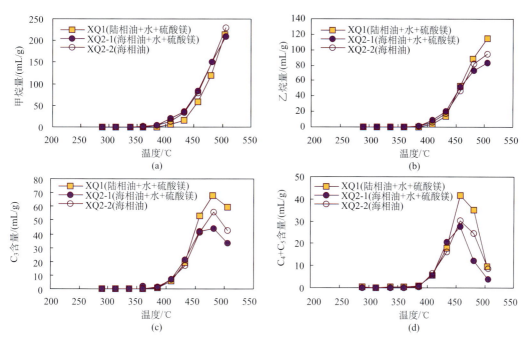

图 4.4.8 TSR 反应产物烃类气体与温度的变化关系

非烃气体 H_2 和 CO_2 的含量随温度的升高而增加。H_2 的来源存在两种可能,一是烃类的 C—H 键断裂,二是来自实验中水的 H—O 键断裂。该实验中的水为重水,因此 H_2 不可能来源于水,应该来源于烃类。

TSR 反应造成碳同位素分馏这种现象在很多地方已经得到证实,而且诸多 TSR 反应模拟实验也支持这种观点,即认为发生 TSR 反应的烃类碳同位素明显要比未发生 TSR 反应的烃类要重。究其原因,是由于使 ^{12}C—^{12}C 键与 ^{13}C—^{13}C 键断开的键能不同,在发生 TSR 反应时,^{12}C—^{12}C 键优先断开参与反应,而反应残余的烃类则富集 ^{13}C,而且气态烃类随碳数的增加,稳定性变差,也就是说重烃优先参与反应,因此,一般情况下,重烃的碳同位素分馏效应应该更明显。

四、典型高芳香硫油气藏解剖——塔中 4 油田异常油形成机制

塔中隆起塔中 4 油田石炭系原油含有较高丰度芳香硫——二苯并噻吩硫系列(朱扬明,1996;朱扬明等,1998;张敏和张俊,1999;张俊等,2004;Li et al. 等,2009,

2010；李素梅等，2010b，2011b），其在可定性芳烃馏分中的百分含量最高可达58.2%。现有研究认为，有多种影响原油中DBTs分布的因素（李素梅等，2011b），包括母源岩沉积环境、岩性（朱扬明等，1998）、热成熟度（Ho et al.，1974；Radke et al.，1986）、硫酸盐热化学还原作用（TSR）（Worden and Smalley，1996；Manzano et al.，1997；Cai et al.，2003；朱光有等，2006）。塔中4油田石炭系为碎屑岩，而TSR通常发生于碳酸盐岩（Cai et al.，2003；朱光有等，2006；蔡春芳等，2007），塔中4油田石炭系原油的异常与TSR似乎没有直接的相关性。高分辨率质谱具有超高分辨率和高质量准确度的特点，在分析原油中的硫化物方面具有显著的优越性（Kim et al.，2005；Li et al.，2010；Liu et al.，2010a，2010b；Shi et al.，2010b；Li et al.，2011a，2011b）。本研究采用地质地球化学相结合的方法，解析塔中4油田石炭系高芳香硫原油的形成机制。

（一）塔中 4 油田基本地质概况

塔中 4 油田位于中央断垒带东侧，处于塔中隆起相对高部位。晚加里东期之后，塔中隆起由东倾转向西倾（周新源等，2011），由于持续隆升和剥蚀，上奥陶统良里塔格组、志留系和泥盆系缺失。这种构造高点在东侧的构造格局一直维持到现今（周新源等，2011）。塔中 4 油田的圈闭发育于石炭系末期—早二叠世。分别在塔中 4 油田（井区）的寒武系（TZ1 井）、下奥陶统（TZ4-7-38 井）、上奥陶统（TZ75 井等）和石炭系（C_I、C_{II}、C_{III}）共四个层系中发现了不同类型油气藏，但石炭系是主力产油气层系。石炭系碎屑岩共有三个油组 C_I、C_{II}、C_{III}，分别为薄层砂、生物碎屑灰岩、东河砂岩储层。塔中 4 油田石炭系原油主要来自寒武系—奥陶系烃源岩（参见第三章）。受多期成藏的影响，烃类性质与相邻的塔中 47-15、塔中 16 井区既有区别又有联系（Li S M et al.，2010），最显著的差异是前者含有高丰度芳香硫。诸多断层及其相关裂缝被认为是油气垂向运移的主要通道（Cai et al.，2001；Lu et al.，2004；向才富等，2009）对该区含油气系统的发育也至关重要（Karlsen and Skeie，2006）。塔中 4 油田的石油储量约为 1×10^8 t。

（二）原油宏观特征

塔中 4 油田石炭系原油具有低密度（0.75～0.92g/cm³，均值为 0.86 g/cm³）、低黏度（2.56～72.05mm²/s，均值为 12.5mm²/s）、低凝固点（＜0℃）、低蜡（0.82%～4.92%，均值为 2.82%）特征，最高含硫量（0.18%～0.94%，均值为 0.46%）［图 1.1.1(a)～图 1.1.1(c)、表 1.1.1］。与 I 号构造带中上奥陶统原油及塔中地区下奥陶统原油相比，塔中 4 油田原油物性特征与相邻的塔中 47-15、塔中 16 和塔中 1-6 井区中上奥陶统及其上部层系原油较接近［图 1.1.1(a)～图 1.1.1(c)］（Li et al.，2010）。下奥陶统原油的密度和黏度分别为 0.77～0.82g/cm³（均值为 0.79g/cm³）和 1.09～4.92 mm²/s（均值为 1.84 mm²/s）（表 1.1.1），低于塔中 4 油田石炭系原油，反映深层原油较高的成熟度。

除了物理特性外，塔中 4 油田的族组分也不同于深部下奥陶统油气［表 1.1.1、图 1.1.1(e)～图1.1.1(g)］，其饱和烃馏分分布范围为 23.1%～60.9%（均值为 53.3%）

（表 1.1.1），是原油中具富集的组分，但低于下奥陶统原油（78.8%～96.4%，均值为91.6%）[图 1.1.1(e)]；塔中 4 油田芳烃含量为 10.2%～38.6%（均值为 27.6%），远高于下奥陶统原油（2.09%～10.4%，均值为 4.47%）[表 1.1.1、图 1.1.1(f)]，"非烃＋沥青质"馏分具有类似的分布特征 [图 1.1.1(g)]。显然，分析原油的组成与当前储层的埋深相关，浅层油例外 [（图 1.1.1(e)、图 1.1.1(f)]。

（三） 原油地球化学特征

1. 饱和烃的 GC、GC-MS 特征

塔中 4 油田原油饱和烃的总离子流图（TIC）如图 1.1.11 所示，GC 参数见表1.1.5。塔中 47-15 井区原油（如 TZ15 井）有一明显的未分辨峰（UCM），指示生物降解和水洗对绝大部分原油都有影响 [图 1.1.11(a)]。塔中Ⅰ号构造带及其邻近位置下奥陶统原油中低分子量正构烷烃含量（ZG6、ZG7、ZG10 井）占绝对优势，单体化合物的相对丰度随碳数降低而增加 [图 1.1.11(d)]。相比较而言，塔中 4 油田石炭系原油链烷烃正常分布、"UCM" 鼓包相对较弱，与中上奥陶统原油一样呈单峰型特征 [图1.1.11(c)]。塔中原油上述指纹的差异，反映其油源性质的差异。

塔中 4 油田原油饱和烃 $m/z217$ 质量色谱图如图 1.1.22(c) 所示，绝大部分原油的C_{27}、C_{28}、C_{29}-规则甾烷呈 "V" 形分布，与中上奥陶统烃源岩分布形式相似，与寒武系—下奥陶统典型的线型和反 "L" 形有较大的差异（Zhang et al.，2000；Li et al.，2010）。塔中地区不同原油生物标志物的最大差异是孕甾烷与 C_{27}～C_{29} 同系物的比值、三环萜与五环三萜的比值不同（图 1.1.22、图 1.1.23、表 1.1.7），指示热成熟度不同。下奥陶统原油中甾、萜类生物标志物含量低 [图 1.1.22(f)、图 1.1.23(f)]，指示原油的高-过成熟度和生物标志物热裂解。下奥陶统原油中甾烷和藿烷的绝对丰度分别为 0～105μg/g 和 0～161μg/g，远低于塔中 47-15 井区原油，如 TZ12 井，其甾烷、藿烷的丰度分别为 306～506 μg/g、531～735μg/g（表 1.1.7）。塔中 4 油田石炭系原油显示介于下奥陶统和其他原油之间的甾烷分布特征（图 1.1.22、表 1.1.7）。大部分常规生物标志物成熟度参数，如 C_{29}-甾烷 ααα20S/-(S＋R)、C_{29}-甾烷 αββ/(ααα＋αββ) 已达到平衡值，下奥陶统原油因热裂解已无法检测（表 1.1.7）。

在塔中 4 油田分析原油中都能检测到丰富的 25-降藿烷、去甲基三环萜烷，且比邻井（如塔中 47-15、塔中 16 井区）更发育 25-降藿烷（图 4.1.3），表明塔中 4 油田原油较构造低部位原油经历更严重的次生改造；然而，塔中 4 油田原油芳烃总离子流图中的 "UCM" 鼓包不及邻井（图 4.1.11），表明晚期充注对早期降解油的稀释更为显著，致使最初原油的指纹特征被覆盖，反映塔中 4 油田油气的多期充注与油气混合。

热成熟度对塔中原油的物理性质与化学组分有较大的影响 [图 1.1.1(e)、图 1.1.1(f)]。研究表明，参数 Ts/(Ts＋Tm)、TMNr[1,3,7-/(1,3,7 ＋ 1,2,5)-三甲基萘]、TeMNr[1,3,6,7-/(1,3,6,7＋1,2,5,6＋1,2,3,5)-四甲基萘]、饱/芳比与埋深有较好的相关性，可用作研究区较好的成熟度指标（图 4.2.14）。甾烷与藿烷的绝对丰度、$C_{21～22}$-/$C_{27～29}$-甾烷、三环萜烷/五环萜烷、重排甾烷/规则甾烷（表 1.1.7）也能间接反

映成熟度，可用作成熟度的辅助指标。需要指出的是，塔中 4 油田石炭系原油偏离多数原油的热演化趋势［图 4.2.14(b)～图 4.2.14 (d)］，反映塔中 4 油田石炭系原油源自更深层。

2. 芳烃馏分的 GC-MS 特征

塔中 4 油田原油芳烃馏分的总离子流图如图 4.4.9(b)所示，其与塔中其他构造带上构造层（中上奥陶统—石炭系）原油的显著差异是，含有丰富的二苯并噻吩系列（DBTs），而萘、菲系列含量相对较低。多个下奥陶统原油（如 TZ83、ZG10、ZG111、ZG501、ZG5 井）也因较高的二苯并噻吩含量而不同于其他原油［图 4.4.9(c)］。其中，TZ83 井 GC-MS 可鉴定芳烃馏分中含硫化合物的丰度高达 58.2%，绝大部分下奥陶统原油中二苯并噻吩的含量超过 40%，包括 ZG5（56.4%）、ZG501（51.1%）、ZG6（45.6%）、ZG111（46.3%）井（表 1.1.9）。原油中 DBTs 的丰度似乎有随成熟度增加而增加的趋势（图 4.4.9）（Li et al.，2011a）。

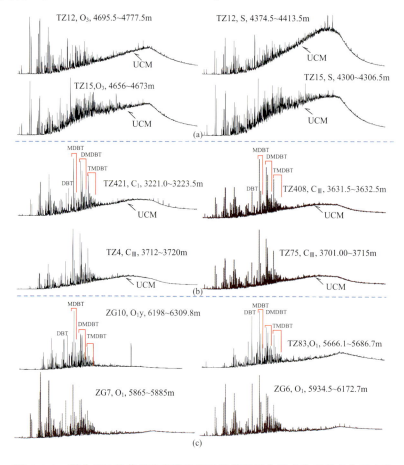

图 4.4.9 部分原油的芳烃总离子流图显示芳烃馏分随成熟度的变化而变化
MN、DMN、TMN、TEMN 分别为甲基、二甲基、三甲基、四甲基萘；
DBT、MDBT、DMDBT、TMDBT 分别为二苯并噻吩、甲基、二甲基、三甲基二苯并噻吩

与多数下奥陶统原油相似，绝大部分塔中4油田原油芳烃馏分谱图显示超高丰度DBTs的特征［图1.1.40(a)］，其中C_I、C_{III}油组原油中的DBTs在可定性芳烃馏分中的含量分布范围为39.8%～53.8%（均值为45%）。但是，C_{II}油组DBTs丰度偏低，分布范围为7.2%～44.4%（均值为24.2%）（表1.1.9）。低孔渗致密生物灰岩（姜振学等，2008）可能对DBTs的运移有一定影响，然而，气侵作用可能是导致该油组低DBTs丰度的最主要因素。C_{II}油组有较高的气油比且主要产天然气（姜振学等，2008）。下奥陶统ZG6、ZG7、ZG8、ZG21井原油例外［图1.1.40(b)、表1.1.9］。塔中4油田石炭系原油与下奥陶统原油似乎有成因联系［图1.1.40(b)、图1.1.40(c)、表1.1.9］。

3. 原油 FT-ICR MS 特征

利用高分辨率质谱（FT-ICR MS）从塔中4油田原油中检测出了丰富的硫化物。按元素组成，测出的硫化物包括$N_1O_1S_1$、$N_1O_2S_1$、N_1S_1、O_1S_1、O_2S_1、S_1和S_2系列等。其中S_1类化合物丰度占绝对优势（77%～95.18%），其次是O_1S_1化合物（9.69%～19.4%），其他化合物含量极低（<7.3%）。不同碳数、不同DBE（等效双键数）的S_1类化合物分布如图4.4.3所示。石炭系原油中S_1类化合物的DBE分布范围可为1～19（多数分布于DBE=9～15范围内）、碳数范围为C_{10}～C_{40}（多数分布于C_{15}～C_{29}），最丰富的S_1类化合物是DBE=9系列，主要为DBTs（Shi et al.，2010a）（图4.4.10）。石炭系原油S_1类化合物的高分辨率质谱特征与下奥陶统原油（如ZG111井）较为接近，与上奥陶统原油（如TZ169井）、TZ12等井差异较明显（图4.4.10）（Li et al.，2011a，2011b）。

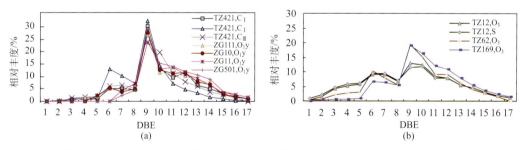

图 4.4.10　塔中4油田石炭系等原油中不同DBE系列的S_1类化合物分布特征

塔中4油田TZ421井石炭系（C_I、C_{II}、C_{III}）原油中S_1类化合物的DBE=1（主要为带一个环的环状硫醚）、DBE=3（主要为噻吩）系列不太发育［图4.4.3、图4.4.10(a)］，S_1类化合物分布类似于ZG111、ZG10、ZG11、ZG501等井多数下奥陶统原油［图4.4.10(a)］，表明石炭系原油未受TSR影响或影响程度相对较低。石炭系原油中硫醇含量较低可提供进一步的证据。

（四）塔中4油田异常油气形成机制

从原油芳烃中二苯并噻吩、DBE=9系列S_1类化合物的含量分别与饱/芳比、TMNr、TeMNr的相关图来看（图4.4.5），塔中4油田石炭系原油稍偏离其他原油的演化轨迹，某种程度上也反映了塔中 4 油田油气的复杂性及混源特征。图 4.4.5 中三个石炭系原油的 DBTs 和 DBE＝9 的 S_1 类化合物的含量有一定的分异，$C_Ⅱ$ 油组原油相对较低、两个 $C_Ⅲ$ 原油相对较高，这是塔中 4 油田原油的普遍现象，可能与 $C_Ⅱ$ 储层是致密的生物灰岩（多期充注时油气混合可能不均匀）、$C_Ⅲ$ 储层是孔渗性较好的砂岩有关。图 4.4.5 中石炭系原油中 DBE＝9 的 S_1 类化合物丰度相对偏高，推测与油气运移分馏效应有关。在高分辨率所能检测的 S_1 类化合物中，DBE＝9～14 系列丰度较高，DBE＝9 系列属于相对低分子量组分。

1. 特殊烃源岩分析

有机硫化合物绝大部分是干酪根演化过程中按照化学键的稳定性逐步降解生成的，烃源岩类型控制原油中含硫量、有机硫特征。江汉膏盐岩富硫油主要因母源岩富硫（盛国英等，1986；彭平安等，1998）；渤海湾盆地咸水相原油富硫，因沙河街组四段烃源岩富硫；美国加利福尼亚 Santa Maria 盆地 Monterey 地层原油富硫主要与Ⅱ-S 型富硫干酪根（8％～14％）有关（Wilson and Orr，1986）。干酪根、沥青大分子母质中的硫含量一般归结于早期成岩作用阶段硫与有机分子的加成反应，受沉积时氧化还原条件和体系中活性铁等含量的影响（盛国英等，1986）。不同类型干酪根中 C、S 比例不同，相关原油中有机硫必定有差异。芳香硫的相对丰度与烃源岩或干酪根类型有关（Chakhmakhchev and Suzuki，1995b）。统计发现，中国东部陆相盆地古近系-新近系不同成熟度原油中 DBTs 丰度（未发表数据）都比塔里木盆地海相油低得多，辽河西部凹陷 DBTs 占原油芳烃的 0.71％～5.75％（归一化百分比）、冀东南堡凹陷占 0.61％～7.02％、昌潍煤系沼泽相油占 2.61％～3.11％、东营凹陷占 0.67％～7.73％。仅检测到东营凹陷王古 1 井奥陶系碳酸盐岩原油（李素梅等，2005a；Li et al.，2006）具有相对较高的 DBTs（18.31％），可能与母源岩无关。

塔中绝大部分原油是寒武系—下奥陶统与中上奥陶统烃源岩混合成因（Li et al.，2010；李素梅等，2011a）。连续抽提物的化学成分分析可进一步证实多源、多期石油充注特征（Yu et al.，2011）。据 973 课题的研究成果（G19990433），纯碳酸盐岩（灰岩和白云岩）几乎没有生烃潜能。依据 TOC、岩石热解数据（Li et al.，2005；赵孟军等，2008），较之于泥岩和页岩，塔里木盆地碳酸盐岩及多数碳酸盐岩相关的岩石样品有相对较低的石油生成潜能，不太可能是主力烃源岩。彭平安等（2008）提出，TOC＞1％是形成大规模油气田的重要条件，页岩及有机质含量较高的碳酸盐岩才能成为有效烃源岩。

调查结果显示，仅仅在具有低有机质丰度的烃源岩（灰岩、泥质灰岩、泥灰岩、钙质泥岩）的可溶有机质中观察到相对较高丰度的 DBTs（图 1.1.37）。除满加尔凹陷东侧米兰 1 井的两个寒武系样品外（5659m，5655.7m）（图 1.1.37），绝大部分具有较高丰度 DBTs 的岩石样品（包括 TZ6、TZ58、TC1、TZ35 和 TZ162 井）采自塔中隆起，依据 TOC 和热解分析结果，其不太可能是塔中原油的主力烃源岩。

在未钻遇层系存在未知的可生成塔中高 DBTs 原油的烃源岩的可能性较小。第一，绝大部分岩石抽提物没有表现出该特性。第二，TZ62（S）、TD2（Є—O_1）井原油并没有高丰度 DBTs 的特征（Li et al.，2010），前者被认为源自寒武系—下奥陶统烃源岩，在中寒武统发育一套薄层膏盐。寒武系—下奥陶统是最有可能发育非常规烃源岩的层段。以上分析暗示富硫干酪根烃源岩的分布非常局限。但是，超高丰度 DBTs 原油不仅在下奥陶统储层广泛发育，在塔中 4（C）、塔中 1-6（Є—C）井区也较发育（图 1.1.40）。因此，在具有重要产油潜能的深层存在具有高丰度 DBTs 特征的油气是可能存在的。第三，干酪根和（或）沥青中的硫含量一般取决于早期成岩阶段硫原子和有机分子之间的加成反应，受氧化还原特性及活性铁含量控制（Chakhmakhchev and Suzuki，1995a）。塔中地区下奥陶统原油的 S/C 比（0.61~0.75）低于其他原油（表 1.1.1），表明热成熟度对原油的 S/C 比有显著的控制作用。在渤海湾盆地八面河油田的咸水-盐湖相成因的沙河街组四段岩石（具有富硫干酪根特征）抽提物中，没有检测到高丰度 DBTs（<20%）（Li et al.，2003；Pang et al.，2003b）（未发表数据），表明在最初生成的原油中 DBTs 的丰度不太可能达到塔中原油的高值。最后，具有相近油源的塔中原油中 DBTs 丰度的大幅度变化［图 1.1.40(b)］，间接暗示其他因素对该类化合物可能有较强的控制作用。

2. 模拟实验研究

塔里木盆地发生过多次构造事件，包括加里东、海西、喜马拉雅运动（Lu et al.，2004；张鼐等，2011）发育多套烃源岩，包括下寒武统（Є₁）、中寒武统（Є₂）、黑土凹组（O₁—O₂）、却尔却克组-萨尔干组（O₂）、良里塔格组-印干组（O₁），导致多期生排烃作用并在塔中隆起发育多种类型油气。张鼐等（2011）最近发现塔中隆起发育五期包裹体，姜振学等（2008）提出塔中 4 油田石炭系原油主要充注期为晚海西期、喜马拉雅期。塔中 4 油田、塔中 47-15 井区同时检测到 25-降藿烷和完整系列的正构烷烃（图 1.1.11、图 4.1.3）。塔中 4 油田石炭系原油不同于周边，如塔中 47-15 井区、塔中 16 井区、塔中 Ⅰ 号构造带原油（图 4.2.14、图 4.1.3、图 1.1.40），表明油源和（或）运聚系统不同。从塔中 4 油田的油藏剖面可见，多个深切断层切穿基底寒武系及奥陶系（图 3.5.15）。大部分断层形成和（或）再次活动于早—晚奥陶世、志留纪—泥盆纪和石炭纪，导致该区复杂垂向运移系统的形成（姜振学等，2008）。塔中 4 油田与塔中其他原油的差异［图 4.2.14、图 1.1.40、图 4.4.5(d)~图 4.4.5(f)］表明前者源自深部地层，可为来自寒武系—下奥陶统的原油与原地早期形成的原油的混源油。

为了验证油气混源的观点，本次研究开展了二元、三元混合模拟实验，其中端元油的选择是初步的，这是因为在塔中 4 油田很难找到特定充注期的较纯的具有一个油源的端元油（Li et al.，2010）。塔中 47-15 井区（O₃—S）原油具有成因相关性，且从地质格架及地球化学测试结果看，其与塔中 4 油田原油关系紧密。例如，都检测到 25-降藿烷，在流体包裹体中检测到相似的化学成分（朱东亚等，2007；Wang et al.，2010；Yu et al.，2011），塔中 47-15 井区、塔中 4 油田原油都被认为是源自寒武系、中上奥陶统的混源油。在充分考虑了塔中 4 油田及周边井区的原油成因类型后，塔中 47-15 井区 TZ15 井（S）原油被选作第一个端元油 A，某种程度上代表早期充注原油；塔中 4 油田 TZ4 井（C_Ⅱ）原油选作端元油 B，某种程度上代表正常 DBTs 含量的晚期充注原油，塔中Ⅰ号构造带、塔中 16 井区原油大多如此。ZG5 井（O_1）原油选为端元油 C，代表下奥陶统晚期充注原油，具有超高 DBTs 丰度。二元、三元混源实验结果见表 4.4.3。

在二元、三元混源实验中，当下奥陶统原油的混入比例达到 70% 左右时，混源油中 DBTs 丰度可达到 40.0%～51.1%（塔中 4 油田原油的相应含量为 45%）（表 1.1.9、表 4.4.3）。因此，实验结果支持先前关于深部与浅部原油混合是导致塔中 4 油田超高丰度 DBTs 的重要原因的假设。

塔中 4 油田石炭系原油饱/芳比（0.7～8.4）远低于下奥陶统原油（8.5～45.9，均值为 25.1）[图 4.2.14(a)]，可能与早期充注原油发生的水洗与生物降解导致了饱和烃的匮乏有关。地史过程中塔中 4 油田几乎位于塔中隆起的最高点，原油易于遭受生物降解等次生改造。混源实验中，当下奥陶统原油混入量达到 70% 时，二元、三元混源的混合油中，饱/芳比分别达到 7.2、9.2（表 4.4.3），稍高于塔中 4 油田石炭系原油（0.7～8.4），远低于下奥陶统原油（8.5～45.9）（表 1.1.1），与观察原油总体相似（Li et al，2010，2011b）。

表 4.4.3 二元、三元混源模拟实验

原油类型	井号/原油代号	端元油混合体积比	DBTs/($\mu g/g$ 油)	芳烃/($\mu g/g$ 油)	DBTs[*]/%	饱和烃/%	芳烃%	饱/芳比
端元油	A=TZ15（S）	—	646.31	4854	13.31	36.1	30.9	1.17
	B=TZ4（$C_{\rm II}$）	—	4230	14179	29.83	74.8	19.5	3.84
	C=ZG5（O_1）	—	2021	3585	56.37	96.36	2.18	44.17
混源油（三元混合）	ABC1	A:B:C=0.5:0.5:9	206271.55	417815	49.37	92.269	4.482	20.59
	ABC2	A:B:C=1:1:8	210443.1	477130	44.11	88.178	6.784	13.00
	ABC3	A:B:C=1.5:1.5:7	214614.65	536445	40.01	84.087	9.086	9.25
混源油（二元混合）	AC1	A:C=1:9	1883.531	3684.9	51.11	90.3	5.1	17.88
	AC2	A:C=2:8	1746.062	3784.8	46.13	84.3	7.9	10.64
	AC3	A:C=3:7	1608.593	3884.7	41.41	78.3	10.8	7.25

[*] 可定性芳烃中 DBTs 的百分含量。

3. 油气运移分馏效应分析

塔中 4 油田 DBE=9 的 S_1 类化合物与 DBE=1～22 的 S_1 类化合物的相对丰度稍高于下奥陶统原油 [图 4.4.5(d)～图 4.4.5(f)]，这可能与油气运移分馏效应有关，参数 $C_{21\sim22}$-/$C_{27\sim29}$-甾烷有类似的运移分馏效应（表 1.1.7）。对于成熟度较高的原油，DBE=9 的 S_1 类化合物主要由芳香硫组成，相对于 DBE=10～22 的 S_1 类化合物，DBE=9 的 S_1 类化合物分子量相对较低，在油气运移过程中，后者会相对于前者富集。研究认为，与咔唑类含氮化合物（Li et al.，1998）类似，DBTs 可作为油气运移指标（Wang et al.，2005），二者有类似的分子格架。第二种可能性是，与塔中 4 油田原油混合的深部原油，与本次分析的下奥陶统原油可能有些差异，但其 DBE=9 的 S_1 类化合物丰度仍相对较高。绝大部分下奥陶统原油位于塔中隆起西部，并非像塔中 4 油田原油那样位于塔中东部。

4. TSR 分析

自生黄铁矿在塔中 4 油田储层中较富集（表 4.4.4）。理论上 TSR 过程中硫同位素的分馏效应可导致硫化物接近或比母体硫酸盐轻 10‰～20‰（最高值）（Machel et al.，1995）。但是，塔中 4 油田储层中黄铁矿与无水石膏间的 $\delta^{34}S$ 相差很大（图 4.4.11、表 4.4.4）。特别的，观察到大部分黄铁矿样品的 $\delta^{34}S$ 相对较重，表明黄铁矿不太可能是该区 TSR 产物。TZ401 井碳酸盐岩储层黄铁矿的 $\delta^{34}S$ 为 5.62‰～28.75‰（表 4.4.4），类似于 Claypool 等（1980）报道的寒武系—奥陶系地层水中硫酸盐的 $\delta^{34}S$ 值，暗示黄铁矿为深部热液成因。该结果暗示包含油气的深部流体（寒武系—下奥陶统）到达过塔中 4 油田石炭系储层。塔中 4 油田的很多基底断层可使油气垂向运移成为可能(图 3.5.15)。

表 4.4.4　塔中 4 油田储层自生黄铁矿、硬石膏、焦沥青、油砂沥青的 $\delta^{34}S$

样品号	井号	井段/m	地层	样品类型	硫同位素/‰	取样位置与产状
1	TZ75	4937.55～4946.90	€	黄铁矿	−18.909	碳酸盐岩断面
2	TZ411	3508.35～3515.96	C	黄铁矿	−32.293	碎屑岩层面中，细粒
3	TZ421	3301.44～3307.87	C_1	黄铁矿	−30.203	碎屑岩中，细粒
4	TZ421	3307.87～3317.05	C_1	黄铁矿	−6.138	碎屑岩中，细粒
5	TZ421	3541.02～3549.97	C_{III}	黄铁矿	−19.634	碎屑岩中，细粒
6	TZ421	3582.7～3588.79	C_{III}	黄铁矿	−17.656	碎屑岩中，粒状
7	TZ403	3876.00～3893.24	C	黄铁矿	−30.876	层状黄铁矿，夹于层状方解石中
8	TZ401	3725.1～3742	C	黄铁矿	20.409	油砂中的黄铁矿结核
9	TZ401	3779.1～3797.55	C	黄铁矿	28.748	油砂中层状黄铁矿
10	TZ401	3779.1～3797.55	C	黄铁矿	32.278	油砂岩中有零星状黄铁矿
11	ZG171	—	O	黄铁矿	5.616	搅动的方解石和黄铁矿的共生体
12	TZ75	4813.34～4822.50	€	石膏	16.369	碳酸盐岩中
13	TZ75	4803.94～4813.34	€	石膏	15.785	碳酸盐岩中
14	TZ422	3531.17～3549.19	C	石膏	15.987	碳酸盐岩中
15	TZ75	4036.71～4045.95	O_3	焦沥青	17.216	孔洞中
16	TZ401	3779.1～3797.55	C	原油	14.376	油砂与层状黄铁矿相邻
17	TZ401	3779.1～3797.55	C	原油	13.615	油砂有零星分布的黄铁矿
18	TZ401	3779.1～3797.55	C	原油	13.357	油砂

注：ZG171 井在塔中 4 井区外围。

5. 混源地质条件分析

塔中 4 油田石炭系具备油气垂向运移混合的地质条件（图 3.5.15）。该区构造期次多、断裂发育，不同构造期形成的断裂与下构造层碳酸盐岩的缝洞岩溶体系和上构造层碎屑岩的砂岩运载层共同形成了油气运移良好的疏导体系。断层类型包括早—晚奥陶世、志留纪—泥盆纪、石炭纪开始活动的各类断层和后期复合过的基底断层，其中北东向和北西向断裂构成了复杂的垂向断裂疏导体系。从地震解释剖面可以看出，受区域构造活动的影响，北东向断裂数量多，且顶部多数断穿至东河砂岩段，底部多数断入寒武系，沟通了油源（图 3.5.15）。

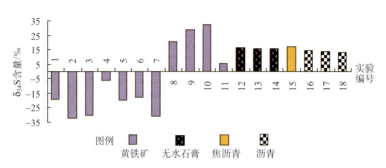

图 4.4.11　塔中 4 油田储层自生黄铁矿、硬石膏、焦沥青和油砂沥青的硫同位素特征

样品信息见表 4.4.4

6. 塔中 4 油田异常原油形成机制及其对深部油气勘探的指示意义

塔中 4 油田石炭系原油与塔中地区下奥陶统原油中超高丰度 DBTs 的相似性，指示两者间具有较好的亲缘关系。这与前面关于塔中原油为混源油的观点较一致（Li et al.，2010）。塔中 4 油田原油与塔中其他原油的差异极可能与深部油气经由断层垂向运移并与早期原地充注原油混合有关。利用连续抽提吸附法（Wang et al.，2010；Yu et al.，2011），可观察到塔中 4 油田石炭系储层吸附烃与包裹烃中生物标志物与正构烷烃单体烃碳同位素的差异，为该区混源模型提供了进一步的证据。在塔中 4 油田尚未有足够深的钻穿石炭系油藏、钻遇高丰度 DBTs 的探井，本次研究预测在塔中 4 油田或邻区的深层极可能存在另一重要含油层系，该层系具有超高 DBTs 丰度特征。

通过对塔中 4 油田典型油气藏的解剖，可得出如下认识。

（1）常规分析表明，塔中 4 油田石炭系原油中链烷烃系列与丰富的降解三环萜烷与 25-降藿烷系列共生，表明该区原油经历了多期充注。晚期油气混合导致了该区原油尽管处于塔中构造高部位并曾经历过近乎最强的油气藏破坏改造，但油质仍然远好于低构造部位原油的反常现象。

（2）GC-MS、高分辨率质谱分析表明，塔中 4 油田石炭系原油中的芳烃硫化合物组成与分布与塔中地区下奥陶统多数原油极其相似。混源模拟实验表明，下奥陶统原油的混入可导致石炭系原油表现出高 DBTs 丰度特征。塔中 4 油田深切油源断层极其发育，具备不同油源油气广泛混合的地质条件。地质地球化学综合研究认为，塔中 4 油田石炭系高芳香硫原油是深部具有类似特征的下奥陶统甚至更深层油气垂向运移混合所致。

（3）高分辨率质谱分析表明，塔中 4 油田石炭系原油中未发育硫醚、噻吩、苯并噻吩等低 DBE 化合物或者含量极低，硫醇含量、H_2S 含量也不高，且未发现塔中石炭系等原油伴生天然气中甲烷碳同位素异常，笔者认为塔中 4 油田石炭系高芳香硫原油并非原地 TSR 所形成。成熟度可导致塔中地区原油中 DBE＝9 的 S_1 类化合物相对富集，深部高 DBTs 丰度原油（下奥陶统或更深层）与塔中 4 油田原地石炭系原油的混合作用是导致该区当前所发现的塔中 4 油田石炭系原油富集 DBTs 的重要机制。不排除在尚未钻遇的更深层有其他作用机制。

参 考 文 献

Ботнева Т А，Фролов С В，蔡天成. 1996. 叶尼塞—勒拿拗陷体系沉积盖层中油气聚集形成的条件. 国外油气勘探，3：301-307.

安海亭，李海银，王建忠等. 2009. 塔北地区构造和演化特征及其对油气成藏的控制. 大地构造与成矿学，33 (1)：142-147.

白忠凯，吕修祥，于红枫，等. 2011. 塔中地区下古生界碳酸盐岩输导体系特征及成藏意义. 地质科技情报，30 (5)：60-68.

包建平，朱翠山，张秋茶，等. 2007. 库车坳陷前缘隆起带上原油地球化学特征. 石油天然气学报（江汉石油学院学报），29 (4)：40-44.

蔡春芳，邬光辉，李开开，等. 2007. 塔中地区古生界热化学硫酸盐还原作用与原油中硫的成因. 矿物岩石地球化学通报，26 (1)：44-48.

陈建平，查明，周瑶琪. 2000. 有机包裹体在油气运移研究中的应用综述. 地质科技情报，19 (1)：61-63.

陈践发，张水昌，鲍志东，等. 2006. 海相优质烃源岩发育的主要影响因素及沉积环境. 海相油气地质，11 (3)：49-54.

陈利新，杨海军，邬光辉，等. 2008. 塔中Ⅰ号坡折带奥陶系礁滩体油气藏的成藏特点. 新疆石油地质，29 (3)：327-330.

陈晓东，张功成，范廷恩，等. 2001. 渤海海域天然气藏类型和形成条件分析. 中国海上油气（地质），15 (1)：72-78.

陈元壮，刘洛夫，陈利新，等. 2004. 塔里木盆地塔中、塔北地区志留系古油藏的油气运移. 地球科学，29：473-482.

戴金星. 1985. 中国含硫化氢的天然气分布特征、分类及其成因探讨. 沉积学报，3 (4)：109-120.

戴金星，戚厚发. 1989. 我国煤成气的$^{13}C-R_o$关系. 科学通报，34 (9)：690-692.

丁勇，邱芳强，高玄彧. 2006. 塔河油田三叠系油气藏特征及成藏规律. 中国西部油气地质，2 (3)：257-260.

杜金虎，王招明，李启明，等. 2010. 塔里木盆地寒武—奥陶系碳酸盐岩油气勘探. 北京：石油工业出版社：1-4.

杜金虎，邬光辉，潘文庆，等. 2011. 塔里木盆地下古生界碳酸盐岩油气藏特征及其分类. 海相油气地质，16 (4)：39-46.

杜治利，王飞宇，张水昌，等. 2006. 库车坳陷中生界气源灶生气强度演化特征. 地球化学，35 (4)：420-423.

冯增昭，鲍志东，吴茂炳，等. 2005. 塔里木地区寒武纪和奥陶纪岩相古地理. 北京：地质出版社：23-157.

冯增昭，鲍志东，吴茂炳，等. 2006. 塔里木地区寒武纪岩相古地理. 古地理学报，8 (4)：427-439.

冯增昭，鲍志东，吴茂炳，等. 2007. 塔里木地区奥陶纪岩相古地理. 古地理学报，9 (5)：447-460.

傅宁，李友川，陈桂华，等. 2003. 东海西湖凹陷油气"蒸发分馏"成藏机制. 石油勘探与开发，30 (2)：39-42.

高志勇，张水昌，李建军等. 2010. 塔里木盆地西部中上奥陶统萨尔干页岩与印干页岩的空间展布与沉积环境. 古地理学报, 12 (5): 599-608.

高志勇, 朱如凯, 张兴阳. 2006. 塔里木盆地中上奥陶统碳酸盐岩烃源岩沉积环境. 新疆石油地质, 27 (6): 708-711.

高志勇, 张水昌, 张兴阳, 等. 2007. 塔里木盆地寒武—奥陶系海相烃源岩空间展布与层序类型的关系. 科学通报, 52 (S1): 70-77.

高志勇, 张水昌, 李建军, 等. 2011. 塔里木盆地东部中—上奥陶统却尔却克组海相碎屑岩中的有效烃源岩. 石油学报, 32 (1): 32-40.

韩剑发, 梅廉夫, 杨海军, 等. 2009. 塔里木盆地塔中奥陶系天然气的非烃成因及其成藏意义. 地学前缘, 16 (1): 314-325.

韩剑发, 张海祖, 于红枫, 等. 2012. 塔中隆起海相碳酸盐岩大型凝析气田成藏特征与勘探. 岩石学报, 28 (3): 769-782.

何登发, 贾承造, 柳少波, 等. 2002. 塔里木盆地轮南低凸起油气多期成藏动力学. 科学通报, 47 (z1): 122-130.

何光玉, 卢华复, 王良书, 等. 2002. 库车盆地烃源岩特征及生烃史特征. 煤炭学报, 27 (6): 570-575.

黄第藩, 梁狄刚. 1995. 塔里木盆地油气生成与演化. 石油天然气总公司石油勘探开发科学研究院.

贾承造. 1997. 中国塔里木盆地构造与油气. 北京: 石油工业出版社: 88-104.

贾承造. 1999. 塔里木盆地构造特征与油气聚集规律. 新疆石油地质, 20 (3): 177-183.

贾承造, 魏国齐. 2002. 塔里木盆地构造特征与含油气性. 科学通报, 47 (增刊): 1-8.

江兴福, 徐人芬, 黄建章. 2002. 川东地区飞仙关组气藏硫化氢分布特征. 天然气工业, 22 (2): 24-27.

姜乃煌, 朱光有, 张水昌, 等. 2007. 塔里木盆地塔中 83 井原油中检测出 2-硫代金刚烷及其地质意义. 科学通报, 52 (24): 2871-2875.

姜振学, 杨俊, 庞雄奇, 等. 2008. 塔中 4 油田石炭系各油组油气性质差异及成因机制. 石油与天然气地质, 29 (2): 159-166.

金之钧. 2006. 中国典型叠合盆地油气成藏研究新进展 (之二) ——以塔里木盆地为例. 石油与天然气地质, 27 (3): 281-294.

金之钧, 王清晨. 2004. 中国典型叠合盆地与油气成藏研究新进展——以塔里木盆地为例. 中国科学 D 辑: 地球科学, 34 (增刊): 1-12.

金之钧, 郑和荣, 蔡立国, 等. 2010. 中国前中生代海相烃源岩发育的构造-沉积条件. 沉积学报, 28 (5): 875-883.

康玉柱. 2010. 中国古生代海相油气成藏特征. 中国工程科学, 12 (5): 10-17.

李景贵. 2000. 海相碳酸盐岩二苯并噻吩类化合物成熟度参数研究进展与展望. 沉积学报, 18 (3): 480-483.

李景贵. 2002. 高过成熟海相碳酸盐岩抽提物不寻常的正构烷烃分布及其成因. 石油勘探与开发, 29 (4): 8-11.

李民祥, 代宗仰, 李劲. 2005. 塔里木盆地塔中地区油气运聚模式探讨. 河南石油, 19 (1): 6-10.

李丕龙, 冯建辉, 樊太亮, 等. 2010. 塔里木盆地构造沉积与成藏. 北京: 地质出版社: 78-225.

李启明, 蔡振忠, 唐子军, 等. 2009. 海西运动在塔里木盆地油气成藏中的意义. 新疆石油地质, 30 (2): 171-174.

李谦, 王飞宇, 孔凡志, 等. 2007. 库车坳陷恰克马克组烃源岩特征. 石油天然气学报 (江汉石油学院学报), 29 (6): 38-41.

李术元, 丁康乐, 岳长涛, 等. 2009. 含水条件下正己烷与硫酸镁热化学还原反应体系模拟. 中国石油大学学报（自然科学版），33（1）：120-126.

李素梅. 1999. 非烃（吡咯类、酚类）地球化学研究：方法、分布特征与应用. 北京：中国地质大学（北京）博士学位论文.

李素梅，刘洛夫，王铁冠. 2000. 生物标志物与含氮化合物作为油气运移指标有效性对比研究. 石油勘探与开发，27（4）：95-98.

李素梅，曾凡岗，庞雄奇，等. 2001a. 金湖凹陷西斜坡油气运移分子地球化学研究. 沉积学报，19（3）：459-463.

李素梅，庞雄奇，金之钧，等. 2001b. 沉积物中 NSO 杂环芳烃的分布特征及其地球化学意义. 地球化学，30（4）：347-352.

李素梅，庞雄奇，金之钧. 2002. 八面河地区原油、烃源岩中甾类化合物的分布特征及其应用. 地球科学，27（6）：711-717.

李素梅，庞雄奇，邱桂强，等. 2005a. 王古 1 井奥陶系古潜山原油成因及其意义. 地球科学，30（4）：451-458.

李素梅，庞雄奇，邱桂强，等. 2005b. 东营凹陷南斜坡王家岗地区第三系原油特征及其意义. 地球化学，34（5）：515-524.

李素梅，庞雄奇，邱桂强，等. 2005c. 东营凹陷王家岗孔店组油气成因解析. 沉积学报，23（4）：726-733.

李素梅，庞雄奇，杨海军，等. 2008a. 塔中隆起原油特征与成因类型分析. 地球科学，33（5）：635-642.

李素梅，庞雄奇，杨海军，等. 2008b. 塔中 I 号坡折带高熟油气地球化学特征及其意义. 石油与天然气地质，29（2）：210-216.

李素梅，姜振学，董月霞，等. 2008c. 渤海湾盆地南堡凹陷原油成因类型及其分布规律. 现代地质，22（5）：817-823.

李素梅，庞雄奇，李小光，等. 2008d. 辽河西部凹陷稠油成因机制. 中国科学，38（增 1）：138-149.

李素梅，庞雄奇，杨海军，等. 2009. 塔中古生界流体包裹体成分分析及其意义. 矿物岩石地球化学通报，28（1）：34-41.

李素梅，庞雄奇，杨海军，等. 2010a. 塔里木盆地英买力地区原油地球化学特征与族群划分. 现代地质，24（4）：643-653.

李素梅，庞雄奇，杨海军，等. 2010b. 塔里木盆地海相油气源与混源成藏模式. 地球科学：中国地质大学学报，35（4）：663-673.

李素梅，肖中尧，吕修祥，等. 2011a. 塔中下奥陶统油气地球化学特征与成因. 新疆石油地质，3（32）：272-276.

李素梅，庞雄奇，肖中尧，等. 2011b. 塔中超高二苯并噻吩硫原油成因浅析. 现代地质，25（6）：1108-1120.

李小地. 1998. 凝析气藏的成因类型与成藏模式. 地质论评，44（2）：200-206.

李艳霞. 2008. 原油裂解气和干酪根裂解气的判识. 西安石油大学学报（自然科学版），23（6）：42-45，50.

李曰俊，吴根耀，孟庆龙，等. 2008. 塔里木盆地中央地区的断裂系统：几何学、运动学和动力学背景. 地质科学，43（1）：82-118.

梁狄刚，沈成喜，贾承造，等. 1993. 塔里木盆地油气资源评价. 塔里木石油勘探开发指挥部地质研究大队.

梁狄刚，张水昌，张宝民，等. 2000. 从塔里木盆地看中国海相生油问题. 地学前缘，2000，7（4）：

534-547.

梁狄刚，陈建平，张宝民，等.2004.塔里木盆地库车坳陷陆相油气的生成.北京：石油工业出版社：
　　1-256.

林壬子，黎茂稳，王培荣等.1999.中国西北地区断代生物标志物剖面及塔里木盆地海相主力油源岩
　　时代研究.塔里木石油勘探指挥部，内部报告.

刘可禹，Bourdet J，张宝收，等.2013.应用流体包裹体研究油气成藏——以塔中奥陶系储集层为例.
　　石油勘探与开发，40（2）：171-180.

刘洛夫，康永尚.1998.运用原油吡咯类含氮化合物研究塔里木盆地塔中地区石油的二次运移.地球化
　　学，27（5）：475-481.

刘洛夫，赵建章，张水昌，等.2000.塔里木盆地志留系沥青砂岩的形成期次及演化.沉积学报，
　　18（3）：475-479.

刘逸，王占生，王培荣，等.1997.油藏有机地球化学描述——以塔里木盆地塔中四号构造石炭系储层
　　为例.沉积学报，15：145-149.

卢玉红，钱玲，张海祖，等.2008.塔里木阿瓦提凹陷乌鲁桥油苗地化特征及来源.海相油气地质，
　　13（2）：45-51.

吕修祥，白忠凯，赵风云.2008.塔里木盆地塔中隆起志留系油气成藏及分布特点.地学前缘，
　　15（2）：156-165.

马柯阳.1995.凝析油形成新模式——原油蒸发分馏机制研究.地球科学进展，（6）：567-571.

米敬奎，张水昌，涂建琪，等.2006.哈得逊油田成藏研究.地球化学，35（4）：333-345.

庞雄奇，高剑波，吕修祥，等.2008.塔里木盆地"多元复合—过程叠加"成藏模式及其应用.石油学
　　报，29（2）：159-172.

彭平安，盛国英，傅家谟，等.1998.高硫未成熟原油非干酪根成因的证据.科学通报，43（6）：
　　636-638.

彭平安，刘大永，秦艳，等.2008.海相碳酸盐岩烃源岩评价的有机碳下限问题.地球化学，37（4）：
　　415-422.

秦胜飞，戴金星.2006.库车坳陷煤成油、气的分布及控制因素.天然气工业，26（3）：16-19.

沈安江，王招明，杨海军，等.2006.塔里木盆地塔中地区奥陶系碳酸盐岩储层成因类型、特征及油气
　　勘探潜力.海相油气地质，11（4）：1-12.

沈安江，郑剑锋，潘文庆，等.2009.塔里木盆地下古生界白云岩储层类型及特征.海相油气地质，
　　14（4）：1-9.

盛国英，傅家谟，Brassell S C，等.1986.膏盐盆地高硫原油中的长链烷基噻吩类化合物.地球化学，
　　2：138-145.

施强，田宏永.2005.塔河油田奥陶系油气藏特征简析.西部探矿工程，110（7）：72-73.

史权，赵锁奇，徐春明，等.2008.傅立叶变换离子回旋共振质谱仪在石油组成分析中的应用.质谱学
　　报，29（6）：367-378.

苏爱国，张水昌，韩德馨，等.2004.PVT分馏实验中链状烷烃分子的行为.沉积学报，22（2）：
　　354-358.

孙龙德，江同文，徐汉林，等，2009.塔里木盆地哈得逊油田非稳态油藏.石油勘探与开发，36（1）：
　　62-67.

孙永革，肖中尧，徐世平，等.2002.塔里木盆地原油中芳基类异戊二烯烃的检出及其地质意义.新疆
　　石油地质，25（2）：215-218.

汤良杰，漆立新，邱海峻，等.2012.塔里木盆地断裂构造分期差异活动及其变形机理.岩石学报，

28 (08): 2569-2583.

唐友军，王铁冠. 2007. 塔里木盆地塔东 2 井寒武系稠油分子化石与油源分析. 中国石油大学学报（自然科学版），31 (6): 18-22.

王传刚，王铁冠，张卫彪，等. 2006. 塔里木盆地北部塔河油田原油分子地球化学特征及成因类型划分. 沉积学报，24 (6): 902-909.

王飞宇，何萍. 1997. 利用自生伊利石 K-Ar 定年分析烃类进入储集层的时间. 地质论评，43 (5): 540-545.

王飞宇，何萍，程顶胜，等. 1996. 镜状体反射率可作为下古生界高过成熟烃源岩成熟度标尺. 天然气工业，16 (4): 24-28.

王飞宇，张水昌，张宝民，等. 1999. 塔里木盆地库车坳陷中生界烃源岩有机质成熟度. 新疆石油地质，20 (3): 221-271.

王飞宇，张水昌，张宝民，等. 2003. 塔里木盆地寒武系海相烃源岩有机成熟度及演化史. 地球化学，32 (5): 461-468.

王飞宇，杜治利，张水昌，等. 2009. 塔里木盆地库车坳陷烃源灶特征和天然气成藏过程. 新疆石油地质，30 (4): 431-439.

王飞宇，陈敬轶，高岗，等. 2010. 源于宏观藻类的镜状体反射率——前泥盆纪海相地层成熟度标尺. 石油勘探与开发，37 (2): 250-256.

王光辉，熊少祥，何美玉，等. 2001. 傅里叶变换—离子回旋共振质谱. 现代仪器，(1): 1-5.

王劲骥，潘长春，姜兰兰，等. 2010. 塔中 4 油田石炭系储层不同赋存态烃类分子和碳同位素对比研究. 地球化学，39 (5): 479-490.

王少依，张惠良，寿建峰，等. 2004. 塔中隆起北斜坡志留系储层特征及控制因素. 成都理工大学学报（自然科学版），31 (2): 148-152.

王铁冠，张枝焕. 1997. 油藏地球化学. 北京：石油工业出版社：117-130.

王铁冠，李素梅，张爱云，等. 2000. 应用含氮化合物探讨轮南油田油气运移. 地质学报，74 (1): 85-92.

王铁冠，王春江，张卫彪，等. 2003. 塔河油田奥陶系油气藏成藏地球化学研究. 中国石化新星西北分公司.

王铁冠，王春江，何发岐，等. 2004. 塔河油田奥陶系油藏两期成藏原油充注比率测算方法. 石油实验地质，26 (1): 74-79.

王铁冠，何发岐，李美俊，等. 2005. 烷基二苯并噻吩类：示踪油藏充注途径的分子标志物. 科学通报，50 (2): 176-181.

王文军，宋宁，姜乃煌，等. 1999. 未熟油与成熟油的混源实验、混源理论图版及其应用. 石油勘探与开发，26 (4): 34-37.

王晓梅，张水昌. 2008. 轮南地区天然气分布特征及成因. 石油与天然气地质，29 (2): 204-209.

王招明，肖中尧. 2004. 塔里木盆地海相原油的油源问题的综合述评. 科学通报，49 (增刊): 1-8.

王招明，王清华，赵孟军等. 2007. 塔里木盆地和田河气田天然气地球化学特征及成藏过程. 中国科学 D 辑：地球科学，37 (增刊Ⅱ): 69-79.

王招明，张鼐，卢玉红，等. 2013. 哈拉哈塘—英买力地区奥陶系烃包裹体研究. 新疆石油地质，34 (1): 5-9.

王振华. 2001. 塔里木盆地库车坳陷油气藏形成及油气聚集规律. 新疆石油地质，22 (3): 189-191.

王少依，张惠良，寿建峰，等. 2004. 塔中隆起北斜坡志留系储层特征及控制因素. 成都理工大学学报（自然科学版），31 (2): 148-152.

武芳芳，朱光有，王慧，等.2009.塔里木盆地塔中12构造复式油气运聚与成藏研究.天然气地球科学，20：76-85.

夏燕青，王春江，孟仟祥，等.1999.噻吩系列化合物的形成机理模拟.地球化学，28（4）：393-396.

向才富，王建忠，庞雄奇，等.2009.塔中83井区表生岩溶缝洞体系中油气的差异运聚作用.地学前缘，16（6）：349-358.

肖中尧，张水昌，赵孟军，等.1997.简析塔中北斜坡A井志留系油气藏成藏期.沉积学报，15（2）：150-154.

肖中尧，黄光辉，卢玉红，等.2004a.塔里木盆地塔东2井原油成因分析.沉积学报，22（增刊）：66-72.

肖中尧，黄光辉，卢玉红，等.2004b.库车坳陷却勒1井原油的重排藿烷系列及油源对比.石油勘探与开发，31（2）：35-37.

肖中尧，卢玉红，桑红，等.2005.一个典型的寒武系油藏：塔里木盆地塔中62井油藏成因分析.地球化学，34（2）：155-160.

邢其毅，徐瑞秋，周政，等.1994.基础有机化学.北京：高等教育出版社：869-916.

阎俊峰，阳建华，阎进培.1982.我国下第三系高硫化氢气体的发现及其地质意义.地质论评，28：372-373.

杨楚鹏，张宝民，王飞宇，等.2008.塔里木盆地塔中4石炭系油藏成藏过程再认识.石油与天然气地质，29（2）：181-188.

杨楚鹏，耿安松，廖泽文，等.2009.塔里木盆地塔中地区油藏气侵定量评价.中国科学D辑：地球科学，1：51-60.

杨德彬，朱光有，刘家军，等.2010.全球大型凝析气田的分布特征及其形成主控因素.地学前缘，1：339-349.

杨海军，韩剑发.2007.塔里木盆地轮南复式油气聚集区成藏特点与主控因素.中国科学D辑：地球科学，37（增刊Ⅱ）：53-62.

杨海军，韩剑发，陈利新，等.2007.塔中古隆起下古生界碳酸盐岩油气复式成藏特征及模式.石油与天然气地质，28：784-790.

杨海军，朱光有，韩剑发，等.2011.塔里木盆地塔中礁滩体大油气田成藏条件与成藏机制研究.岩石学报，27（6）：1865-1885.

杨树春，卢庆治，宋传真，等.2005.库车前陆盆地中生界烃源岩有机质成熟度演化及影响因素.石油与天然气地质，26（6）：770-785.

杨威，杨栓荣，李新生，等.2002.流体包裹体在塔中40油田成藏期次研究中的应用.新疆石油地质，23（4）：338-339.

曾宪章，梁狄刚，王忠然，等.1989.中国陆相原油和生油岩中的生物标志物.兰州：甘肃科学技术出版社：288-291.

曾溅辉，吴琼，杨海军，等.2008.塔里木盆地塔中地区地层水化学特征及其石油地质意义.石油天然气地质，29（2）：223-229.

翟光明，何文渊.2004.塔里木盆地石油勘探实现突破的重要方向.石油学报，25（1）：1-7.

翟晓先，顾忆，钱一雄，等.2007.塔里木盆地塔深1井寒武系油气地球化学特征.石油实验地质，29（4）：329-333.

张承泽，于红枫，张海祖，等.2008.塔中地区走滑断裂特征、成因及地质意义.西南石油大学学报：自然科学版，30（5）：22-26.

张厚福，张万选.1989.石油地质学.第二版.北京：石油工业出版社：32-278.

张俊，庞雄奇，刘洛夫，等.2004.塔里木盆地志留系沥青砂岩的分布特征与石油地质意义.中国科学（D辑），34（S1）：169-176.

张丽娟，李勇，周成刚，等.2007.塔里木盆地奥陶纪岩相古地理特征及礁滩分布.石油与天然气地质，28（6）：731-737.

张敏，张俊，1999.塔里木盆地原油噻吩类化合物的组成特征及地球化学意义.沉积学报，17（3）：121-126.

张敏，张俊.2000.塔中地区不同Mango轻烃参数原油的地球化学元素特征.断块油气田，7（1）：14-15.

张鼐，田隆，邢永亮，等.2011.塔中地区奥陶系储层烃包裹体特征及成藏分析.岩石学报，27（5）：1548-1556.

张水昌.2000.运移分馏作用：凝析油和蜡质油形成的一种重要机制.科学通报，45（6）：667-670.

张水昌，梁狄刚，肖中尧，等.1998.塔里木盆地生油岩与油源研究.中国石油塔里木油田分公司.

张水昌，张宝民，王飞宇，等.2000.中上奥陶统——塔里木盆地的主要油源层.海相油气地质，5（1-2）：16-22.

张水昌，张保民，王飞宇，等.2001.塔里木盆地两套主力海相有效烃源层——Ⅰ.有机质性质、发育环境及控制因素.自然科学进展，11（3）：261-268.

张水昌，梁狄刚，黎茂稳，等.2002.分子化石与塔里木盆地油源对比.科学通报，47（增刊）：16-23.

张水昌，王招明，王飞宇，等.2004.塔里木盆地塔东油藏形成历史原油稳定性与裂解作用实例研究.石油勘探与开发，31（6）：25-31.

张水昌，梁狄刚，张保民.2005.塔里木盆地海相油气生成.北京：石油工业出版社：270-340.

张水昌，帅燕华，朱光有.2008.TSR促进原油裂解成气：模拟实验证据.中国科学D辑：地球科学，38（3）：307-311.

张水昌，朱光有，杨海军，等.2011a.塔里木盆地北部奥陶系油气相态及其成因分析.岩石学报，27（8）：2447-2460.

张水昌，张宝民，李本亮，等.2011b.中国海相盆地跨重大构造期油气成藏历史——以塔里木盆地为例.石油勘探与开发，38（1）：1-15.

张文正，裴戈，关德师.1992.鄂尔多斯盆地古、中生界原油轻烃单体系列同位素研究.科学通报，3：248-251.

张兴阳，顾家裕，罗平，等.2006.塔里木盆地奥陶系萤石成因及其油气地质意义.岩石学报，2006，22（8）：2220-2228.

张学丰，李明，陈志勇，等.2012.塔北哈拉哈塘奥陶系碳酸盐岩岩溶储层发育特征及主要岩溶期次.岩石学报，28（3）：815-825.

赵红，王占生，朱俊章，等.1994.用MID/GC/MS检测原油和烃源岩抽提物中金刚烷类化合物及其地质意义探索.质谱学报，1994，15（4）：43-48.

赵靖舟，李秀荣.2002.晚期调整再成藏——塔里木盆地海相油气藏形成的一个重要特征.新疆石油地质，23（2）：89-91.

赵靖舟，李启明.2003.塔里木盆地油气藏形成与分布规律.北京：石油工业出版社：45-237.

赵靖舟，田军，廖涛，等.2002.塔里木盆地哈得逊隆起的发现及其勘探意义.石油学报，23（1）：27-30.

赵孟军，黄第藩.1995.初论原油单体烃系列碳同位素分布特征与生油环境之间的关系.地球化学，24（3）：254-260.

赵孟军，张水昌.2001.17α（H）重排藿烷在塔里木盆地中的指相意义.石油勘探与开发，28（1）：

36-381.

赵孟军，肖中尧，彭燕，等.1997.塔里木盆地有机地球化学研究新进展.塔里木石油勘探开发指挥部勘探研究中心.

赵孟军，卢双舫，李剑.2002.库车油气系统天然气地球化学特征及气源探讨.石油勘探与开发，48（6）：4-71.

赵孟军，王招明，潘文庆，等.2008.塔里木盆地满加尔凹陷下古生界烃源岩的再认识.石油勘探与开发，35（4）：417-423.

赵文智，王兆云，张水昌，等.2006.油裂解生气是海相气源灶高效成气的重要途径.科学通报，51（5）：589-595.

赵文智，朱光有，苏劲，等.2012.中国海相油气多期充注与成藏聚集模式研究——以塔里木盆地轮古东地区为例.岩石学报，28（3）：710-720.

赵宗举，周新源，郑兴平，等.2005.塔里木盆地主力烃源岩的诸多证据.石油学报，26（3）：10-15.

周新源，王招明，杨海军，等.2006.中国海相油气田勘探实例之五：塔中奥陶系大型凝析气田的勘探和发现.海相油气地质，11（1）：45-51.

周新源，杨海军，蔡振忠，等.2007.塔里木盆地哈得逊海相砂岩油田的勘探与发现.海相油气地质，12（4）：51-60.

周新源，杨海军，韩剑发，等.2009.塔里木盆地轮南奥陶系油气田的勘探与发现.海相油气地质，14（4）：67-77.

周新源，李本亮，陈竹新，等.2011.塔中大油气田的构造成因与勘探方向.新疆石油地质，32（3）：211-217.

朱东亚，金之钧，胡文，等.2007.塔中地区志留系砂岩中孔隙游离烃和包裹体烃对比研究及油源分析.石油与天然气地质，28（1）：25-34.

朱光有，张水昌，梁英波，等.2006.四川盆地高含 H_2S 天然气的分布与 TSR 成因证据.地质学报，80（8）：1208-1218.

朱光有，张水昌，王欢欢，等.2009.塔里木盆地北部深层风化壳储集层的形成与分布.岩石学报，25（10）：2384-2398.

朱光有，张水昌，张斌，等.2010.中国中西部地区海相碳酸盐岩油气藏类型与成藏模式.石油学报，31（6）：871-878.

朱光有，刘星旺，朱永峰，等.2013.塔里木盆地哈拉哈塘地区复杂油气藏特征及其成藏机制.矿物岩石地球化学通报，32（2）：231-242.

朱扬明.1996.塔里木原油芳烃的地球化学特征.地球化学，25（1）：10-18.

朱扬明，傅家谟，盛国英.1998a.塔里木原油含硫化合物的地球化学意义.石油实验地质，20（3）：253-257.

朱扬明，张洪波，傅家谟，等.1998b.塔里木不同成因原油芳烃组成和分布特征.石油学报，19（3）：33-37.

Alexander C，Noriyuki S. 1995a. Aromatic sulfur compounds as maturity indicators for petroleums from the Buzuluk depression，Russia. Organic Geochemistry，23（7）：617-625.

Alexander C，Noriyuki S. 1995b. Saturate biomarkers and aromatic sulfur compounds in oils and condensates from different source rock lithologies of Kazakhstan，Japan and Russia. Organic Geochemistry，23（4）：289-299.

Alexander R，Kagi R I，Woodhouse G W，et al. 1983. The geochemistry of some biodegraded Australian oils. Australian Petroleum Exploration Association Journal，23：53-63.

Amrani A，Zhang T，Ma Q，et al. 2008. The role of labile sulfur compounds in thermal sulfate reduction. Geochim Cosmochim Acta，72 (12)：2960-2972.

Beens J，Brinkman U A T. 2000. The role of gas chromatography in compositional analyses in the petroleum industry. Trends in Analytical Chemistry，19 (4)：260-275.

Bjorøy M，Jack A W，David L D，et al. 1996. Maturity assessment and characterization of Big Horn Basin Palaeozoic oils. Marine and Petroleum Geology，13：3-23.

Cai C F，Hu W，Worden R H. 2001. Thermochemical sulphate reduction in Cambro-Ordovician carbonates in Central Tarim. Marine and Petroleum Geology，18：729-741.

Cai C F，Worden R H，Bottrell S H，et al. 2003. Thermochemical sulphate reduction and the generation of hydrogen sulphide and thiols (mercaptans) in Triassic carbonate reservoirs from the Sichuan basin，China. Chemical Geology，202 (1-2)：39-57.

Cai C F，Xie Z Y，Worden R H，et al. 2004. Methane-dominated thermochemical sulphate reduction in the Triassic Feixianguan Formation East Sichuan Basin，China：Towards prediction of fatal H_2S concent rations. Marine and Petroleum Geology，21：1265-1279.

Cai C F，Hu G Y，He H，et al. 2005. Geochemical characteristics and origin of natural gas and thermochemical sulfate reduction in ordovician carbonates in the Ordos Basin，China. Journal of Petroleum Science and Engineering，48 (3/4)：209-226.

Cai C F，Li K K，Wu G H，et al. 2007. Sulfur isotopes as markers of oilen-dashsource correlation and thermochemical sulphate reduction in Central Tarim//Farrimond Abstracts of International Meeting Organic Geochemistry，Torquay：297-298.

Cai C F，Li K K，Ma A L，et al. 2009a. Distinguishing Cambrian from Upper Ordovician source rocks：Evidence from sulfur isotopes and biomarkers in the Tarim Basin. Organic Geochemistry，40：755-768.

Cai C F，Zhang C M，Cai L L，et al. 2009b. Origins of Palaeozoic oils in the Tarim Basin：Evidence from sulfur isotopes and biomarkers. Chemical Geology，268 (3-4)：197-210.

Chakhmakhchev A，Suzuki N. 1995a. Saturate biomarkers and aromatic sulfur compounds in oils and condensates from different source rock lithologies of Kazakhstan，Japan and Russia. Organic Geochemistry，23 (4)：289-299.

Chakhmakhchev A，Suzuki N. 1995b. Aromatic sulfur compounds as maturity indicators for petroleums from the Buzuluk depression，Russia. Organic Geochemistry，23：617-625.

Chen J H，Fu J M，Sheng G Y，et al. 1996. Diamondoid hydrocarbon ratios：Novel maturity indices for highly mature crude oils. Organic Geochemistry，25 (3-4)：179-190.

Claypool G，Holser W，Kaplan I，et al. 1980. The age curves of sulfur and oxygen isotopes in marine sulfate and their mutual interpretation. Chemical Geology，28：199-260.

Clayton C J，Bjorøy M. 1994. Effect of maturity on $^{13}C/^{12}C$ ratios of individual compounds in North Sea oils Original Research Article. Organic Geochemistry，21 (6-7)：737-750.

Comisarow M B，Marshall A G. 1974. Fourier transform ion cyclotron resonance spectroscopy. Chemical Physics Letters，25 (2)：282-283.

Curiale J A，Bromley B W. 1996. Migration induced compositional changes in oils and condensates of a single field. Organic Geochemistry&-Reservoir and Production Geochemistry，24 (12)：1097-1113.

Dorbon M，Schmitter J M，Garrigues P，et al. 1984. Distribution of carbazole derivatives in petroleum. Organic Geochemistry，7：111-120.

England W A, Mackenzie A S. 1989. Geochemistry of petroleum reservoirs. Geologische Rundschau, 78: 291-303.

George S C, Greenwood P F, Logan G A, et al. 1997a. Comparison of palaeo oil charges with currently reservoired hydrocarbons using molecular and isotopic analyses of oil-bearing fluid inclusions: Jabiru oil field, Timor Sea. Australian Petroleum Production and Exploration Association Journal, 37 (1): 490-504.

George S C, Krieger F W, Eadington P J, et al. 1997b. Geochemical comparison of oil-bearing fluid inclusions and produced oil from the Toro Sandstone, Papua New Guinea. Organic Geochemistry, 26: 155-173.

Gong S, George S C, Volk H, et al. 2007. Petroleum charge history in the Lunnan Low Uplift, Tarim Basin, China-evidence from oil-bearing fluid inclusions. Organic Geochemistry, 38: 1341-1355.

Graham S A, Brassell S, Carroll A R. 1990. Characteristics of selected petroleum source rocks, Xianjiang Uygur autonomous region, Northwest China. American Association of Petroleum Geologists Bulletin, 74: 493-512.

Gussow W C. 1954. Differential entrapment of gas and oil: A fundamental principle. AAPG Bulletin, 38: 816-853.

He F, Hendrickson C L, Marshall A G. 2001. Baseline mass resolution of peptide lsobars: A record for molecular mass resolution. Analytical Chemistry, 73 (3): 647-650.

Heydari E. 1997. The role of burial diagenesis in hydrocarbon destruction and H_2S accumulation upper Jurassic Smackover Formation, Black Creek Field Mississippi. AAPG Bulletin, 81 (1): 26-45.

Ho T Y, Rogers M A, Drushel H V, et al. 1974. Evolution of sulfur compounds in crude oils. American Association of Petroleum Geologists Bulletin, 58: 2338-2348.

Horstad I, Larter S R, Dypvik H, et al. 1990. Degradation and maturity cont rols on oil field pet roleum column heterogeneity in the Gullfaks field, Norwegian North Sea. Organic Geochemistry, 16 (1-3): 497-510.

Hu A P, Li M W, Wong J, et al. 2010. Chemical and petrographic evidence for thermal cracking and thermochemical sulfate reduction of paleoen-dash oil accumulations in the NE Sichuan Basin, China. Organic Geochemistry, 41: 924-929.

Huang H P, Bowler B F J, Oldenburg T B P. 2004. The effect of biodegradation on polycyclic aromatic hydrocarbons in reservoired oils from the Liaohe Basin, NE China. Organic Geochemistry, 35: 1619-1634.

Hughes W B. 1984. Use of thiophenic organosulfur compounds in characterizing crude oils derived from carbonate versus siliciclastic sources// Palacas J G. Petroleum Geochemistry and Source Rock Potential of Carbonate Rocks. AAPG Studies in Geology, Tulsa, Oklahoma, 18: 181-196.

Hughes W B, Holba A G, Dzuo L I P. 1995. The ratios of dibenzothiophene to phenanthrenes and pristane to phytane as indicators of the depositional environment and lithology of petroleum source rocks. Geochimica et Cosmochimica Acta, 59: 3581-3598.

Hughey C A, Hendrickson C L, Rodgers R P, et al. 2001. Elemental composition analysis of processed and unprocessed diesel fuel by electrospray ionization fourier transform ion cyclotron resonance mass spectrometry. Energy & Fuels, 15 (5): 1186-1193.

Hughey C A, Rodgers R P, Marshall A G, et al. 2002a. Identification of acidic NSO compounds in crude oils of different geochemical origins by negative ion electrospray Fourier transform ion cyclotron resonance mass spectrometry. Organic Geochemistry，33（7）：743-759.

Hughey C A，Rodgers R P，Marshall A G. 2002b. Resolution of 11000 compositi-onally distinct components in a single electro spray ionization n fourier transformation cyclotron resonance mass spectrum of crude oil. Analytical Chemistry，74（6）：4145-4149.

Hughey C A，Rodgers R P，Marshall A G，et al. 2004. Acidic and neutral polar NSO compounds in Smackover oils of different thermal maturity revealed by electrospray high field Fourier transform ion cyclotron resonance mass spectrometry. Organic Geochemistry，35（7）：863-880.

Isabelle K，Christoph F，Teddy P，et al. 2008. Preliminary results on the formation of organosulfur compounds in sulfate-rich petroleum reservoirs submitted to steam injection. Organic Geochemistry，39：1130-1136.

Isaksen G H，Pottorf R J，Jenssen A I. 1998. Correlation of fluid inclusions and reservoired oils to infer trap to fill history in the South Viking Grasben，North Sea. Petroleum Geoscience，4：41-55.

Jiang C Q，Li M W. 2002a. Bakken/Madison pet roleum systems in the Canadian Williston Basin-Part 3：Geochemical evidence for significant contribution of Bakken derived oils in Madison Group reservoir. Organic Geochemistry，33：761-787.

Jiang C Q，Li M W. 2002b. Bakken/Madison petroleum systems in the Canadian Williston Basin-Part 4：Diphenylmet hanes and benzylcyclohexanes as indicators for oils derived from the Madison petroleum system. Organic Geochemistry，33：855-860.

Karlsen D A，Skeie J E. 2006. Petroleum migration，faults and overpressure- part Ⅰ：Calibrating basin modeling using petroleum in traps-a review. Journal of Petroleum Geology，29：227-256.

Karlsen D A，Nedkvitne T，Larter S R，et al. 1993. Hydrocarbon composition of authigenic inclusions：Application to elucidation of petroleum reservoir filling history. Geochimica et Cosmochimica Acta，57：3641-3659.

Kelemen S R，Walters C C，Kwiatek P J，et al. 2008. Distinguishing solid bitumens formed by thermochemical sulfate reduction and thermal chemical alteration. Organic Geochemistry，39：1137-1143.

Kim S，Stanford L A，Rodgers R P，et al. 2005. Microbial alteration of the acidic and neutral polar NSO compounds revealed by Fourier transform ion cyclotron resonance mass spectrometry. Organic Geochemistry，36（8）：1117-1134.

Kissin Y V. 1987. Catagenesis and composition of petroleum：Origin of n-alkanes and isoalkanes in petroleum crudes. Geochimica et Cosmochimica Acta，51（9）：2445-2457.

Klein G C，Angstrom A，Rodgers R P，et al. 2006. Use of saturates/aromatics/resins/asphaltenes （sara）fractionation to determine matrix effects in crude oil analysis by electrospray ionization fourier transformion cyclotron resonance mass spectrometry. Energy&Fuels，20（2）：668-672.

Kvalheim O M，Christy A A，Telnaes N，et al. 1987. Maturity determination of organic matter in coals using the methylphenanthrene distribution. Geochimica et Cosmochimica Acta，51：1883-1888.

Later S R，Aplin A C. 1995. Reservoir geochemistry：Methods，applications and opportunities //Gubitt J M，England W A. The Geochemistry of Reservoirs. London：Geological Society Special Publication，86（S1）：5-32.

Li J，Paul P，Meng Z，et al. 2005. Aromatic compounds in crude oils and source rocks and their application to oil-source rock correlations in the Tarim Basin，NW China. Journal of Asian Earth Sciences，25：251-268.

Li M W，Larter S R，Stoddart D，et al. 1995. Fractionation of pyrrolic nitrogen compounds in petroleum dur-

267

ing migration-Derivation of migration related geochemical parameters //Cubitt J M，England W A. The Geochemistry of Reservoirs. London：Geological Society Special Publication，86：103-123.

Li M W，Yao H X，Fowler M G，et al. 1998. Geochemical constraints on models for secondary petroleum migration along the Upper Devonian Rimbey-Meadowbrook reef trend in central Alberta. Organic Geochemistry，29：163-182.

Li M W，Bao J P，Lin R Z，et al. 2001. Revised models for hydrocarbon generation，migration and accumulation in Jurassic coal measures of the Turpan Basin，NW China. Organic Geochemistry，32：1127-1151.

Li M W，Lavern S，Robert M，et al. 2006. Geochemical and petrological evidence for Tertiary terrestrial and Cretaceous marine potential petroleum source rocks in the western Kamchatka coastal margin，Russia. Organic Geochemistry，37：304-320.

Li M W，Cheng D X，Pan X Q，et al. 2010. Characterization of petroleum acids using combined FTIR，FT-ICR-MS and GC-MS：Implications for the origin of high acidity oils in the Muglad Basin，Sudan. Organic Geochemistry，41 (9)：959-965.

Li S M，Li M W，Pang X Q，et al. 2003. Geochemistry of petroleum systems in the Niuzhuang South Slope of Bohai Bay Basin-part 1：Source rock characterization. Organic Geochemistry，34 (3)：389-412.

Li S M，Pang X Q，Li M W，et al. 2005. Geochemistry of petroleum systems in the Niuzhuang South Slope of Bohai Bay Basin-part 4：Evidence for new exploration horizons in a maturely explored petroleum province. Organic Geochemistry，36：1135-1150.

Li S M，Pang X Q，Liu K Y，et al. 2006. Origin of the high waxy oils in Bohai Bay Basin，East China：Insight from geochemical and fluid inclusion analyses. Journal of Geochemical Exploration，89 (1-3)：218-221.

Li S M，Li M W，Pang X Q，et al. 2008. Quantitative predication and significance of mixed oils for subtle pool in Niuzhuang Sag，Bohai Bay Basin. Petroleum Science，5：203-211.

Li S M，Li M W，Pang X Q，et al. 2009. Origin of crude oils with unusually high dibenzothiophene concentrations in the Tazhong Uplift，Tarim Basin. Journal of Geochemical Exploration，101：60.

Li S M，Pang X Q，Jin Z J，et al. 2010. Petroleum source in the Tazhong Uplift，Tarim Basin：New insights from geochemical and fluid inclusion data. Organic Geochemistry，41 (6)：531-553.

Li S M，Pang X Q，Shi Q，et al. 2011a. Geochemical characteristics of crude oils from the Tarim Basin by Fourier transform ion cyclotron resonance mass spectrometry. Energy Exploration and Exploration，29 (6)：711-742.

Li S M，Pang X Q，Shi Q，et al. 2011b. Origin of the unusually high dibenzothiophene concentrations in Lower Ordovician oils from the Tazhong Uplift，Tarim Basin. Petroleum Science，8 (4)：382-391.

Li S M，Shi Q，Pang X Q，et al. 2012. Origin of the unusually high dibenzothiophene oils in Tazhong-4 oilfield of Tarim Basin and its implication in deep petroleum exploration. Organic Geochemistry，48：56-80.

Liang D G，Zhang S C，Chen J P. 2003. Organic Geochemistry of oil and gas in the Kuqa depression of Tarim Basin，NW China. Organic Geochemistry，34 (7)：873-888.

Liu L F. 2002. Evidence of multi-stage hydrocarbon charging and biodegradation of the Silurian asphaltic sandstones in the Tarim Basin，China. Chinese Journal of Geochemistry，21：120-130.

Liu P，Shi Q，Chung K，et al. 2010a. Molecular characterization of sulfur compounds in Venezuela crude oil and its SARA fractions by electrospray ionization Fourier transform ion cyclotron resonance mass spectrometry. Energy&Fuels，24（9）：5089-5096.

Liu P，Xu C，Shi Q，et al. 2010b. Characterization of sulfide compounds in petroleum：Selective oxidation followed by positive-ion electrospray Fourier transform ion cyclotron resonance mass spectrometry. Analytical Chemistry，82（15）：6601-6606.

Losh S，Cathles L，Meulbroek P. 2002. Gas washing of oil along a regional transect，offshore Louisiana. Organic Geochemistry，33（6）：655-663.

Lu X X，Jin Z J，Liu L F，et al. 2004. Oil and gas accumulations in the Ordovician carbonates in the Tazhong Uplift of Tarim Basin，West China. Journal of Petroleum Science and Engineering，41：109-121.

Ma Q S，Ellis G S，Amrani A，et al. 2008. Theoretical study on the reactivity of sulfate species with hydrocarbons. Geochimica et Cosmochimica Acta，72：4565-4576.

Machel H G. 1998. Gas souring by thermochemical sulfate reduction at 140℃：discussion. AAPG Bulletin，82：1870-1873.

Machel H G. 2001. Bacterial and thermochemical sulfate reduction in diagenetic settings：Old and new insights. Sedimentary Geology，140（1/2）：143-175.

Machel H G，Krouse H R，Sassen R. 1995. Products and distinguishing criteria of bacterial and thermochemical sulfate reduction. Apply Geochemistry，10：373-389.

Malvin B，Jack A W，David L D，et al. 1996. Maturity assessment and characterization of Big Horn Basin Palaeozoic oils. Marine and Petroleum Geology，13（1）：3-23.

Manzano B K，Machel H G，Fowler M G. 1997. The influence of thermochemical sulphate reduction on hydrocarbon composition in Nisku reservoirs，Brazeau River area，Alberta，Canada. Organic Geochemistry，27：507-521.

Marshall A G，Rodgers R P. 2004. Petroleomics：The next grand challenge for chemical analysis. Auounts of Chemical Research，37（1）：53-59.

Marshall A G，Hendrickson C L，Jackson G S. 1998. Fourier transform ion cyclotron resonance mass spectrometry：A primer. Mass Spectrometry Reviews，17（1）：1-35.

Meulbroek P，Cathles Ⅲ L，Whelan J. 1998. Phase fractionation at South Eugene Island Block 330. Organic Geochemistry，29（1-3）：223-239.

Moldowan J M，Fago F J，Carlson R M K. 1991. Rearranged hopanes in sediments and petroleum. Geochemica et Cosmchimica Acta，1（55）：3333-3353.

Mougin P，Lamoureux V V，Bariteau A，et al. 2007. Thermodynamic of thermochemical sulphate reduction. Journal of Petroleum Science and Engineering，58：413-427.

Orr W L. 1974. Changes in sulfur content and isotopic-ratios of sulfur during petroleum maturation-Study of Big Horn Basin Paleozoic oils. American Association of Petroleum Geologists Bulletin，58：2295-2318.

Orr W L. 1977. Geologic and geochemical controls on the distribution of hydrogen sulfide in natural gas //Campos R，Goni J（Eds.）. Advances in Organic Geochemistry. Enadisma，Madrid：571-597.

Orr W L. 1986. Kerogen/asphaltene/sulfur relationships in sulfur-rich Monterey oils. Organic Geochemistry，109（1-3）：499-516.

Pan C C，Liu D Y. 2009. Molecular correlation of free oil，adsorbed oil and inclusion oil of reservoir

rocks in the Tazhong Uplift of the Tarim Basin, China Original Research Article. Organic Geochemistry, 40 (3): 387-399.

Panda S K, Andersson J T, Schrader W. 2009. Characterization of supercomplex crude oil mixtures: What is really in there: Angewandte Chemie International Edition, 48 (10): 1788−1791.

Pang X Q, Li M W, Li S M, et al. 2003a. Origin of crude oils in the Jinhu Depression of North Jiangsu-South Yellow Sea Basin, eastern China. Organic Geochemistry, 34 (4): 553-573.

Pang X Q, Li M W, Li S M, et al. 2003b. Geochemistry of petroleum systems in the Niuzhuang South Slope of Bohai Bay Basin-part 2: Evidence for significant contribution of mature source rocks to "immature oils" in the Bamianhe field. Organic Geochemistry, 34 (7): 931-950.

Peng D Y, Robinson D B. 1976. A new two constant equation of state. Industrial & Engineering Chemistry Fundamentals, 15 (1): 59-64.

Peter K E, Moldowan J M. 1993. The Biomarker Guide: Interpreting Molecular Fossils in Petroleum and Ancient Sediments. Upper Saddle River: Prentice Hall: 11-155

Peter K E, Moldowan J M, Driscole A R, et al. 1989. Origin of Beat rice oil by co-sourcing from Devonian and Middle Jurassic source rocks, Inner Moray Firth, U K. AAPG Bulletin, 73: 454-471.

Price L C, Wenger L M, Ging T, et al. 1983. Solubility of crude oil in methane as a function of pressure and temperature. Organic Geochemistry, 4 (3-4): 201-221.

Qian K N, Robbins W K, Hughey C A, et al. 2001. Resolution and Identification of elemental compositions for more than 3000 crude acids in heavy petroleum by negative-ion microelectrospray high-field fourier transform ion cyclotron resonance mass spectrometry. Energy & Fuels, 15 (6): 1505-1511.

Radke M, Welte D H. 1983. The methylphenanthrene index (MPI): A maturity parameter based on aromatic hydrocarbons // Bjorøy M, et al. Advances in Organic Geochemistry 1981. New York: John Wiley and Sons: 504-512.

Radke M, Willsch H, Leythaeuser D. 1982. Aromatic components of coal: Relation of distribution pattern to rank. Geochimica et Cosmochimica Acta, 46: 1831-1848.

Radke M, Willsch H, Leythaeuser D. 1986. Maturity parameters based on aromatic hydrocarbons: Influence of organic matter type // Leythaeuser D, Rullkotter J. Advances in Organic Geochemistry 1985. Organic Geochemistry, 10: 51-63.

Rodgers R P, Marshall A G. 2005. Petroleomics: Advanced Characterization of Petroleum-Derived Materials by Fourier Transform Ion Cyclotron Resonance Mass Spectrometry (FT-ICR MS) Asphaltenes, Heavy Oils, and Petroleomics. New York: Springer-Verlag: 63-93.

Rodgers R P, Schaub T M, Marshall A G. 2005. Petroleomics: MS returns to its roots. Analitical Chemistry, 77 (1): 20-27.

Sassen R, Moore C. 1988. Framework of hydrocarbon generation and destruction in Eastern Smackover trend. American Association of Petroleum Geologists Bulletin, 72: 649-663.

Seifert W K, Moldowan J M. 1978. Applications of steranes, terpanes, and monoaromatics to maturation, migration, and source of crude oils. Geochimica et Cosmochimica Acta, 42: 77-95.

Seifert W K, Moldowan J M. 1980. The effect of thermal stress on source rock quality as measured by hopane stereochemistry // Douglas A G, Maxwell J R. Advances in Organic Geochemistry 1979. New York: Pergamon Press: 229-237.

Shi Q, Hou D J, Chung K, et al. 2010a. Characterization of heteroatom compounds in a crude oil and its saturates, aromatics, resins, and asphaltenes (SARA) and non-basic nitrogen fractions analyzed by negative-ion electrospray ionization Fourier transform ion cyclotron resonance mass spectrometry. Energy & Fuels, 24: 2545-2553.

Shi Q, Pan N, Liu P, et al. 2010b. Characterization of sulfur compounds in oilsands bitumen by methylation followed by positiveion electrospray ionization and Fourier transform ion cyclotron resonance mass spectrometry. Energy & Fuels, 24 (5): 3014-3019.

Sieskind O, Joly G, Albrecht P. 1979. Simulation of the geochemical transformation of sterols: Superacid effects of clay minerals. Geochimica et Cosmochimica Acta, 43: 1675-1679.

Silverman S R. 1963. Migration and segregation of oil and gas. AAPG Bulletin, 47 (12): 2075-2076.

Sun Y G, Xu S P, Lu H, et al. 2003. Source facies of the paleozoic petroleum systems in the Tabei uplift, Tarim Basin, NW China: Implications from aryl isoprenoids in crude oils. Organic Geochemistry, 34: 629-634.

Tang Y C, Ellis G S, Zhang T W, et al. 2005. Effect of aqueous chemistry on the thermal stability of hydrocarbons in petroleum reservoirs. Geochimica et Cosmochimica Acta, 69 (10): A559.

Ten H H L, Rohmer M, Rullkötter J, et al. 1989. Tetrahymanol, the most likely precursor of gammacerane occurs ubiquitously in marine sediments. Geochimica et Cosmochimica Acta, 53, 3073-3079.

Thimm H F. 2001. Hydrogen sulphide measurements in SAGD operations. Journal of Canadian Petroleum Technology, 40: 51-53.

Thompson K F M. 1987. Fractionated aromatic petroleums and the generation of gas-condensates. Organic Geochemistry, 11 (6): 573-590.

Tissot B, Welte D. 1984. Petroleum Formation and Occurrence. . New York: Springer-Verlag.

Walters C C, Qian K, Wu C, et al. 2011. Proto-solid bitumen in petroleum altered by thermochemical sulfate reduction. Organic Geochemistry, 42: 999-1006.

Wang J, Pan C, Jiang L, et al. 2010. Molecular and carbon isotope correlation of free adsorbed and inclusion oils from the Carboniferous sandstone in the Tazhong-4 oilfield. Organic Geochemistry, 39: 479-490.

Wang T G, He F Q, Li M J, et al. 2005. Alkyl dibenzothiophene: Molecular indicator of petroleum charging. Chinese Science Bulletin, 50: 176-182.

Wang T G, He F Q, Wang C J, et al. 2008. Oil filling history of the ordovician oil reservoir in the major part of the Tahe Oilfield, Tarim Basin, NW China. Organic Geochemistry, 39: 1637-1646.

Waples D W. 2000. The kinetic of in-reservoir oil destruction and gas formation: Constraints from experimental and empirical data, and from thermodynamics. Organic Geochemistry, 31 (6): 553-575.

Wei Z B, Moldowan J M, Zhang S C, et al. 2007. Diamondoid hydrocarbons as a molecular proxy for thermal maturity and oil cracking: Geochemical models from hydrous pyrolysis. Organic Geochemistry, 38: 227-249.

Wilson L , Orr W L. 1986. Kerogen/asphaltene/sulfur relationships in sulfur-rich Monterey oils. Organic Geochemistry, 109 (1-3): 499-516.

Worden R H, Smalley P C. 1996. H_2S-producing reactions in deep carbonate gas reservoirs: Khuff Formation, Abu Dhabi. Chemical Geology, 133: 157-171.

Xiao X M, Liu D H, Fu J M. 1996. Multiple phases of hydrocarbon generation and migration in the Tazhong petroleum system of the Tarim Basin, People's Republic of China. Organic Geochemistry,

271

25：191-197.

Xiao X M，Wilkins R W T，Liu D H，et al. 2000. Investigation of thermal maturity of lower Palaeozoic hydrocarbon source rocks by means of vitrinitelike maceral reflectance-A Tarim Basin case study. Organic Geochemistry，31：1041-1052.

Yu S A，Pan C C，Wang J J，et al. 2011. Molecular correlation of crude oils and oil components from reservoir rocks in the Tazhong and Tabei uplifts of the Tarim Basin，China. Organic Geochemistry，42：1241-1262.

Zhang D，Fenn J B. 2000. Electrospray mass spectrometry of fossil fuels. International Journal of Mass Spectrometry，194（2/3）：197-208.

Zhang S C，Hanson A D，Moldowan J M，et al. 2000. Paleozoic oil-source rock correlations in the Tarim Basin，NW China. Organic Geochemistry，31：273-286.

Zhang S C，Huang H P，Xiao Z T，et al. 2005. Geochemistry of Palaeozoic marine petroleum from the Tarim Basin，NW China-part 2：Maturity assessment. Organic Geochemistry，36：1215-1225.

Zhang T W，Ellis G S，Wang K S，et al. 2007. Effect of hydrocarbon type on thermochemical sulfate reduction. Organic Geochemistry，38：897-910.

Zhang T W，Amrani A，Ellis G S，et al. 2008a. Experimental investigation on thermochemical sulfate reduction by H_2S initiation. Geochimica et Cosmochimica Acta，72：3518-3530.

Zhang T W，Ellis G S，Walters C C，et al. 2008b. Geochemical signatures of thermochemical sulfate reduction in controlled hydrous pyrolysis experiments. Organic Geochemistry，39：308-328.

Zhuze T P，Yushkevich G N，Ushakova G S. 1963. Use of phase composition data in the system oil-gas at high pressures for ascertaining the genesis of some pools. Petroleum Geology，7：186-191.

索 引